钢结构工业化建造与施工技术丛书

大跨度压型钢板-混凝土组合板的力学性能研究

贺小项　邱增美　李帼昌　著

中国建筑工业出版社

图书在版编目(CIP)数据

大跨度压型钢板-混凝土组合板的力学性能研究/贺小项，邱增美，李帼昌著. —北京：中国建筑工业出版社，2021.9
(钢结构工业化建造与施工技术丛书)
ISBN 978-7-112-26449-0

Ⅰ.①大… Ⅱ.①贺… ②邱… ③李… Ⅲ.①钢筋混凝土结构-组合结构-力学性能-研究 Ⅳ.①TU375

中国版本图书馆 CIP 数据核字(2021)第 159534 号

本书系统地阐述了作者团队近些年对于大跨度组合板的研究成果。主要内容包括：大跨度组合板的破坏模式及受力性能；组合板中压型钢板与混凝土界面的相互作用机理；压型钢板-混凝土界面粘结-滑移本构关系模型；大跨度组合板纵向抗剪性能的评价方法；基于试验和理论分析结果，考虑各种影响因素的大跨度组合板的设计理论及方法。本书可为大跨度、大空间结构组合板的研究及设计提供技术支持。

本书可供土木工程专业的科学研究人员、工程技术人员、高等院校的教师以及研究生参考、使用。

责任编辑：万　李
责任校对：张惠雯

钢结构工业化建造与施工技术丛书
大跨度压型钢板-混凝土组合板的力学性能研究
贺小项　邱增美　李帼昌　著
*
中国建筑工业出版社出版、发行（北京海淀三里河路 9 号）
各地新华书店、建筑书店经销
北京科地亚盟排版公司制版
北京建筑工业印刷厂印刷
*
开本：787 毫米×1092 毫米　1/16　印张：10¼　字数：249 千字
2022 年 1 月第一版　　2022 年 1 月第一次印刷
定价：**39.00** 元
ISBN 978－7－112－26449－0
(37585)

前　言

压型钢板-混凝土组合板以其承载能力高、施工速度快、经济性能好等优点广泛应用于钢结构及钢-混凝土组合结构房屋的楼板体系中。随着建筑业的蓬勃发展，大跨度、大空间结构不断涌现，采用传统较小跨度的组合板已经很难满足实际工程的需求，大跨度组合板的应用不但可以增加房屋的净空，还可以减少大空间楼板分隔次梁的布置以及相应栓钉的焊接工作，加快施工进度、节省工程成本，具有重要的现实意义。

压型钢板与混凝土界面间的单面连接方式使得压型钢板-混凝土组合板界面相互作用很难达到混凝土与钢筋之间一样良好的协同工作性能。压型钢板与混凝土界面相互作用性能的优劣决定了组合板在外荷载作用下的破坏模式及承载能力。传统组合板在施工过程中不用设置支撑，施工荷载由压型钢板承担，设计跨度简支板一般不超过 4.5m，连续板一般不超过 5.1m。大跨度空间结构采用压型钢板-混凝土组合板时，需要通过设置多道次梁来分割跨度空间，增加了次梁布置及焊接连接件的工作量。使用大跨度组合板时，虽然施工过程中需要增加临时支撑，增加造价，但与增设多根次梁相比，使用大跨度组合板不但可以增加室内净空高度，加快施工进度，且其社会效益和经济效益显著。欧美国家的组合板设计规范根据组合板在外荷载作用下的破坏模式不同，对组合板的纵向抗剪设计提出了明确的要求，主要包括：基于较小跨度组合板足尺试验基础上的 m-k 设计方法和基于部分剪切粘结理论建立起来的部分剪切粘结设计方法（PSC 法）；对于大跨度组合板的设计还没有明确的设计方法和指导建议。我国现行《组合楼板设计与施工规范》CECS 273：2010 对组合板的设计均笼统地采用 m-k 方法，设计思想比较单一，并未考虑破坏模式对承载力的影响，对大跨度组合板并无明确的设计方法。

在“十二五”国家科技支撑计划子课题（2011BAJ09B0402）、辽宁省攀登学者支持计划（2018-0101）及辽宁省高等学校创新团队支持计划（LT2014012）等项目资助下，基于国内外相关科技成果，经过大量的科学试验、数值分析及理论研究，将研究成果汇总于本书中。本书共计 8 章，主要内容包括：绪论、组合板界面剪切粘结试验研究、开口型组合板承载能力试验研究、闭口型组合板承载能力试验研究、缩口型组合板承载能力试验研究、大跨度组合板纵向抗剪性能有限元分析、大跨度组合板承载力理论研究以及结语。本书系统研究了压型钢板-混凝土组合板中压型钢板与混凝土界面的剪切粘结受力特点及本构关系，在此基础上，基于推出试验的研究分析，提出了不同截面形式压型钢板与混凝土界面的本构模型。并且通过足尺组合板的试验研究和理论分析，提出了大跨度组合板的基本设计理论和方法，为组合板结构设计及科学研究奠定了重要基础。

本书的完成得到了沈阳建筑大学张海霞、杨志坚、王强、古凡、郭超、李明、王庆贺、王占飞等老师及团队博士研究生陈博文及硕士研究生张琦、曹凯奇等人的大力支持，在此表示衷心的感谢！

由于作者的水平有限，书中难免存在疏漏和不妥之处，恳请广大读者批评指正！

目　　录

第1章 绪 论

1.1 研究背景与意义

建筑业是我国经济发展的支柱产业之一，在过去数十年里，建筑业得到了蓬勃发展，高层、超高层、大跨度建筑不断涌现，组合构件自20世纪70年代引入我国后，因其优越的性能和良好的经济效益，在建筑领域尤其是钢结构建筑中得到了广泛应用。组合构件是指两种不同的材料以某种独特的相互作用方式形成整体受力模式进行工作。组合构件在保证整体工作的情况下，可以充分发挥各自材料的优势，取得良好的经济效益和力学性能。压型钢板-混凝土组合板是一种典型的组合构件，通过在不同形式的压型钢板表面浇筑一定厚度的混凝土，采用各种强化措施保障两者之间可以协同工作，最终充分发挥压型钢板与混凝土各自的优势，取得良好的经济效益。组合板在施工阶段，压型钢板可以作为施工平台，承受施工时的荷载，又可以作为浇筑混凝土的模板，免去钢筋混凝土支模的工序，缩短了工期；在使用阶段，压型钢板可以替代部分钢筋受力，起到节省钢筋的作用。因此，与普通钢筋混凝土楼板相比，组合板具有自重小、刚度大、方便施工、经济且安全等优势。

压型钢板最初只是作为组合板的永久模板或者施工平台进行使用，对于较小跨度的组合板，压型钢板被视为一种安全储备形式。随着大跨度空间结构的不断涌现，采用传统较小跨度的组合板已经很难满足实际工程的需要，而应用大跨度组合板不但可以增加房屋的净空，还可以减少大空间楼板分隔次梁的布置以及相应栓钉的焊接工作，进而加快施工进度、节省工程成本。大跨度组合板的应用必然要求增加压型钢板的厚度，若同较小跨度组合板一样忽略压型钢板与混凝土之间的相互作用，无疑会造成巨大的浪费，因此研究大跨度组合板的纵向抗剪性能具有重要的现实意义。

1.2 压型钢板-混凝土组合板简介

1.2.1 组合板的截面形式及特点

常见压型钢板的截面形式有三种，如图1-1所示，分别为开口型、闭口型及缩口型。不同截面形式的压型钢板与混凝土形成组合板，其力学性能也不同：

(1) 闭口型压型钢板-混凝土组合板的性能较好，具有较大的刚度与承载力。闭口型压型钢板密合腹板上端为三角形截面，腹板的稳定性较好，三角形截面纵肋与混凝土接触形成较强的握裹作用，增强了压型钢板与混凝土截面的相互作用能力；压型钢板的截面形心较低，内力臂较大，凹槽位置混凝土处于三向应力状态，压型钢板-混凝土组合板的底部平滑，其卡槽系统可以直接安装机电管道，具有良好的建筑功能。

（2）开口型压型钢板-混凝土组合板的特点是压型钢板与混凝土单面连接，横向约束作用完全取决于钢板与混凝土截面粘结作用的强弱，纵向抗剪能力取决于压型钢板的表面特征。

（3）缩口型压型钢板-混凝土组合板的特点是压型钢板上翼缘与腹板形成倒梯形截面形状，与混凝土界面具有较好的横向约束作用，其力学性能介于闭口型组合板与开口型组合板之间，缩口位置沿纵向形成的凹槽可以灵活增加悬挂系统，具有良好的建筑功能。

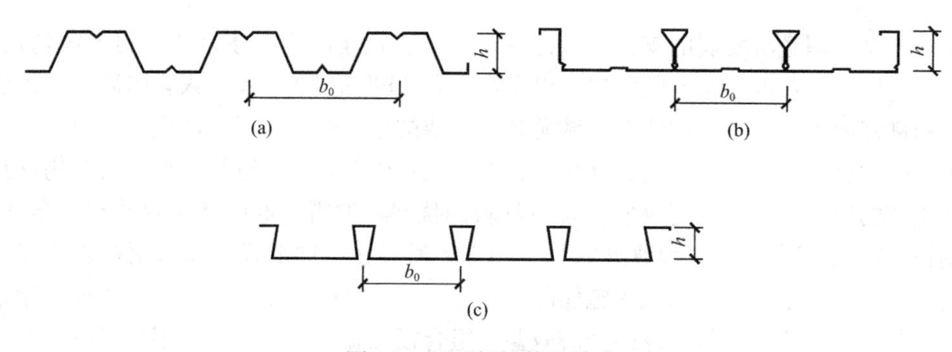

图 1-1　压型钢板截面形式

（a）开口型；（b）闭口型；（c）缩口型

h—波高（开口型）/肋高（闭口型或缩口型）；b_0—波距

1.2.2　组合板中压型钢板的作用形式

（1）压型钢板只充当永久模板，上部荷载由钢筋混凝土部分承担。这类组合板在施工过程中，压型钢板可以作为施工平台以及永久模板使用，压型钢板的设计只考虑施工荷载，可根据现行国家标准《钢结构设计标准》GB 50017 进行计算。混凝土板进行承载力设计时，忽略压型钢板的作用，设计荷载全部由钢筋混凝土板来承担，具体计算根据现行国家标准《混凝土结构设计规范》GB 50010 进行设计。由于在使用过程中不考虑压型钢板对承载力的贡献，该类型板又被称为非组合板。

（2）充分考虑压型钢板与混凝土之间的相互作用，两者作为一个整体进行受力。在施工阶段，压型钢板可以作为楼面的施工平台和浇筑混凝土的模板，并且承担使用荷载及混凝土的自重。待混凝土硬化并具备承载能力时，压型钢板可以代替混凝土中的部分或全部钢筋与混凝土共同承担外荷载作用。此类组合板充分发挥了压型钢板与混凝土各自材料的优势，其受力性能取决于压型钢板与混凝土界面之间的剪切粘结性能。通常采用在压型钢板上翼缘焊接横向钢筋或在端部布置栓钉、在压型钢板表面增加压痕或凸起等措施增强两者的粘结作用。

我国主要采用的压型钢板-混凝土组合板多为第一类板，压型钢板厚度较薄，作为一种安全储备的手段存在，仅承担施工过程中的荷载作用。随着我国对于组合结构研究的深入，压型钢板与混凝土之间的组合作用受到重视，尤其是对于跨度较大的组合板，压型钢板截面厚度较大，单一作为模板使用无疑造成较大的浪费，故设计时考虑压型钢板与混凝土界面的组合作用便成为影响设计的重要因素。本书所研究的组合板为第二类组合板，充分考虑到压型钢板与混凝土之间的相互作用。

1.2.3　压型钢板与混凝土之间的粘结作用及连接方式

压型钢板-混凝土组合板的粘结性能决定了压型钢板-混凝土组合板的力学性能。为了充分发挥压型钢板与混凝土的优势、确保两者在受力过程中保持变形协调并且作为一个整体进行工作，深入研究两者之间的相互作用是非常有必要的。

压型钢板与混凝土之间的相互作用主要由化学胶结力、机械咬合力及界面间滑移摩擦力三部分组成。

化学胶结力是由于压型钢板与混凝土之间的化学粘结吸附作用产生的力，存在于压型钢板-混凝土组合板产生纵向滑移之前，产生滑移之后，化学胶结力迅速消失。化学胶结力是开口型压型钢板-混凝土组合板相互作用力的主要组成部分，对于闭口型及缩口型组合板而言，化学胶结力在其相互作用力中所占比例较小。

机械咬合力与组合板中压型钢板的截面形式和表面特征密切相关，尤其是对于闭口型及缩口型压型钢板而言，倒三角形或倒梯形的截面设计，使得混凝土对压型钢板的约束能力增强，混凝土与压型钢板界面贴合紧密，压型钢板表面的凸起或压痕等机械装置与混凝土界面咬合作用增强，大大提高了组合板界面抗剪能力。

摩擦力主要由组合板界面之间的正压力与摩擦系数决定，对不同形式的组合板，摩擦力在相互作用力中占的比例不同，在实际工程中，采用机械作用在压型钢板表面形成压痕或凸起的方法来增强压型钢板与混凝土之间的摩擦力。

压型钢板与混凝土界面常见的连接形式有以下几种，如图 1-2 所示。

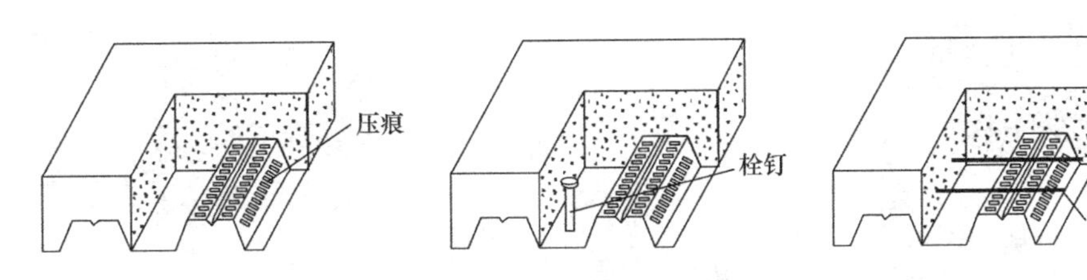

图 1-2　组合板常见连接形式

(1) 混凝土包裹压型钢板形成包裹作用，尤其是对闭口型压型钢板和缩口型压型钢板的包裹作用更加明显。由于缩口型和闭口型压型钢板截面为凹槽形，浇筑的混凝土在肋间成倒梯形形状，混凝土对压型钢板凸出底面的肋板包裹作用较强，两者接触面的机械咬合作用较好，限制了压型钢板与混凝土的法向位移，增强了界面间的相互作用性能。

(2) 利用压型钢板表面的机械压痕或凸起增加两者接触面的机械咬合作用，延缓了界面粘结力的破坏过程，增强了界面的抗剪能力和抗滑移能力。

(3) 在压型钢板上焊接横向钢筋。焊接的钢筋可以有效地将压型钢板与混凝土连接起来，增加两者之间的组合作用。

(4) 在组合板锚固端布置栓钉，栓钉的存在限制了压型钢板与混凝土界面的相对滑移，间接增强了压型钢板与混凝土界面的相互作用。

1.2.4 压型钢板-混凝土组合板的工程应用

近年来，我国很多工程尤其是高层、超高层建筑，大量采用压型钢板-混凝土组合板作为主体结构的楼板及屋面板，如：上海新锦江大酒店、深圳地王大厦、北京银泰中心、沈阳市府恒隆广场等。

（1）上海新锦江大酒店

上海新锦江大酒店于1990年正式营业，是用现代先进技术和装备建造的五星级宾馆，也是中国第一幢全钢结构建筑，共计43层，总高153.6m，总建筑面积为57330m^2，如图1-3所示。塔楼内筒采用剪力板与剪力撑组成的抗剪筒体，7层以上每隔3层铺设一层压型楼板，作为交叉施工时的安全隔离层，并可作为混凝土施工的模板。

（2）深圳地王大厦

深圳地王大厦于1996年竣工，是一座集写字楼、商务住宅、餐饮、娱乐等于一体的多功能现代商业大厦，也是当时中国最高的建筑物，主楼高383.95m，共计69层，总建筑面积为26.7万m^2，如图1-4所示。主楼中间部分为核心墙“劲性混凝土”筒中筒结构，外框为全钢结构，钢柱通过钢梁和斜撑与墙体连接，楼面采用压型钢板-混凝土组合板，以压型钢板作为模板后浇筑混凝土。

（3）北京银泰中心

北京银泰中心于2008年竣工，是一座超高层综合性建筑组群，也是北京中央商务区的地标性建筑，由三座高层塔楼及裙楼组成，总建筑面积为35万m^2，主楼高249.9m、63层，如图1-5所示。三座塔楼楼板均采用压型钢板-混凝土组合楼板，其中压型钢板选用闭口型镀锌压型钢板。

图1-3 上海新锦江大酒店

图1-4 深圳地王大厦

图1-5 北京银泰中心

（4）沈阳市府恒隆广场

沈阳市府恒隆广场于2012年正式营业，是采用型钢混凝土框架-核心筒结构体系的双塔式办公楼，也是东北最高办公楼群，共计72层，总高350.6m，总建筑面积为48万m^2。塔楼主体为钢结构，由核心筒内的33根工字型钢柱和外框筒的20根十字型钢柱组成，楼板采用压型钢板-混凝土组合板，如图1-6所示。

图 1-6　沈阳市府恒隆广场

1.3　组合板的破坏模式

压型钢板的破坏模式主要包含三种：弯曲破坏、纵向剪切破坏及竖向剪切破坏，如图 1-7 所示。

（1）弯曲破坏

当组合板中压型钢板与混凝土完全粘结时，界面之间不产生相对滑移，破坏模式与钢筋混凝土板类似，符合平截面假定，压型钢板与混凝土协调变形。在外荷载作用下，组合板将沿弯矩最大的截面发生破坏，如图 1-7 所示的跨中 1-1 截面。弯曲破坏通常发生在跨高比较大的组合板，承载力分析相对简单，可参照钢筋混凝土设计理论进行分析。

（2）纵向剪切破坏

纵向剪切破坏是组合板中最常见的破坏模式。由于压型钢板与混凝土界面的相互作用程度较低，在组合板受到较大荷载作用时，剪跨区压型钢板与混凝土界面发生剪切粘结滑移，化学胶结作用遭到破坏。压型钢板与混凝土界面间的纵向抗剪承载能力取决于界面的机械咬合作用和相对滑移产生的摩擦力，随着外荷载增长，构件沿图 1-7 中的 3-3 截面发生纵向剪切破坏。纵向剪切破坏根据破坏荷载与滑移的对应关系，又分为脆性破坏和延性破坏两种破坏模式。

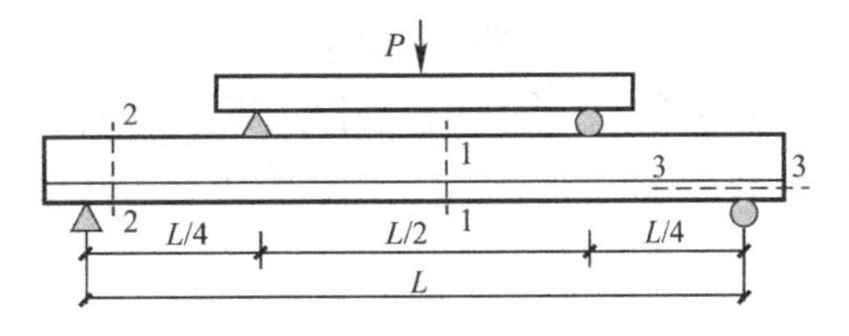

图 1-7　组合板的破坏模式示意图

脆性纵向剪切破坏主要表现为组合板界面一旦开始发生滑移，构件即刻丧失承载能力，且破坏突然，没有明显征兆。

延性纵向剪切破坏主要表现为组合板破坏时界面虽发生滑移，仍具有足够的承载能力。Eurocode 4 对延性破坏有明确的界定，即破坏荷载超过构件端部发生 0.1mm 滑移所对应荷载的 10%时，即认为组合板发生延性纵向剪切破坏。

组合板纵向抗剪承载力设计目前最常用的是基于足尺试验并通过线性回归的 m-k 法，以及基于足尺试验和部分剪切粘结理论基础上的部分剪切粘结设计方法（Partial Shear

Connection，简称 PSC 法），前者是一种半经验设计方法，而后者有明确的力学模型。

（3）竖向剪切破坏

当剪跨比很小且有较大集中力作用时，组合板沿着图 1-7 中的截面 2-2 发生竖向剪切破坏，在实际工程中，竖向剪切破坏很少出现。

综上可知，通常情况下，组合板的破坏模式主要受压型钢板与混凝土界面的纵向抗剪承载能力控制，纵向抗剪能力的大小决定了组合板的受力性能，故研究压型钢板与混凝土之间的粘结能力具有重大的意义。但是目前的研究多集中在较小跨度的组合板，对于大跨度组合板的研究相对较少，对大跨度组合板的破坏形态与特征的研究还不够深入。因此，有必要对大跨度组合板的力学性能进行系统地研究。

1.4 大跨度组合板的界定

一般跨度的组合板在施工过程中不设置支撑，施工荷载由压型钢板承担，这类组合板一般指的是跨度不超过 4.5m 的简支板和跨度不超过 5.1m 的连续板。对于大跨度空间结构，一般跨度的组合板在使用时，需要设置多根次梁来分割跨度空间，增加了焊接连接件的工作量。而使用大跨度组合板时，虽然施工时需要增加临时支撑，增加造价，但是与增设多根次梁相比，使用大跨度组合板依然是经济适用的。

组合板在施工过程中的容许挠度及强度决定着压型钢板的选用。实际工程中，为了加快施工进度，组合板跨度均比较小，无需在板底设置附加支撑的条件下，压型钢板仅作为施工时的模板使用，不考虑其与混凝土的组合作用。压型钢板仅作为模板使用时，较薄的压型钢板虽增加不了多少工程成本，但较多的次梁布置及焊接栓钉无疑间接增加了施工的成本。随着大柱网大空间结构以及装配式结构的不断发展，大跨度组合板应运而生，通过在板底增加临时支撑可以很好地满足压型钢板在施工过程中的挠度及强度问题。如图 1-8 所示，板底增加临时支撑的压型钢板的受力状态与无支撑板有明显区别。无临时支撑组合板跨度较小，在荷载作用下压型钢板的内力只是简单地叠加；而板底设置临时支撑组合板中压型钢板的内力叠加对压型钢板沿跨度方向的应力发展有明显积极的影响，跨中位置应力发展更加均衡。

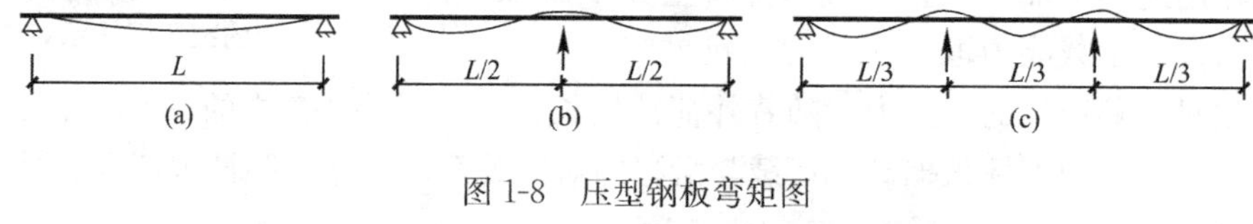

图 1-8 压型钢板弯矩图

（a）无支撑；（b）一点支撑；（c）两点支撑

压型钢板截面选用的最根本问题是选取合适的截面高度和厚度，需要满足设计和施工要求的惯性矩值。组合板在施工过程中板底是否设置临时支撑以及支撑的数量关系到压型钢板截面几何特征尺寸的选取。因此，对于大跨度组合板跨度的界定不能单纯依据组合板跨度这个单一指标来决定，而应依据施工过程中板底是否设置临时支撑来划分。随着组合板跨度的增加，压型钢板截面厚度随之增加，仅作为模板使用无疑造成巨大的浪费。并且，大跨度组合板不仅可以应用于普通结构的楼板体系，还可以进行装配式工业化生产。

大跨度压型钢板-混凝土组合板有其独特的优点，主要包括以下几个方面：

（1）大跨度组合板可以跨越较大的空间，有效增加室内净空高度；

（2）大跨度组合板具有良好的延性性能，相比较小跨度组合板，在外荷载作用下具有更好的内力调整能力，有效保障楼板的受力性能；

（3）大跨度组合板的施工工艺简单，施工速度更快，节约时间成本；

（4）大跨度组合板更适合装配式工业化生产，应用范围更加广泛。

目前，关于组合板方面的研究主要集中在1.2～4.5m跨度的组合板力学性能研究，对于大跨度组合板的研究相对较少，且我国规范《组合楼板设计与施工规范》CECS 273：2010及《组合结构设计规范》JGJ 138—2016对于大跨度组合板的设计要求均不明确。此外，大跨度组合板中，关于压型钢板与混凝土之间的粘结滑移性能研究相对较少。因此，在此背景下研究组合板的性能尤其是大跨度组合板的力学性能具有十分重要的现实意义。

1.5 国内外相关工作研究进展

压型钢板-混凝土组合板的应用历史可以追溯到20世纪30年代，并于20世纪70年代引入我国，为我国的建筑行业带来了革命性发展。早期的压型钢板仅作为楼板的施工平台及混凝土的成形模板使用，随着建筑科学技术的进步以及绿色环保节能概念的深入人心，压型钢板与混凝土界面的相互作用逐渐被各国学者所重视，并基于两者界面相互作用的深入研究，逐渐形成了较为成熟的设计理论和方法。压型钢板-混凝土组合板的研究主要包括两方面内容，一方面侧重于压型钢板与混凝土界面的机理研究，另一方面侧重于设计方法的研究。学者们分别采用足尺或缩尺结构模型进行试验、有限元分析及理论分析等手段，对组合板的承载能力进行了大量的研究工作。基于本书的研究内容，分别对国内外压型钢板-混凝土组合板的研究历史及现状进行简要的回顾和总结，为大跨度组合板的研究打下了坚实的基础。

1.5.1 国外研究现状

压型钢板最早应用于组合板，起始于 Loucks 和 Giller 在1926年公开的压型钢板体系专利，主要用于模板功能。1938年，H. H. Robertson Company 工程人员在工业建筑上利用缩口型压型钢板的孔洞形成无组合空心楼板体系。20世纪50年代，压型钢板才真正应用于组合板作为板底受力钢筋使用。第一个应用于组合板被称为“Cofar”的压型钢板产品，由 Granco Steel Products Company 生产，开口型截面形状，通过在腹板横向焊接冷拔T型钢增强压型钢板与混凝土表面的粘结作用，并采用传统的钢筋混凝土理论进行分析。1961年 Inland-Ryerson 公司生产一种被称为 Hibond 型号的开口型压痕压型钢板以增强钢板与混凝土界面的水平抗剪能力，是目前常用表面增加凸起的压型钢板最早的表现形式。随着欧美建筑业的发展，压型钢板截面形式趋于多样化，各厂家均通过试验验证的方式提出了适合自己产品的设计方法和要求，导致各厂家的产品相互独立，耗费大量的人力物力，对组合板的发展产生不利影响。为了对压型钢板市场进行规范管理、统一标准，1967年美国学者 Ekberg 牵头 American Iron and Steel Institute（AISI）在 Iowa State University 发起了一系列研究项目，作为编制组合板统一设计标准的基础。参与的学者包括

Iowa 州的 Ekberg 和 Porter 教授以及 Waterloo 大学、Lehigh 大学、Virginia 理工学院以及州立大学、West Virginia 大学、Washington 大学等的其他学者，形成组合板设计统一理论的主体。这些研究成果最终由 Porter 教授领衔的混凝土标准化委员会形成了美国土木工程学会（ASCE）组合板设计与施工规范（ASCE 3-84），并于 1991 年修订发行。随着技术的进步，美国钢板学会积极投入新标准的修订工作，形成了 ANSI/SDI C1.0 组合楼板标准（2006），经过进一步修订后，于 2011 年形成了 ANSI/SDI C-2011 钢-混凝土组合楼板设计规范和 ANSI/SDI T-CD-2011 组合楼板试验标准。在此期间，日本建筑学会、欧洲钢结构协会及加拿大、俄罗斯等均颁布了组合板的设计标准。经过 80 多年的发展，组合楼板设计从最早的基于产品试验的经验设计逐渐过渡到拥有较为成熟理论的设计方法，有了统一的设计标准，简化了设计过程，对组合板的设计和市场的繁荣起到了极大的推动作用。

（1）压型钢板与混凝土界面机理研究

压型钢板-混凝土组合板的承载性能取决于组合板界面的相互作用性能。与普通钢筋混凝土不同，压型钢板与混凝土之间为单面连接，国外学者通过推出或拔出试验对其进行了大量的试验研究，主要是通过确定压型钢板与混凝土界面的纵向抗剪强度及剪应力分布来研究压型钢板与混凝土界面的纵向抗剪性能及界面剪切粘结机理。

最早进行界面剪切粘结机理研究的是美国学者 Schuster，1970 年，Schuster 进行了小尺寸组合板试件的推出试验，Schuster 试验装置如图 1-9 所示。采用压型钢板外包内推的方式进行推出试验，并将试验结果与足尺弯曲试验对比，确定压型钢板与混凝土界面的剪切粘结特性。通过研究发现，足尺试验结果抗剪强度与推出试验结果不太吻合，因此摒弃了小尺寸推出试验而采用足尺试验评价组合板的受力性能，足尺试验结果为后来的 m-k 纵向抗剪设计方法奠定了基础。

1977 年，Plooksawasdi 开发了一种数学模型，Plooksawasdi 试验装置如图 1-10 所示。采用内置压型钢板外包混凝土的方式，进行拔出试验，用于预估组合板在剪切粘结破坏时的极限弯矩。该模型通过拔出试验得到总拔出力，确定界面的剪切应力和滑移关系，试件尺寸按照压型钢板一个波宽的尺寸设计，并进行参数分析，但是界面剪应力-滑移关系的研究部分并未发表，因此该模型在后期的研究和应用方面并未引起大家的重视。

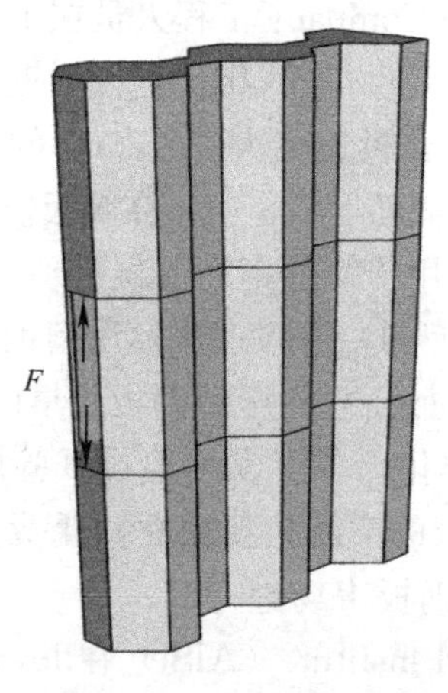

图 1-9 Schuster 试验装置

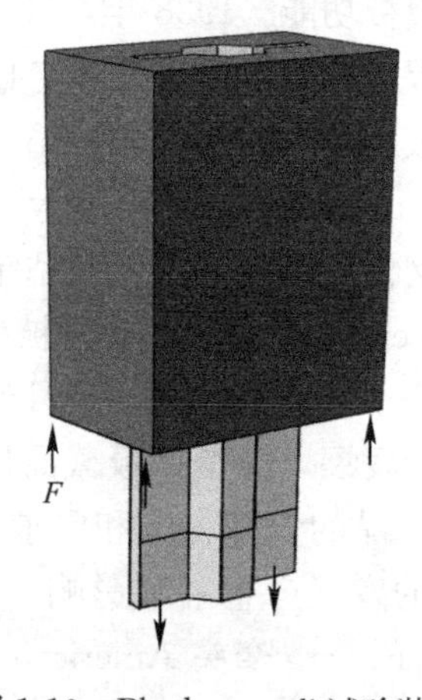

图 1-10 Plooksawasdi 试验装置

1978年，Stark进行了推出试验，Stark试验装置如图1-11所示，用以确定压型钢板表面凸起对界面承载力的影响。试件采用压型钢板外包混凝土的三明治连接方式，混凝土夹在钢板之间，并采用内推的方式进行试验。结果表明：推出试验中每个凸起的极限剪切载荷与弯曲试验相差15%。对于误差产生的原因，Stark认为试验中腹板虽被夹紧，但在弯曲试验中边缘腹板不受约束且可自由卷曲，另一个原因可能是横向荷载的影响，横向力的约束作用增强了界面的摩擦力，同时约束了压型钢板与混凝土界面的分离。

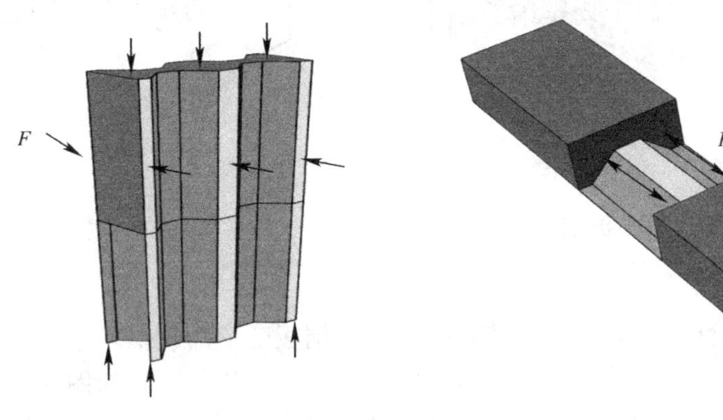

图1-11　Stark试验装置

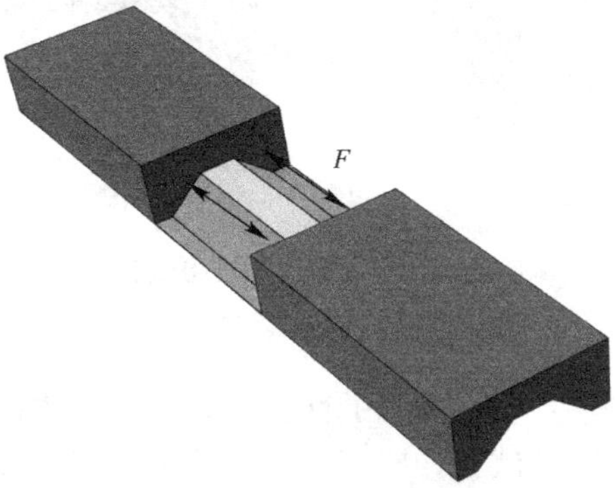

图1-12　Jolly推出试验

1987年，Jolly和Zubair进行了推出试验来评估各种类型的压痕对组合板剪切粘合强度的影响，试验首次采用卧式单面推出试验装置，如图1-12所示。试验的主要目的是通过研究改变压型钢板表面的压痕形状、尺寸、深度以及间距等因素来增强压型钢板与混凝土界面的剪切粘结性能。试验结果表明：当压痕不连续时，钢板更容易屈曲；压痕角度与压型钢板滑动方向垂直时，组合作用效果更加明显；微小压痕即使数量较多，对界面抗剪影响也并不明显；减小压痕宽度，增加压痕长度和高度可以有效增强截面抗剪能力。该试验结果也进一步验证了Zubair于1989年提出的组合板承载力计算方法。

1988年，Daniels进行了拔出试验用于确定组合板的相互作用，Daniels拔出试验如图1-13（a）所示。试验中，在构件的肋板方向施加纵向力，同时对混凝土施加横向力，以模拟混凝土的自重在压型钢板与混凝土界面之间产生的压力，并通过试验得出了界面剪切应力-位移关系曲线。试验结果表明，随着侧向力的增加，剪切应力随之增加；改变界面剪切粘结长度，对粘结应力的变化没有明显影响，该结论正好与1978年Porter和Ekberg得到的试验结论相反；当界面化学胶结作用未遭受破坏时，组合板界面应力的分布是不均匀的，峰值应力出现在加载边缘附近。

1992年，Daniels等在拔出试验基础上又进行了推出试验，Daniels推出试验如图1-13（b）所示。并对端部栓钉锚固影响进行了深入研究，在数值模拟基础上，提出了可用于单跨和多跨组合板强度的计算方法，并提出组合板界面产生滑移后，化学胶结作用可以忽略的基本假定。

1990年，Patrick和Poh首次采用了单个滑块卧放进行组合板界面纵向剪切-滑移关系试验，如图1-14所示，由于该装置简单方便，后来被多数学者采用。通过滑块推出试验定量研究压型钢板与混凝土界面的纵向抗滑移能力，即界面平均剪应力和摩擦系数。可以看出，本试验装置约束了压型钢板与混凝土界面的竖向分离，可能导致界面剪切粘结应力偏高，该装置仅用于延性界面连接性能分析。

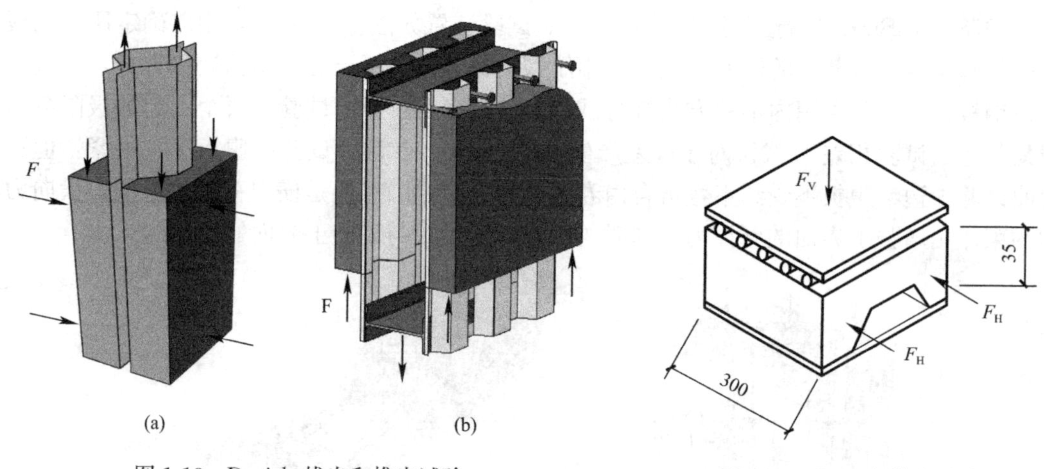

图 1-13 Daniels 拔出和推出试验
(a) 拔出法；(b) 推出法

图 1-14 Patrick 推出试验

1998 年，Burnet 为了克服大多数推出试验限制压型钢板变形的缺陷，进行了不加横向压力的推出试验，压型钢板横向边自由未设约束，Burnet 推出试验如图 1-15 所示。Burnet 分别研究了缩口型和开口型组合板的界面抗剪粘结性能。试验结果表明：表面设置凸起的压型钢板在推出试验过程中，伴随着界面滑移，压型钢板与混凝土界面发生分离现象，而缩口型相比开口型压型钢板肋部分离明显减小，肋部开口越大界面抗剪性能越差。

2002 年，Tremblay 等的 Tremblay 推出试验如图 1-16 所示，模拟简支板支座横向荷载的作用，并在支座位置施加 6kN 的横向荷载。试验参数包括钢板厚度、钢板强度等级、表面涂层、钢板铺放位置（正放或倒置）、混凝土龄期以及组合板中电气预留导管的存在等。研究结果表明：钢板强度等级越高，钢板越厚，混凝土养护龄期越长，组合板的抗剪强度越大；表面涂层不同，产生的化学粘结强度不同；电导管的存在降低了组合性能，而钢板正放或倒置对剪切粘合强度没有影响。

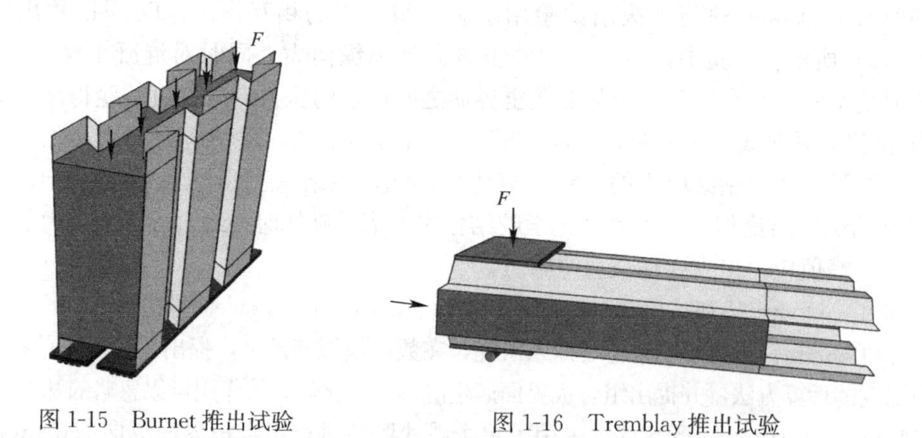

图 1-15 Burnet 推出试验

图 1-16 Tremblay 推出试验

基于上述推出或拔出试验装置，为各国学者对组合板界面受力性能的研究提供了良好的借鉴作用。Pentti 和 Sun、Holomek 等学者先后进行了开口型组合板的推出试验，分别考虑了横向压力的大小及压型钢板表面特征等对界面抗剪性能的影响，并通过足尺试验的验证，确定组合板的界面纵向抗剪强度。

为了更好地模拟组合板在弯曲荷载作用下弯曲曲率对界面抗剪性能的影响，1992年，An提出了一种小尺寸弯曲试验装置，如图1-17所示，分别考虑了支座锚固、混凝土类型（普通混凝土和轻质混凝土）、剪跨比等因素的影响，并将试验结果应用于有限元分析。在试验中，采用了两种试验装置，一种为使钢板伸入支座锚固，以便研究摩擦力对剪切强度的影响，另一种为压型钢板不伸入支座，研究无支座摩擦的剪切强度。试验结果表明：第一种试件的抗剪性能比第二种高20%～30%。在本次试验中，虽然试件与实际板不完全相似，但是试验考虑了弯曲曲率和垂直分离的影响，相比滑块试验更贴近组合板的实际弯曲，也是以前试验没有考虑的。

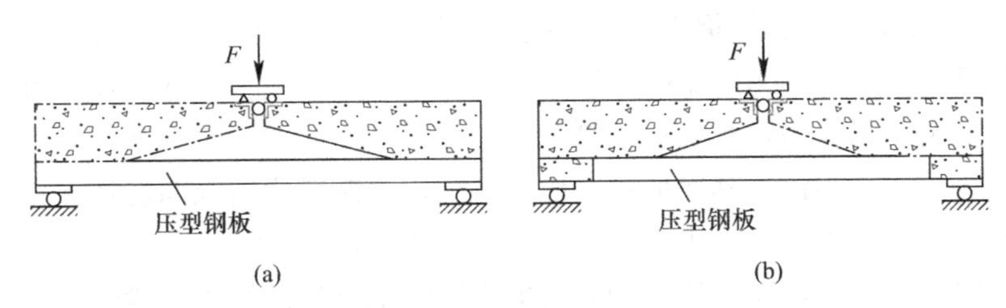

图1-17 An推出试验

（a）压型钢板伸入支座；（b）压型钢板未伸入支座

通过对上述小尺寸组合板推出或弯曲试验的文献研究可以看出，除了An的小尺寸弯曲试验，其他推出试验均存在一个共性的缺陷，很难模拟组合板弯曲时界面复杂的接触关系及抗剪强度。当压型钢板与混凝土协调弯曲变形时，混凝土与压型钢板的曲率、钳制作用，组合板的跨高比、钢板应变、支座的影响等因素都很难通过推出试验准确呈现出来。另外推出试验过程中，不同的试验装置对压型钢板的边界约束不同，必然会影响到最终界面纵向抗剪承载能力的大小。小尺寸组合板弯曲试验虽然考虑了压型钢板与混凝土界面的弯曲曲率影响，但混凝土块和压型钢板不同的刚度变形特征对界面的承载能力仍有一定的影响。相比足尺组合板试验，小尺寸组合板试验具有装置简单、试验周期短、资源投入小等优点，也是组合板界面机理研究比较成熟的方法。

在组合板剪切粘结滑移关系方面，组合板的强度、刚度及延性主要取决于组合板肋或腹板的剪切粘结特性，截面肋与混凝土之间的相互作用能力决定着界面抗剪承载能力的大小，不同的截面肋形状传递界面剪力的能力有明显区别。

（2）组合板纵向抗剪承载性能研究

在组合板承载能力研究方面，通常采用足尺组合板试验，而研究重点主要集中于组合板的纵向抗剪承载能力及设计理论的研究。

1992年，Easterling和Young等研究了端部锚固对组合板的性能影响，端部约束形式包含冷弯角钢、栓钉、热轧角钢、连续边界等9种。研究发现，随着端部锚固的增强，组合板的承载力也随之提高，并且端部锚固充分时，组合板倾向于发生弯曲破坏。对于这几种端部锚固方式，焊接圆柱头栓钉对于提高组合板的性能更加明显，但是Easterling对于不同锚固方式只进行了定量分析。

2001年，Sebastian和McConnell进行了板底附加受力钢筋组合板的有限元分析。在分析中假定混凝土开裂前的属性为各向同性，开裂后为各向异性。将模拟结果与试验结果进行对比分析，发现有限元模拟可以较好地模拟出组合板在荷载作用下的变形特征和受力性能。

2006 年，Marimuthu 等对 18 块开口型压型钢板-混凝土组合板进行了试验研究，组合板的凸起形式不同。研究结果表明：剪跨比对组合板的破坏模式影响较大，当剪跨比较小时，组合板易发生纵向剪切破坏，当剪跨比较大时，组合板发生弯曲破坏；组合板凸起的形式对组合板的剪切性能影响较大。

2006 年，Valivonis 提出设计组合板时必须考虑三个截面，即正截面、斜截面和水平截面；研究组合板时同样必须考虑三个阶段，即化学胶结作用阶段、化学胶结破坏阶段以及机械咬合及摩擦等锚固措施共同工作阶段。组合板的变形和界面抗剪能力本质上受压型钢板的截面形状、横向预压应力及纵向剪应力传递机制的影响。

2012 年，Holomek 等为了提出更加便捷、经济的压型钢板设计方法，进行了小尺寸推出试验来研究压痕对承载力的影响，采用了真空加载、四点弯曲两种加载方法，并对比了试验结果。研究结果表明，真空加载时试件的抗弯强度高于四点弯曲加载；连续均匀荷载与四点弯曲加载方法相比，其变形曲线形状更均匀；四点弯曲纵向剪切力是常数，因此可以采用四点弯曲试验方法与推出试验进行结果对比分析。

2013 年，Abas 等对连续两跨的开口型压型钢板-组合板进行了试验研究，所有试件端部均有约束。试验结果表明，在组合板的混凝土中掺入钢纤维可以显著提高组合板的性能，对其抗剪承载力提高较大，最大可达到 59.4%。

2013 年，Cifuentes 和 Medina 进行了 10 组 30 个组合板试验，研究组合板的剪切粘结性能和欧洲规范对组合板纵向剪切强度的要求。结果表明：欧洲规范规定的裂缝诱导器是没有必要的，并且裂缝诱导器的使用实际上低估了板块的纵向剪切强度；钢板的厚度对组合板纵向剪切强度影响明显，不同板厚钢板的试验结果与采用欧洲规范预估的纵向剪切强度差异也不同，对于厚板来说，采用薄钢板的试验结果不能预估组合厚板的极限剪切强度；Eurocode 4 规范中指出，组合板在循环加载作用下，其承载力与静载作用下相近，故循环加载次数可不作为影响承载力性能的参数。

2013 年，Lakshmikandhan 等开发了三种连接件以增强组合板之间的粘结作用，并对采用这三种机械连接器的组合板进行了试验研究。结果表明：采用剪切连接器的组合板发生了充分的剪切作用，混凝土和压型钢板之间没有分层和纵向滑移；采用剪切连接器的组合板承载力提升明显，延性更好。

2013 年，Johnson 等对开口型组合板板底增加纵向受力钢筋进行了研究，试验研究结果表明：板底增加配筋对组合板的抗剪性能影响较为明显；组合板的破坏通常由挠度控制，且发生破坏时板底钢筋得不到充分利用。

2014 年，Degtyarev 研究了栓钉数量、钢板厚度，组合板厚度，钢板屈服强度、混凝土抗压强度，组合板跨度等参数对组合板力学性能的影响，并在此基础上，提出了能够保证截面抗弯能力且栓钉布置数量最少的组合板简化计算公式。

2014 年，Gholamhoseini 等进行了 8 块端部无锚固的组合板试验，主要研究了四种截面形式的组合板在不同剪跨条件下的受力性能及破坏形态。试验结果表明：组合板的板型对于组合板的剪切粘结性能有较大影响；剪跨不同，组合板的性能也有较大不同，剪跨越大，组合板承载力越大。

2015 年，Rana 等进行了组合板试验以研究组合板端部锚固对组合板承载力和破坏模式的影响。试验结果表明：端部锚固对组合板的强度和延性有重要影响，混凝土强度和组合板厚度对荷载-挠度特性的影响显著。同时，还进行了有限元分析，分析结果表明：组合板的抗剪承载力由组合板的粘结滑移决定。

2016年，Rehman等进行了足尺构件的推出试验，研究可拆卸式剪力连接件对组合板性能的影响。研究结果表明；设置可拆卸式剪力连接件的组合板性能与采用普通栓钉的组合板性能差异不大，均可以满足欧洲规范Eurocode 4对于组合板延性性能的要求，试验中组合板端部滑移量均不大于6mm。

2017年，Ríos等提出了一种有效的有限元模型方法，该方法利用非线性界面剪切粘结τ-s关系有效地模拟了组合板的界面纵向剪切性能。将四点加载和六点加载的组合板试验结果与有限元结果进行对比，验证了模型的有效性。Ríos通过两种界面τ-s关系描述了整个组合板的作用特性，通过内插法解决了同样钢板不同截面尺寸组合板的界面特性，对组合板的研究有一定的借鉴作用。

2017年，Vakil和Patel进行了组合板试验以研究钢板厚度、钢板等级、组合板厚度等参数对组合板抗弯能力的影响。研究结果表明：钢板强度和混凝土厚度越大，抗弯强度的估算值越大，但混凝土强度的增加对组合板抗弯能力的提升不明显；采用栓钉的组合板可以显著改善组合板的相互作用，比其他的粘结方式效果更显著。并且给出了组合板承载力的计算方法，可以预估不同截面形状、不同材料的组合板抗弯能力。

2018年，Ferrer等提出了一种新的全连接粘结技术，即在组合板的压型钢板上进行连续切割来代替传统的压痕。同时，对使用此种技术的三种组合板进行了试验研究，结果表明：所有组合板的压型钢板与混凝土之间均保持着良好的粘结，在屈服前没有发生相对滑移；试验组合板的承载力相比较于传统压花组合板均有明显提高；试验组合板均发生弯曲破坏。故此种技术可以明显地改善组合板的纵向抗剪性能。

在大跨度组合板研究方面，1997年，Brekelmans等对肋高不小于200mm的大跨组合板进行试验研究，研究结果表明Eurocode 4：Part 1.1的基本理论也适用于大跨度组合板。2000年，Widjaja和Easterling研究了高肋大跨度组合板，结果表明大跨度组合板承载力通常由挠度控制。2008年，Huber对比了不同的楼板体系，提出一种应用于多层住宅的板厚12in（约30cm）、跨度30ft（约9m）的组合板，并且给出了楼板选型的四个阶段，研究了高肋压型钢板-混凝土组合板的纵向抗剪性能、振动特性，最后提出了该板型组合板的设计方法。2013年，Bodensiek对9m跨度简支双T组合板进行了试验研究和数值分析，研究了混凝土与双T钢板间的受力性能及破坏形态，并进行了相应的理论分析。2006年，澳大利亚学者Bailey等对大跨组合板采用先张法预应力技术，在这项研究中，预应力张拉不是采用传统浇筑混凝土7d后张拉工艺，而是采用预张拉压型钢板的方式，结果表明，两种张拉方式不同，界面的剪切粘结应力-滑移关系也明显不同。

通过对上述文献的研究可以得知，组合板纵向抗剪性能取决于压型钢板与混凝土界面的相互作用性能，其影响因素包括压型钢板的截面形状及表面特征、压型钢板的截面厚度、组合板的端部锚固条件、荷载作用模式、剪跨比等。对于大跨度组合板，主要针对特定的高肋压型钢板、压型钢板的组合以及特殊加工型组合板的研究，研究内容比较分散，对于常见压型钢板与混凝土形成的组合板的受力性能还需要进一步的深入研究。

（3）组合板设计理论

组合板的设计理论主要采用m-k设计方法和PSC设计方法，其中m-k方法使用更为广泛，被大多数国家写入组合板设计规范中，而 PSC 法关于组合板的设计内容仅限于 Eurocode 4，未被纳入大多数国家的现行组合板设计规范中。

前述已经讲到，第一部组合板设计标准起始于 1970 年 Schuster 对组合板的研究，后经过 Porter 等学者大量的试验研究工作，最终形成了相对比较成熟的 m-k 设计方法，利用足尺组合板试验结果并通过线性回归得出直线的斜率 m 和截距 k，并利用 m 和 k 值的大小评价类似的组合板纵向抗剪承载能力。

1990 年，Patrick 基于部分剪切粘结理论和滑块试验提出了组合板纵向抗剪承载力的部分剪切粘结设计方法，即 PSC 法。Patrick 在提出该方法时分析了组合板界面滑移产生的机理和破坏过程，并对影响参数进行了分析，该方法与 m-k 方法不同，PSC 法力学模型清晰，更好地解释了组合板纵向剪切的破坏机理。1992 年，欧洲规范 Eurocode 4 将该方法与 m-k 方法确定为组合板纵向抗剪承载力的基本设计方法。

1994 年，Patrick 和 Bridge 进行了组合板试验研究并进行了分析，在分析过程中考虑了组合板高度、混凝土强度、钢板厚度等因素对组合板粘结力的影响，在此基础上，提出了组合板抗剪承载力的计算公式，该公式对于承担均布荷载和集中荷载的压型钢板-组合板同样适用。

1997 年，Bode 和 Sauerborn 提出了一种新的组合板极限弯矩计算方法，该方法考虑了组合板叠合面的相互滑移，采用该方法计算了组合板的极限弯矩和弯曲刚度，发现计算结果与试验结果相差较小，吻合度良好，因此该方法可为压型钢板的设计提供依据。

2004 年，Crisinel 和 Marimon 进行了组合板小滑块试验，基于试验结果分析得出，组合板在破坏过程中各组成部分对剪切强度所起的作用，并绘制出了组合板截面的弯矩-曲率关系曲线；通过假定控制截面，对组合板的极限承载力进行了简化计算。

2006 年，Marciukaitis 等对组合板的挠度进行了理论分析，并基于钢筋与混凝土界面抗剪刚度理论提出了挠度计算方法。对比了混凝土开裂及塑性变形等因素对界面抗剪刚度的影响，且得出压型钢板与混凝土界面抗剪刚度会直接影响组合板挠度大小的结论。通过缩口型组合板试验验证表明，理论计算和试验结果吻合较好。

2008～2009 年，Abdullah 对开口型组合板进行了单位波宽小尺寸试验研究，试件尺寸选取一个单位波宽的距离，跨度按足尺试验确定。模型选取剪跨比作为影响纵向抗剪的强度参数，通过弯曲试验建立剪切粘结应力-滑移关系公式；通过薄板与厚板试件的试验数据，用内插法估算不同剪跨比组合板剪切粘结性能；通过剪切粘结特性曲线模拟界面剪切粘结特性。研究结果表明，组合板界面的剪切粘结性能随剪跨比参数而改变。并且在试验研究的基础上，对组合板进行了有限元分析，采用 Radial-thrust 连接单元进行界面特性模拟，通过将有限元分析结果与试验结果进行对比发现，有限元分析方法可以较好地模拟试验结果。

2012 年，Hedaoo 等对 18 块简支组合板的剪切性能进行了试验研究。采用静力加载的方式研究了组合板的静力性能，采用往复加载的方式研究了组合板的动力性能，并且采用 m-k 方法和 PSC 方法分别计算了组合板的纵向剪切承载力，计算结果表明，采用 m-k 方法计算组合板纵向剪切承载力的计算结果偏于安全和保守，但是两种方法计算的结果和试验结果均吻合较好。

2014 年，Degtyarev 基于部分剪切理论和内力平衡，假定组合板弯曲变形时界面发生滑移、主裂缝将混凝土分割为两个可以转动的分离体，并利用解析方法得出端部锚固组合板的承载力计算公式，其计算模型直接考虑了栓钉的强度和刚度，纵向抗剪强度以及组合板的几何特征、混凝土和钢板的强度等因素。通过组合板试验进行了验证，计算模型结果与试验结果吻合较好，并可应用于端部栓钉锚固组合板的承载力设计。

2015 年，Abdullah 等指出欧洲规范 Eurocode 4 给出的 PSC 方法未考虑组合板剪跨比的影响，因此 PSC 方法存在一定缺陷。通过进行厚板与薄板的试验及分析，提出了一种新的计算方法，给出了板抗剪承载力与剪跨比的线性关系，在计算时，采用插值法计算板的抗剪承载力，最后验证了该方法的准确性。

2015 年，Holomek 等指出当前设计标准不能精确确定组合板的纵向剪切承载能力，采用组合板的全尺寸弯曲试验用于确定 m-k 方法或部分连接方法的相关参数费时费力，故采用数值模拟的方法进行了组合板的研究，并与组合板缩尺试验结果进行了对比，发现两者之间的结果存在差异，针对此问题进行分析，讨论了界面接触建模的相关问题。

2015 年，Rana 等进行了缩尺尺寸的压型钢板-混凝土推出试验，并在试验中采用内置后张法预应力钢筋的方法施加预应力，以此研究预应力对压型钢板-混凝土组合板抗剪承载力的影响，结果表明，预应力的存在对抗剪承载力不利。此外，还将有限元模拟与试验结果进行了对比，验证了有限元模型的准确性。

2016 年，Knobloch 和 Fontana 对苏黎世机场中使用的组合板进行了研究，集中分析了组合板的粘结性能和 35 年使用寿命对组合板性能的影响。同时对具有不同剪切跨度的简支梁进行了 10 次大规模现场试验并对试验结果进行评估，结果表明：经过 35 年使用的组合板仍具有良好的纵向剪切强度，可以作为苏黎世机场 B 航站楼的板材使用。

2016 年，Hossain 等提出了一种新的组合板系统，组合板采用 ECC 材料。通过 30 块组合板试验，研究了组合板与 SCC 组合板的区别，并研究了剪切跨度、是否布置栓钉等影响因素对组合板性能的影响。研究结果表明：采用 ECC 的组合板延展性更高，可以产生更高的机械咬合力；栓钉对 ECC 组合板影响更大，可以产生更高的剪切力。

2016 年，Mohammad 对后张法组合板和端部锚固的组合板进行了研究。推出试验结果表明预应力对后张法组合板的粘结性能不利，通过推出试验得出了粘结应力-滑移关系。根据试验结果建立了 Abaqus 有限元模型，研究了混凝土强度、预应力水平和钢板厚度对组合板性能的影响。

2017 年，Costa 等为了研究支撑处界面摩擦对组合板性能和强度的影响进行了组合板试验，组合板为 V 形凸起的梯形组合板。通过测量钢板的挠度、端部滑移和应变，分析了组合板的破坏模式。进一步利用 PSC 方法评估了支撑处摩擦对组合板抗剪承载力的影响，给出了考虑支撑处摩擦的组合板极限抗剪承载力的计算公式。

通过上述文献可以看出，组合板的设计理论除了各国现行规范设计方法外，还包括内力平衡法等。每一种设计方法均有其不同的适用条件，m-k 设计方法适用于脆性破坏模式的组合板；PSC 法适用于脆性和延性破坏的组合板；内力平衡法由于其先天的基本假定，也仅适用于脆性破坏模式。对于一般跨度组合板，上述三种理论方法均可参考使用，但对于破坏模式更偏向于延性破坏的大跨度组合板，现有研究资料并未给出明确结论。

1.5.2 国内研究现状

压型钢板自 20 世纪 70 年代引入中国以来，国内学者对压型钢板-混凝土组合板的研究投入了大量工作。随着我国钢材产量的提高与建筑用钢技术的不断进步，以及中国改革开放以来建筑市场的繁荣发展，组合板的研究工作也得到了突飞猛进的发展。1984～1988 年，冶金建筑研究总院对压型钢板-混凝土组合板进行了较为系统的研究，对早期的 30 块开口型压型钢板-混凝土组合板进行了试验研究，通过试验数据的线性回归分析，得出了适用于我国常用组合板的抗剪承载力计算公式；并就如何选取压型钢板、压型钢板加工工艺以及如何选择布置剪力连接件等进行明确的阐述。1985 年，何保康、赵鸿铁等翻译出版并在国内发行了压型钢板的设计指南，详细介绍了这种新型组合板的结构形式，为组合板的研究和发展奠定了良好的基础。

（1）组合板的界面机理及纵向抗剪性能研究

1985 年，汪心洌通过 6 块国产光面 U200 型压型钢板和 2 块 USA 波纹板进行了组合板试验，研究了组合板的受力性能及锚固端部栓钉配置、横向剪力钢筋以及混凝土强度等指标对组合板中压型钢板与混凝土间的组合作用效应的影响，并通过 m-k 法确定了组合板的纵向抗剪承载能力。

1989 年，邓秀泰和聂建国进行了 18 块 U200 型压型钢板-混凝土组合板试验研究，分析了组合板端部焊接栓钉与不焊接栓钉时的破坏形态，并对试件剪切破坏的机理进行了分析，根据试验结果分析给出了 m-k 方法的相关参数。

1990 年，刘学东等通过试验对压型钢板组合梁栓钉连接破坏机理进行了研究，提出了肋连接破坏时的四种破坏模式。

1990 年，袁泉和汪心洌通过对 12 个足尺开口型组合板的界面剪切粘结机理进行了试验研究，总结出组合板剪切破坏的三个阶段。研究表明，剪粘极限荷载对应的滑移值与初始滑移值的差值反映了剪切粘结强度能量的大小，差值越小，抗滑移能量储备越大，剪切粘结强度越高；最终滑移值与达到剪切粘结强度滑移值的差值表明组合板延性的大小；随着跨度的增加，弯曲程度的增加，剪力筋间距的影响更加明显，不仅影响剪切极限强度，同时影响初始滑移出现的早晚；混凝土强度、种类对剪粘强度影响并不显著，端部栓钉直径对剪粘强度影响不大，但有无栓钉则影响极大。

1995 年，胡夏闽通过推出试验研究了压型钢板对栓钉连接件抗剪强度的影响，提出了带压型钢板的栓钉抗剪强度的计算模型。并且研究了混凝土强度、栓钉强度和直径、焊接方法、压型钢板厚度及其屈服强度对栓钉承载能力的影响，较好地揭示了栓钉的抗剪工作机理。

1996 年，袁发顺等对组合板的粘结滑移特性进行了非线性分析，结合组合板的实际受力状态，允许不同点有不同的滑移和界面剪应力，计算模型中组合板被简化为屋架，混凝土部分类似于屋架的上弦压杆，受拉混凝土被简化为腹杆，而压型钢板被简化为下弦拉杆，但计算中压型钢板被当作二维钢板处理。最终模拟计算结果与试验结果吻合较好，验证了其基本假定和计算模型的合理性，并在非线性分析基础上进行了相关参数的研究与分析。

2003年，Chen为了验证组合板界面的剪切粘结性能，对7个简支单跨和2个连续跨足尺组合板进行了试验研究，研究了不同端部锚固条件下组合板的受力性能。试验结果表明，端部锚固组合板相比端部无锚固组合板在承载能力方面有了很大的提高；单跨端部锚固组合板的界面剪切粘结强度与两跨连续板在开始加载阶段基本相同，提出单跨组合板的截面剪切粘结模型也可用于连续组合板，并对连续板的剪跨进行了界定。

2003年，聂建国等对闭口型简支组合板进行了受弯性能及纵向抗剪性能试验，对比了不同剪跨比组合板的破坏形态，并对试验结果进行了抗弯和纵向抗剪承载力理论分析及刚度计算。研究结果表明，闭口型组合板整体工作性能及延性性能良好，破坏形态与剪跨相关，长跨组合板通常受弯矩控制，而短跨组合板通常受纵向剪切控制。

2007年，郝家欢对闭口型压型钢板-混凝土组合板进行了试验研究，对组合板裂缝的发展及分布规律、荷载-挠度关系、荷载-滑移关系以及压型钢板应变变化规律等进行了深入的研究，分析了组合板的破坏形态、受力特点及剪切粘结机理，以及剪跨比、钢板厚度、楼板厚度、锚固条件等对剪切粘结滑移的影响。并基于弹性理论，得出了组合板沿板跨方向的滑移规律，最后在试验分析的基础上得出了粘结应力与粘结滑移关系，提出了平均粘结强度与滑移关系曲线上升段的本构关系。

2011年，王先铁等对18块闭口型组合板进行了纵向抗剪试验研究，分别考察了组合板的厚度、压型钢板厚度及剪跨比等影响参数对组合板破坏模式及纵向抗剪承载力的影响。试验结果表明，剪跨比较大时，组合板发生弯曲破坏或弯曲剪切破坏，而剪跨比较小时，组合板发生纵向剪切破坏；压型钢板和组合板厚度的增加，组合板抗剪承载能力越大；剪跨比增大，纵向抗剪承载能力越小。

2011年，孟燕燕等收集了国内外共计约120块组合板的足尺试验数据，通过对这些数据的整理分析，使用m-k方法对影响组合板性能的参数——压型钢板的类型、端部锚固条件、剪跨比等进行了研究。研究结果表明：压型钢板的类型对组合板的抗剪承载力影响显著，闭口型组合板的抗剪承载力约为开口型组合板的一倍；栓钉对于闭口型压型钢板影响较小，对开口型压型钢板影响较大。

2012年，马山积进行了18块压型钢板-混凝土组合板试验，分析了组合板的破坏模式，裂缝的产生及发展规律，以及沿跨度不同部位的混凝土和钢板的应变变化规律等。在试验结果的基础上，进行回归分析，得到了适用于该板型的m、k参数，给出了抗剪承载力实用计算公式。试验结果表明，决定组合板抗剪承载力的主要参数有：组合板厚度、剪跨、压型钢板厚度等，其中剪跨决定了组合板的破坏形态，当剪跨较大时，组合板发生受弯破坏；剪跨较小时，发生剪切破坏。

2014年，王秋维等对4块闭口型压型钢板进行界面力学性能试验研究，分别采用荷载挠度曲线方法以及极限弯矩方法确定截面力学特征值。研究结果表明：采用荷载挠度曲线方法与理论值偏差较大，正向加载的极限弯矩方法计算结果与理论值吻合较好，而反向加载则偏差较大，并提出了全截面特性和有效截面特性两个概念。

2016年，吴波等进行了9块无栓钉和6块有栓钉试件的试验研究，研究废旧混凝土块取代率、板厚、栓钉布置方式、剪跨等参数对组合板抗弯和抗剪性能的影响。对不同废旧混凝土块取代率的组合构件进行分析，指出布置栓钉的具有一定废旧混凝土块取代率的再生混凝土组合板与全现浇组合板性能相近。

2017年，章潇等通过闭口型组合板试验对其纵向抗剪承载能力进行了研究。主要研究了组合板的破坏过程及破坏形态、端部锚固及滑移等，结果表明：3块闭口型组合板均发生纵向剪切破坏，端部锚固对组合板的端部滑移有明显的抑制作用，对纵向抗剪承载能力有很大的提高作用。

2017年，贺小项等通过对工程中常见的开口型、闭口型和缩口型组合板进行弯曲性能试验，考察了不同类型截面组合板的破坏形态、界面剪切粘结性能及抗剪承载能力。研究结果表明，端部无锚固的开口型和缩口型组合板在外荷载作用下发生纵向剪切破坏；闭口型组合板随着跨度的增加，破坏模式由纵向剪切破坏转为弯曲破坏。

2018年，李帼昌等进行了4组开口型组合板试验，并对组合板的破坏特点、裂缝发展情况、滑移产生规律等进行了分析。结果表明：开口型压型钢板-混凝土组合板发生纵向剪切破坏；组合板布置栓钉可以减小组合板相对滑移；增加组合板厚度和布置栓钉可以提高组合板抗弯承载力。并且在结果分析的基础上，得出组合板的极限承载力取决于纵向抗剪承载力的结论。

由上述文献可以看出，压型钢板引入国内后，学者们对压型钢板-混凝土组合板进行了大量的研究工作。从组合板的受力过程来看，组合板在外荷载作用下分别经历了弹性阶段、弹塑性阶段以及滑移破坏阶段；从组合板的破坏形态来看，端部无锚固的短跨厚板多发生脆性纵向剪切破坏，长跨薄板则发生延性纵向剪切破坏，而端部锚固组合板则发生延性纵向剪切破坏或弯曲破坏；从组合板承载能力方面看，压型钢板与混凝土界面的纵向抗剪性能决定着组合板的最终承载性能；从截面形式来看，同等条件下的闭口型组合板受力性能更好，开口型组合板的受力性能最差，而缩口型介于两者之间；从影响组合板承载能力的因素来看，组合板的端部锚固条件、跨度、剪跨比、压型钢板的截面形状、厚度及表面特征等直接影响着界面的相互作用性能，影响着组合板的纵向抗剪承载能力，而混凝土强度对组合板的纵向抗剪承载性能影响并不明显。对于大跨度组合板界面的作用机理及承载能力方面的研究还处于起步阶段，需要进一步深入探讨。

（2）组合板的设计理论研究

1987年，严正庭提出了钢与混凝土组合板的极限状态设计方法，分别对正截面及斜截面承载力、施工阶段及正常使用阶段组合板的承载力进行了理论分析，并通过算例对各阶段组合板的承载力进行了验证。

1992～1994年，张培卿和刘文如对28块压型钢板-混凝土简支组合板进行了试验研究，分析了组合板的工作机理及破坏形态，试验参数包括栓钉的直径、剪力连接件的间距布置，组合板截面厚度等。在试验的基础上，提出了组合板挠曲变形和界面相对滑移的抗弯承载力实用计算方法。

1995年，聂建国等指出当前在计算组合梁变形时，采用的换算截面法计算出的变形结果偏小，计算时没有考虑组合梁的滑移，不安全。故在此基础上，提出了考虑组合梁滑移的折减刚度法，用此方法计算了组合梁的变形，并与试验结果进行对比，发现试验结果与计算结果吻合良好，证明了方法的准确性。

1996年，王祖恩分别对开敞式及闭合式压型钢板-混凝土组合板进行了理论承载力研究，研究结果表明开敞式下翼较宽的压型钢板承载能力最高，闭合式压型钢板承载力也较高，但生产工艺要求较高。

2000年，时卫民等对压型钢板与混凝土结合面的水平剪力分别进行了弹性阶段、弹塑性阶段和破坏阶段机理分析，给出了每个阶段对应的水平剪力计算模型，并提出组合板的破坏模式可通过采用拉杆拱模型进行水平剪力分析。

2001年，陈世鸣对连续跨组合板进行了试验研究。研究结果表明：与简支组合板不同，连续跨组合板中间支座的负弯矩强度可有效提高端部滑移荷载及极限荷载；连续跨组合板的承载力明显大于简支组合板的承载力；纵向抗剪强度是决定连续跨组合板承载力的重要因素，并提出了连续跨组合板承载力计算方法。

2002年，黄英进行了6块开口型组合板试验，对影响组合板性能的因素如组合板厚度、钢板厚度、混凝土强度等进行了研究，分析了不同条件下组合板的变形和应力情况。最后根据极限状态方法、弹塑性理论，推导出了组合板的承载力和变形计算公式，并结合实际设计需要，对计算公式进行了简化。

2003年，陈世鸣对压型钢板-混凝土组合板叠合面、连续组合板的设计抗剪强度以及剪跨、端部锚固条件等对承载力的影响进行了研究。研究结果表明：组合板在设计时，应进行组合板的纵向抗剪承载力验算；对于连续组合板，可以采取等效原则，将其换算为简支板的长度进行计算；对于端部布置栓钉的组合板可以通过量化公式进行计算。

2003年，李帼昌等对压型钢板-煤矸石混凝土组合板进行了试验研究，分析了组合板的受力过程及跨中弯矩-挠度关系、跨中弯矩-滑移关系。研究表明，压型钢板-煤矸石混凝土组合板与普通混凝土组合板破坏形态类似，但延性性能得到一定改善，试件破坏时，压型钢板与混凝土界面没有出现脱开及滑移现象。

2005年，聂建国等对组合板的破坏模式及纵向抗剪、竖向抗剪、抗弯及局部抗冲切的承载力计算方法进行了系统的研究和总结，阐述了压型钢板-混凝土组合板的设计方法。

2005年，甄毅和陈浩军对组合板的抗剪连接形式进行了研究，针对其中一种抗剪连接方式——横向抗剪钢筋连接，进行了破坏模型的分析，并提出了考虑横向钢筋连接的设计方法。

2007年，潘红霞等进行了8块U76型压型钢板-混凝土组合板静力试验。试验结果表明：布置横向钢筋可以显著提高组合板的承载力；组合板高度增加，承载力增大；剪跨减小，承载力增大。在试验数据的基础上进行了回归分析，给出了适用于此种类型组合板的 m-k 方法计算参数，可以为此种类型组合板的设计提供参考。

2007年，聂建国等应用PSC方法对多种荷载作用下的组合板承载力进行了研究，给出了组合板承载力计算的简化公式，并与12个简支组合板试验结果进行了对比，验证了计算公式的有效性，而该计算方法的参数可以通过小滑块试验进行确定。

2007年，聂建国等进行了8块缩口型压型钢板-混凝土组合板试验，对组合板的破坏模式、抗剪承载力、端部栓钉等影响因素进行了研究。结果表明：弯曲破坏和纵向剪切破坏决定了组合板的抗剪承载能力；对于端部未布置栓钉的组合板，剪跨比对破坏模式影响较大，当剪跨比较小时，发生剪切破坏，随着剪跨比增大，组合板由剪切破坏转变为弯曲破坏。在试验研究的基础上，指出 m-k 法和部分剪力连接法的准确性均较好，可以用来预测组合板的极限承载力，并且对试验数据进行回归分析，给出了 m-k 法和部分剪力连接法的应用参数。

2008年，杨勇等对6块闭口型压型钢板-轻骨料混凝土组合板进行了受力性能和动力特性试验研究，考察了组合板破坏形态、端部锚固条件、端部滑移、混凝土及压型钢板的裂缝、应变发展及分布等特征在不同剪跨比下的规律。试验结果表明：端部栓钉锚固条件及剪跨比对组合板的破坏形态影响显著；栓钉锚固有效改善了组合板的受力性能，增强了压型钢板与混凝土界面的组合作用；组合板剪跨比较小时发生纵向剪切破坏，较大时发生弯剪破坏。在试验的基础上，给出了抗剪承载力计算公式和刚度计算方法。最后通过试验测试了组合板的前三阶自振频率和阻尼比，结果表明，此类组合板的阻尼较小，并且通过对比实测结果验证了经验计算公式的准确性，可为此类组合板的竖向振动分析控制设计提供参考。

2010年，聂建国等基于部分剪力法对不同荷载作用下的连续组合板的极限承载力进行了理论推导，研究了不同参数对组合板的影响，给出了组合板极限承载力的实用设计公式。

2011年，陈世鸣等通过13个足尺简支组合板试验，详细研究了开口型组合板的剪切粘结破坏机理，研究参数包括跨度、板厚、剪跨长度以及端部锚固条件等。研究结果表明，剪切粘结滑移前，沿跨度的纵向剪力与竖向剪力成比例关系发展；基于极限状态的部分剪切粘结作用，提出了一种改进的设计方法，并通过试验进行了验证。

2012年，合肥工业大学沈毅进行了7块闭口型压型钢板-混凝土组合板试验，并采用4块开口型压型钢板-混凝土组合板进行对比。通过对试验结果进行分析得出了钢板厚度、混凝土板厚、端部栓钉、剪跨比等参数对组合板承载力的影响规律，并在刚度和承载力方面指出了闭口型组合板和开口型组合板的区别。结合试验结果对组合板刚度理论进行分析得出，当前组合板设计规范中ASCE 3刚度计算公式并不准确，而聂建国教授提出的计算公式更为准确，并且指出应采用普通混凝土构件的短期刚度公式来计算组合板的刚度，其计算结果吻合良好。

2015年，史晓宇针对现行组合板设计规范中未考虑截面滑移影响可能导致设计结果不够安全这一方面进行了组合板的承载特性研究。在有限元分析和试验验证的基础上，分析了组合板端部锚固条件和界面滑移的影响，并提出了简支和端部锚固组合板的挠度计算建议。

2015年，Chen等进行了36块组合板试验，并在试验基础上建立了有限元模型，研究了钢板厚度、栓钉直径和高度、混凝土强度以及剪切跨度长度对端部布置栓钉组合板的性能影响。研究结果表明：栓钉可以保证组合板承载能力的充分发挥，且栓钉纵向剪力分布并不简单等于栓钉的抗剪强度；带栓钉的组合板延性更好，承载力更高；随着剪跨比增大，组合板的纵向剪力比和竖向剪力比均减小。最后基于研究结果，提出了带栓钉组合板承载力的设计方法。

2016年，王俊浩在研究国内外组合板设计规范的基础上，对组合板的结构特点及设计计算理论进行了梳理，并指出中国现行规范中的剪切系数已难以满足新型压型钢板的设计要求。

2016年，王晓彤进行了2块不同厚度的组合板试验，得出结论：各构件均发生纵向剪切破坏，且抗剪承载力均低于抗弯承载力；组合板的厚度增大，其抗剪承载力随之增大。

在理论分析的基础上，研究了剪跨对组合板性能的影响，并建议闭口型组合板采用 PSC 法设计。

2017 年，张贺鹏等进行了 7 块压型钢板-轻骨料混凝土组合板试验，对影响组合板抗剪承载力的因素如钢板厚度、剪跨、横向钢筋等进行了研究。研究结果表明：组合板的剪跨对其抗剪承载力影响最大，横向钢筋的影响次之，组合板厚度的增加对抗剪承载力的增加有限，故不应采用仅增加厚度的方法来提高组合板承载力。并且使用 PSC 方法和 *m-k* 方法计算了相关参数，指出两种计算方法均能准确预测压型钢板-轻骨料混凝土组合板的承载力。

2017 年，朱春光通过推出试验研究了压型钢板与混凝土界面的剪切粘结性能，并通过足尺试验与理论分析定量研究了端部栓钉锚固对组合板纵向抗剪性能的影响，最后提出了组合板纵向抗剪设计时可结合推出试验与有限元分析代替 PSC 方法的设计思路。

2019 年，谢飞等进行了轻骨料混凝土组合板的抗弯试验及理论分析，分析了组合板的截面厚度、压型钢板厚度、板材强度等参数对组合板抗弯承载力的影响。同时研究了布置栓钉的组合板在压型钢板与混凝土界面之间的相对滑移问题，并提出了栓钉锚固组合板抗弯承载力计算公式。

2019 年，周天华等基于已有试验结果，采用 Abaqus 有限元分析软件进行了压型钢板-橡胶轻骨料混凝土组合板的抗弯性能研究，分析了压型钢板厚度、组合板厚度和橡胶轻骨料混凝土橡胶颗粒替代率对组合板抗弯承载力的影响。得出结论：压型钢板和组合板厚度的增加可提高组后楼板的抗弯承载力，而橡胶轻骨料混凝土橡胶颗粒替代率的提高使得组合板的抗弯承载力呈现小幅度的降低。

从国内组合板设计理论研究可以看出，多数设计理论均是基于足尺试验进行的 *m-k* 设计方法，PSC 设计理论虽然也有涉及，但还不够深入。*m-k* 设计理论方面，并未根据组合板的不同破坏模式采用不同的设计方法，且压型钢板的截面尺寸和表面特征、组合板的端部锚固条件以及剪跨比等因素对组合板承载能力影响较大，故在设计过程中笼统采用 *m-k* 设计理论难免过于保守，造成浪费。对部分剪切粘结设计理论方面虽然有一定的研究，但假定剪跨区界面的平均剪切应力相等与实际情况并不相符，且基于推出法得到的界面平均纵向剪切应力并未考虑到构件曲率的影响，还需要进一步验证。目前对于大跨度组合板设计理论方面研究的参考文献较少，仍需进行更加深入的研究。

1.6　主要研究内容

现有文献研究表明，学者们对组合板受力性能的研究多集中在足尺试验基础上跨度较小的界面抗剪性能或承载能力研究方面，对大跨度组合板的研究仅限于少数学者采用高肋压型钢板或压型钢板组合与混凝土形成的组合板方面的研究，而对采用普通压型钢板与混凝土组合的大跨度组合板方面的研究相对较少。国外学者对组合板设计方法的研究相对较多，且研究方法多样，而国内学者对组合板设计方法的研究多集中于基于足尺试验的 *m-k* 设计方法，部分学者对 PSC 法及由 PSC 法衍生出来的基于推出试验进行的内力平衡设计方法有所涉及，但仅限于跨度较小的组合板。在组合板试验加载模式方面，目前主要集中于两点对称加载模式，设计理论的形成也均基于两点加载模式下的足尺试验研究，对于多点加载状态下设计理论的研究目前比较缺乏。

基于组合板研究存在的问题，文中通过三种常见板型组合板开展界面纵向剪切粘结机理、大跨度组合板承载能力及设计理论的研究，系统地探讨 m-k 法、PSC 法及内力平衡法等设计方法的基本内容和存在的问题，通过理论分析，研究影响大跨度组合板承载能力的基本因素和相关设计理论，具体内容如下：

（1）通过对三种不同截面形式的组合板界面纵向抗剪推出试验，研究不同截面形状及表面特征的压型钢板与混凝土界面的剪切粘结机理，通过数据分析，确定压型钢板与混凝土界面的纵向抗剪-滑移本构关系，并对影响组合板界面抗剪性能因素进行深入分析；

（2）对三种常见板型不同跨度组合板进行系统的承载能力试验，主要研究了大跨度组合板的截面类型、端部锚固条件、组合板截面高度、压型钢板厚度及板底附加受力钢筋对组合板破坏形态及承载能力的影响，以及对荷载-跨中挠度、荷载-端部滑移、荷载-压型钢板应变、荷载-跨中受压区混凝土应变等关键性能指标的影响；

（3）对大跨度组合板界面剪切粘结理论进行研究，验证组合板界面的纵向抗剪-滑移本构关系的有效性和组合板模型的正确性，并通过参数分析，研究各关键参数对组合板承载性能的影响；

（4）对组合板设计理论及设计方法进行深入分析，并基于两点加载模式下的内力平衡法提出四点等距加载模式下的内力平衡法计算方法，通过理论分析与试验结果的对比研究，提出适用于大跨度组合板的设计方法。

第2章　组合板界面剪切粘结试验研究

2.1 引言

压型钢板与混凝土组合板界面剪切粘结机理同钢筋与混凝土界面有明显的区别。钢筋混凝土构件中，钢筋被混凝土完全包裹，钢筋与混凝土界面的应力沿钢筋的周边分布，应力大小与表面特征及钢筋与混凝土的相互作用有关，且应力发展水平较高；而压型钢板与混凝土之间的连接仅限于单面粘结作用，且压型钢板截面复杂，边界条件的非线性性质更加突出，界面剪切粘结应力发展水平较低。推出法作为研究钢与混凝土组合构件中钢材与混凝土界面剪切粘结滑移性能最常用的一种试验手段，也常被用于压型钢板与混凝土界面的剪切粘结机理研究，通过研究推出荷载与界面的相对滑移关系确定两种材质构件界面相互作用的本构关系。压型钢板-混凝土组合板同样是两种不同材料形成的一种组合构件，在外荷载作用下，组合板的承载能力往往受纵向抗剪能力控制。研究压型钢板与混凝土组合板纵向抗剪承载能力，最常用的试验手段有两种：一种是基于 *m-k* 方法的全尺寸组合板弯曲试验方法，另一种则是基于部分剪切理论的 PSC 方法。*m-k* 方法本身是基于试验基础上回归得出的经验公式，没有明确的力学模型。PSC 法则是基于假定剪跨区纵向剪力分布均匀而简化的一种计算模型，PSC 方法最重要的参数是压型钢板与混凝土界面的最大抗剪应力 τ_{max}，τ_{max}的大小取决于压型钢板与混凝土界面的相互作用能力以及横向荷载的大小。推出法和拔出法基本思路是一致的，都是通过外力迫使压型钢板与混凝土界面发生纵向剪切粘结滑移，并且通过量测外力与纵向剪切粘结滑移以及纵向外力与横向压力之间的关系确定组合板界面的最大抗剪内力。不同之处在于，拔出法试验是约束混凝土部分，通过拉拔钢板使得钢板与混凝土界面发生剪切粘结滑移；推出法试验则是约束压型钢板，通过推出混凝土块使得钢板与混凝土界面产生剪切粘结滑移。推出法和拔出法的试验装置不同，试件制作也有所区别。

相比于全尺寸试验研究组合板压型钢板与混凝土界面剪切粘结机理，推出试验简单方便，而且可以消除全尺寸组合板试验存在的试件在宽度方向上尺寸效应引起的边界问题。在试验方面，推出试验的试件制作简单，节约人力物力、场地及载荷试验设备等，可以利用较少的资源研究实际问题。为了更好地研究大跨度组合板中压型钢板与混凝土界面剪切粘结性能，文中对常见的三种截面形式压型钢板-混凝土组合板进行了推出试验研究。通过试验研究不同板型压型钢板与混凝土界面的剪切粘结性能，确定影响压型钢板与混凝土界面剪切粘结特性的基本要素，基于试验结果分析，确定不同板型压型钢板与混凝土界面接触的本构模型。

2.2 试验概况

2.2.1 试件设计及制作

为了配合全尺寸组合板试验，推出试验的试件设计考虑组合板截面高度对界面剪切粘结性能的影响，每种板型组合板厚度分别设计了三组试件，试件有效剪切滑移部分长度 L_c 均设计为 300mm，试件长度 L 均为 600mm，宽度 B 取压型钢板两肋之间（缩口型和闭口型）的距离或两个波高之间的距离（开口型），如图 2-1 所示。缩口型压型钢板推出试件宽度 B 为 155mm，闭口型压型钢板推出试件宽度为 185mm，开口型压型钢板推出试件宽度为 300mm。缩口型试件除了考虑截面高度外，还增加对不同厚度钢板的研究，推出试件设计参数见表 2-1。试件混凝土采用 C30 商品混凝土，推出试验试件与全尺寸组合板试件同条件浇筑和养护。钢板采用行家钢承板有限公司提供的缩口型 GC50-155、闭口型 DB65-185 和开口型 LF3W-880 三种类型的压型钢板。

推出试件设计参数 **表 2-1**

截面类型	试件编号	几何尺寸（mm）				钢板厚度（mm）	截面面积（$\times10^3$mm^2）	加载方式	试件数量
		L	L_c	B	H				
缩口型	NBⅠ	600	300	155	200	1.0	81	单次	3
	NBⅡ	600	300	155	150	1.0	81	交替	3
	NBⅢ	600	300	155	160	1.0	81	交替	3
	NBⅣ	600	300	155	180	1.0	81	交替	3
	NBⅤ	600	300	155	200	1.0	81	交替	3
	NBⅥ	600	300	155	250	1.0	81	交替	3
	NBⅦ	600	300	155	200	1.2	81	交替	3
闭口型	CBⅠ	600	300	185	200	1.0	111.6	单次	3
	CBⅡ	600	300	185	150	1.0	111.6	交替	3
	CBⅢ	600	300	185	160	1.0	111.6	交替	3
	CBⅣ	600	300	185	180	1.0	111.6	交替	3
	CBⅤ	600	300	185	200	1.0	111.6	交替	3
	CBⅥ	600	300	185	250	1.0	111.6	交替	3
开口型	OBⅠ	600	300	300	200	1.0	120.3	单次	3
	OBⅡ	600	300	300	200	1.0	120.3	交替	3
	OBⅢ	600	300	300	250	1.0	120.3	交替	3

试件模板以压型钢板为底模，四周使用木模板做侧模，在模板与压型钢板肋部交接处，将模板切割出肋板形状的槽口，槽口切割时，位置要准确以便肋板能顺利贯穿。为了确保压型钢板和模板之间在浇筑混凝土时的牢固性，试件制作时将两个试件并排放置，并用 $\phi16$ 的螺杆进行固定，模板与压型钢板之间用玻璃胶封堵密实，防止浇筑混凝土过程中出现漏浆现象，如图 2-2 所示。

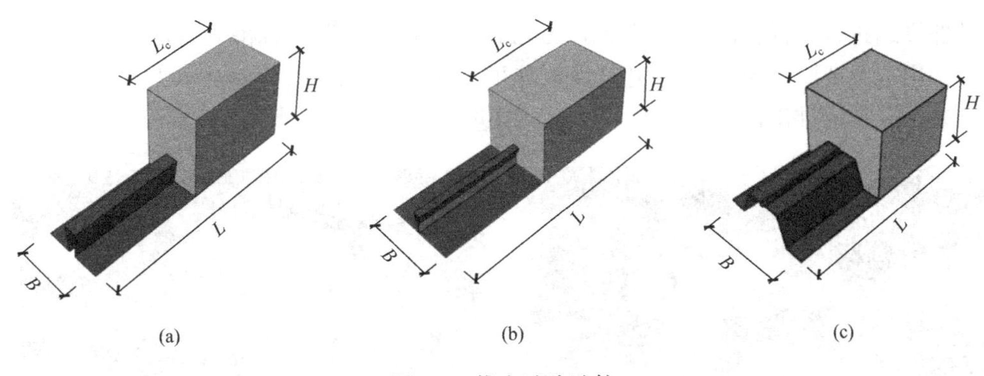

图 2-1　推出试验试件

(a) 缩口型；(b) 闭口型；(c) 开口型

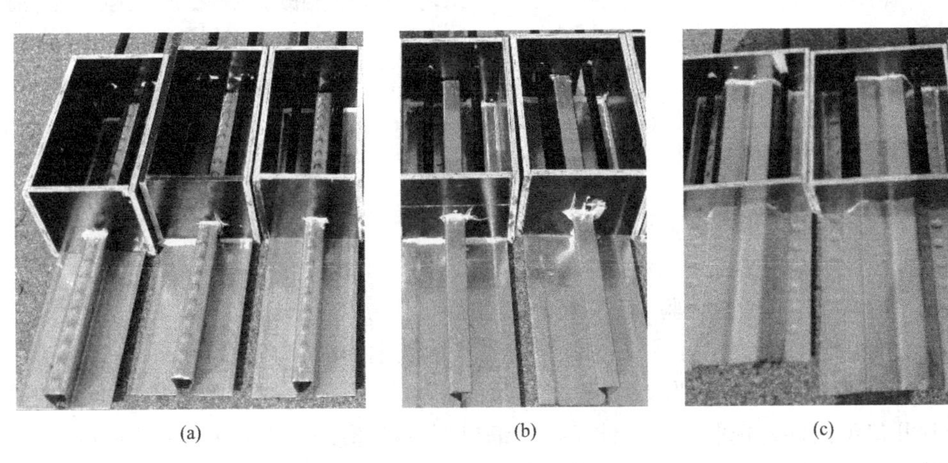

(a)　(b)　(c)

图 2-2　推出试件支模

(a) 缩口型；(b) 闭口型；(c) 开口型

混凝土浇筑时利用小型振动棒进行振捣，以保证混凝土均匀密实，与钢板之间具有良好的接触。浇筑完混凝土，剔除溢出的混凝土，并对试件表面进行抹平处理，如图 2-3 所示。

(a)　(b)　(c)

图 2-3　推出试件混凝土浇筑

(a) 缩口型；(b) 闭口型；(c) 开口型

试件浇筑过程中预留同期150mm×150mm×150mm混凝土标准立方体试块，如图2-4所示，并用塑料薄膜和草席进行覆盖浇水养护，7d后拆除模板，将试件与试块及全尺寸试件同条件养护。推出试验与全尺寸试验同期进行。

(a)

(b)

图2-4 预留立方体混凝土试块

(a) 标准试块模板；(b) 混凝土试块

2.2.2 材料力学性能试验

(1) 压型钢板力学性能试验

依据《金属材料 拉伸试验 第1部分：室温试验方法》GB/T 228.1—2010，对钢材力学性能进行试验，取样位置及试样制备按照《钢及钢产品 力学性能试验取样位置及试样制备》GB/T 2975—2018要求执行。沿压型钢板受力方向取样并加工成标准拉伸试件，闭口型和开口型试件各选取三组拉伸试件，缩口型每种厚度板型选取三组拉伸试件。选用沈阳建筑大学力学试验室的万能试验机进行钢材拉伸试验，并在钢板试件标距范围内粘贴电阻应变片，如图2-5所示。量测参数包括：钢板的屈服强度（f_y）、极限抗拉强度（f_u）以及钢板的弹性模量（E_s），试验结果见表2-2。

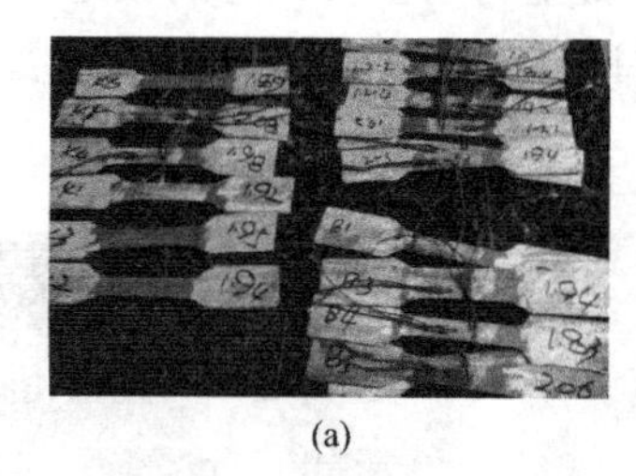

(a)

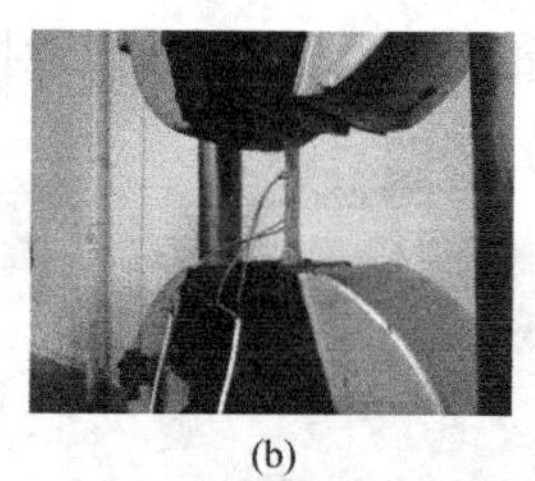

(b)

(c)

图2-5 压型钢板材料力学性能试验

(a) 压型钢板拉拔试件；(b) 加载装置；(c) 加载控制与数据采集

压型钢板力学性能试验结果 表2-2

压型钢板型号	板厚（mm）	弹性模量（N/mm²）	屈服强度（N/mm²）	极限强度（N/mm²）
LF3W-880	1.0	2.03×10^5	335	566
GC50-155	1.0	2.01×10^5	330	461
GC50-155	1.2	2.03×10^5	430	512
BD65-185	1.0	2.03×10^5	348	409

（2）混凝土力学性能试验

混凝土材料性能试验采用沈阳建筑大学结构试验室500t万能试验机系统进行加载和数据采集，如图2-6所示。试验过程严格按照《混凝土物理力学性能试验方法标准》GB/T 50081—2019中的规定进行，采用《混凝土结构设计规范》GB 50010—2010中的计算方法，根据混凝土立方体抗压强度平均值f_{cu}计算出混凝土轴心抗压强度平均值；其中弹性模量按$E_c=10^5/(2.2+34.7/f_{cu})$计算；轴心抗压强度平均值按$f_c=0.88\alpha_{c1}\alpha_{c2}f_{cu}$计算；轴心抗拉强度平均值按$f_t=0.88\times0.395f_{cu}^{0.55}(1-1.645d)^{0.45}\alpha_{c2}$计算，符号释义参见GB 50010。混凝土材料实测力学性能数据指标见表2-3。

(a)

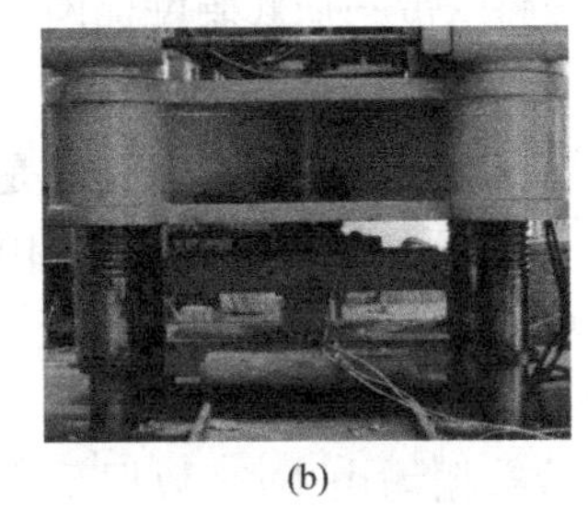
(b)

(c)

图2-6　混凝土强度试验

（a）混凝土试块；（b）加载装置；（c）数据采集

混凝土立方体强度　　**表2-3**

立方体抗压强度（N/mm²）	轴心抗压强度（N/mm²）	轴心抗拉强度（N/mm²）	弹性模量（×10⁴N/mm²）
34.44	23.036	2.03	3.12

2.2.3　试验装置及量测方案

（1）试验装置及加载制度

如图2-7所示为推出试验示意图，图示H和V分别表示纵向和横向荷载；推出试验装置如图2-8所示。通过采用螺栓将试件前端伸出的压型钢板固定在试验台座上，在试件顶面坐浆，并放置承压滑板，滑板顶面通过千斤顶施加竖向荷载。水平方向通过固定在反力墙上的水平千斤顶施加荷载，水平力轴线与试件水平方向形心重合，水平力通过放置在试件加载面上的加载钢板将荷载均匀传递到试件加载面上，尽量保证混凝土块在均布荷载作用下不会产生竖向分力。

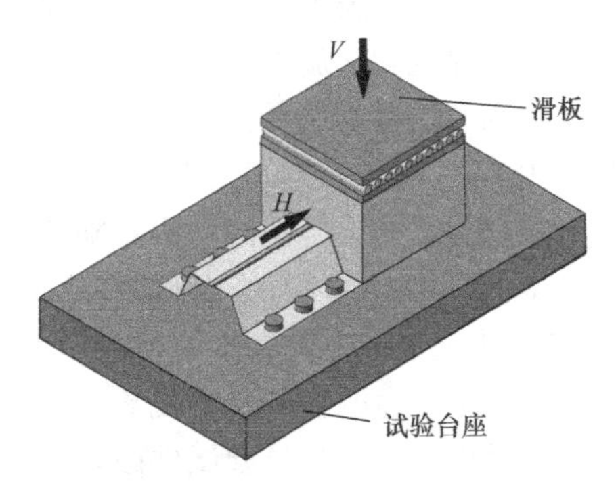

图2-7　推出试验示意图

图2-8　推出试验装置

加载制度必须和试验目标一致。推出试验的首要目标就是确定压型钢板与混凝土界面的粘结性能力学指标 τ_{max}，τ_{max}的大小除了与纵向剪切力有直接关系之外，还与横向压力有着直接的关系，因此推出试验的加载需要同时考虑纵向剪力和横向压力的影响。加载时首先施加竖向力，稳定竖向荷载；施加水平力，待水平荷载迫使混凝土块和压型钢板之间发生滑移后，再施加竖向加载，并保持荷载稳定；继续施加水平荷载，待混凝土块滑动后，稳定水平力，施加竖向荷载，循环加载；待竖向荷载增加后且水平荷载不再增加时，试验结束，加载制度如图 2-9 所示。

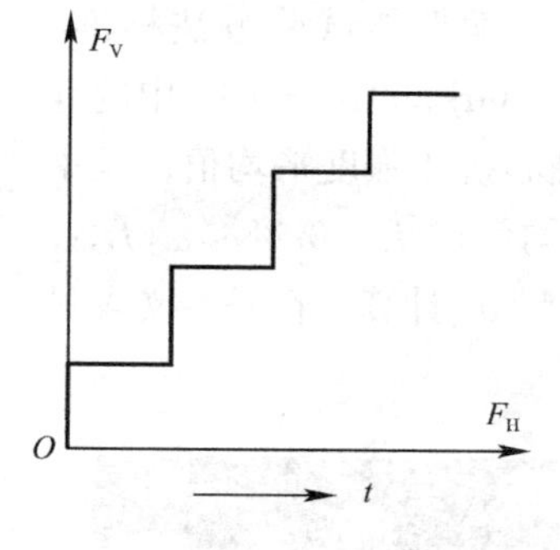

图 2-9　加载制度

（2）量测方案

推出试验主要考查的是荷载和滑移，因此量测内容主要包括竖向力和水平力以及钢板与混凝土之间的滑移，如图 2-8 所示。竖向荷载和水平荷载通过连接在千斤顶上的荷载传感器进行量测，压型钢板与混凝土界面的滑移通过连接在试件端部的位移传感器量测，为了保证滑移数据的可靠性，在试件端部对角线位置分别布置两个位移计进行量测校正。试验数据均由 IMP 数据采集仪进行采集，并由计算机进行控制显示，保证试验数据的同步性、真实性和可靠性。

2.3 试验结果及分析

2.3.1 缩口型试件

（1）受力过程

缩口型试件采用两种方式进行加载，为了更好地了解压型钢板与混凝土界面的剪切粘结过程，选取一组试件进行全过程加载试验，采用施加一级竖向荷载和一次水平荷载来确定压型钢板与混凝土界面纵向抗剪承载力与水平剪切作用的关系，其余试件均采用上述统一的交替加载制度进行试验。

NBⅠ试件为单次施加水平荷载试验，首先施加竖向荷载至 5kN 保持恒定，再施加水平力，试件在加载初期没有太大变化；随着荷载增加，伴随着细微的清脆声响，压型钢板与混凝土界面之间开始出现滑移；当水平力随着滑移的增大不再增长时，试件宣告破坏。

NBⅡ～NBⅦ试件采用交替加载模式，各试件试验过程中的表现基本相似。首先施加竖向荷载，每级荷载 5kN，在施加竖向荷载时试件没有明显变化。施加水平荷载，随着荷载的增加，伴随着压型钢板与混凝土界面轻微的响声，压型钢板与混凝土界面发生明显的相对滑移，同时水平荷载出现明显的卸载现象；增加竖向力，水平力卸载现象得到抑制，压型钢板与混凝土界面不再滑移，待竖向力增加到下一级荷载时，施加水平力，随着水平力的增加，压型钢板与混凝土界面再次出现滑移现象，水平力不再增加，滑移持续增大；交替增加竖向荷载和水平荷载的大小，直至增加竖向荷载对水平力的大小不再有影响时，试验宣告结束。缩口型试件推出试验过程中，混凝土块均未发生明显的破坏现象，试验结束时，移除加载板，混凝土与压型钢板界面出现明显的滑移现象。缩口型试件破坏模式如图 2-10 所示。从加载过程可以看到，在每个加载循环中，随着水平荷载的增加，竖向荷载也会出现不同程度的增长，主要是由于混凝土块的水平力作用线与压型钢板受力作用线不重合，水平加载过程中混凝土块发生掀起引起的。

图 2-10　缩口型试件破坏模式

（2）荷载-滑移曲线

图 2-11 为 NBⅠ 试件组纵向剪切荷载-滑移曲线。可以看出，试验前期水平荷载与滑移呈线性变化，微小滑移主要是压型钢板与混凝土界面纵向剪切产生纵向剪切应变累积形成的弹性剪切变形，压型钢板与混凝土界面主要表现为化学胶结作用，表明压型钢板与混凝土界面处于弹性剪切阶段；随着水平荷载的增加，压型钢板与混凝土界面相互作用主要表现为明显的弹塑性变形，滑移明显加快；随着荷载的进一步增大，压型钢板与混凝土界面化学胶结作用破坏，界面出现明显的滑移，此时影响压型钢板与混凝土界面相互作用能力的因素主要是压型钢板与混凝土界面的机械咬合作用和钢板与混凝土之间的摩擦作用。从图中可以看出，随着压型钢板与混凝土之间相对滑移的产生，承载能力略有降低，表明化学胶结作用对缩口型试件纵向抗剪能力影响并不显著。

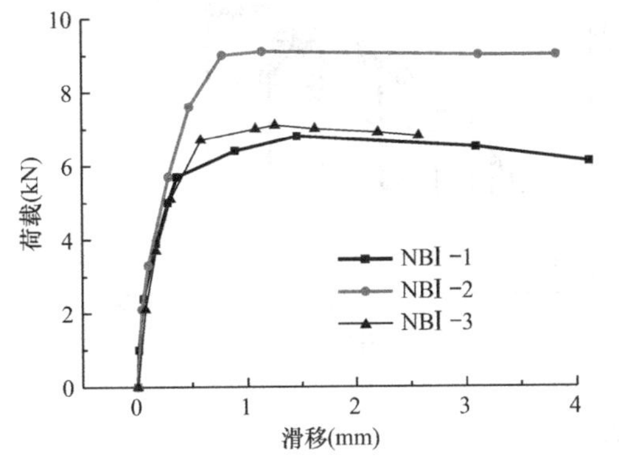

图 2-11　NBⅠ 试件组纵向剪切荷载-滑移曲线

图 2-12（a）～图 2-12（e）表示 NBⅡ～NBⅥ试件组竖向力和横向力交替作用下的荷载-滑移曲线。从图中可以看出，各试件在交替荷载作用下的起始滑移荷载分布趋近直线分布；增加推出试件混凝土截面高度会影响试验结果，但总的走势基本相同。图 2-12（f）为增加压型钢板厚度试件的荷载-滑移曲线图，图中显示增加压型钢板厚度对组合板的滑移有明显影响，但总体趋势与其他试件基本一致。由图可见，每一次加载过程中，压型钢板滑移时的水平荷载值趋近一条直线。

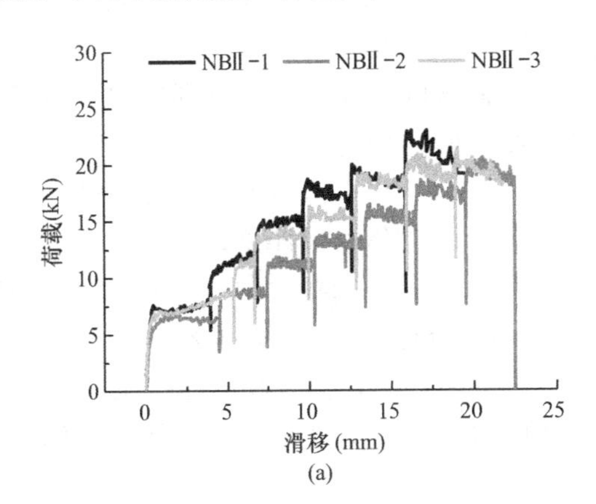

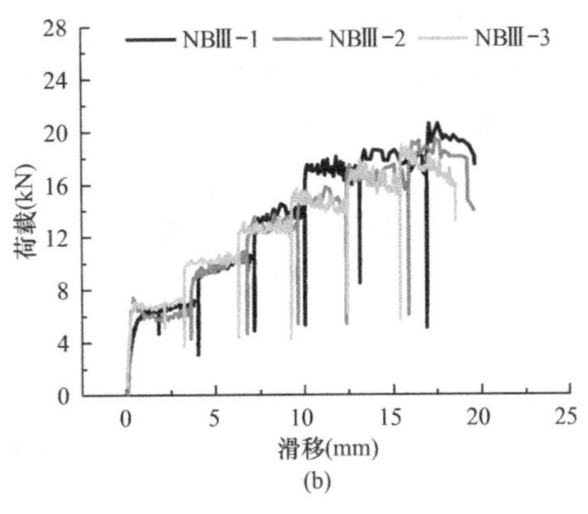

图 2-12　荷载-滑移曲线（一）

（a）NBⅡ试件；（b）NBⅢ试件

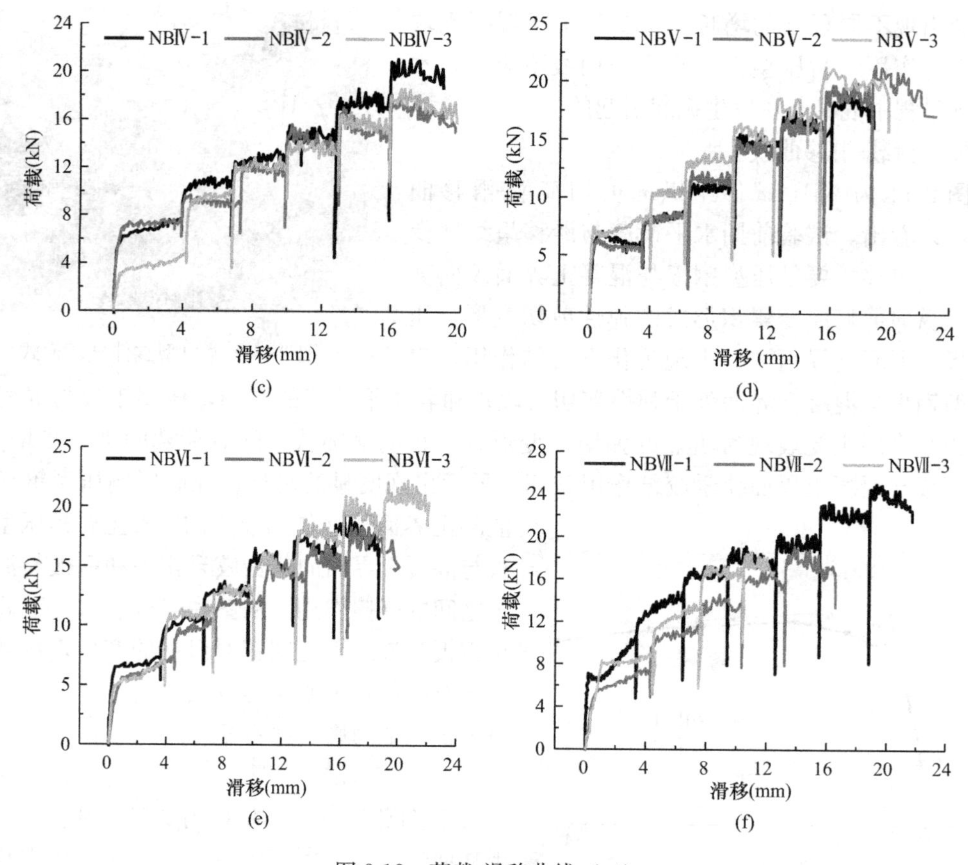

图 2-12　荷载-滑移曲线（二）

(c) NBⅣ试件；(d) NBⅤ试件；(e) NBⅥ试件；(f) NBⅦ试件

(3) H-V 回归分析

组合板中约束混凝土块与压型钢板之间的界面作用主要包括机械咬合作用和摩擦作用。压型钢板与混凝土之间的界面咬合作用有赖于压型钢板截面的变形以及压型钢板表面的凸起或压痕与混凝土之间形成的钳制作用。从宏观角度看，机械咬合作用也类似于摩擦阻力作用，因此随着竖向荷载的增加，克服纵向剪切滑移的水平荷载也随之增长。基于库伦摩擦理论 $H=\mu V+C$ 可知，推出试验过程也符合库伦摩擦理论。

通过推出试验荷载-滑移曲线中滑移荷载与竖向荷载的对应关系，分别提取各组试件加载过程中的水平荷载 H 与竖向荷载 V，并进行线性回归分析，可得出各组试件纵向抗剪性能的库伦摩擦方程。图 2-13 为各组试件 H-V 曲线。从图中可以看出，推出试件界面摩擦系数随混凝土块体截面高度变化并不明显，而增加压型钢板的厚度，摩擦系数变化明显增强，此时较厚的压型钢板表面凸起刚度和强度都非常大，间接增加了截面的抗纵向剪切能力。从线性回归公式可以看到，无横向约束时的抗滑移荷载值正好是线性回归直线与 H 轴的截距。压型钢板与混凝土界面的纵向抗剪影响因素中，化学胶结作用最先发生破坏，而且不能恢复，因此一般进行组合板纵向抗剪性能研究时，主要考虑机械咬合作用和摩擦的影响。

将相同压型钢板截面厚度的试件抗滑移荷载 H 与竖向力关系统一回归，如图 2-14 所示。

通过线性回归分析，厚度为 1.0mm 缩口型压型钢板-混凝土组合板的推出试件竖向荷载与滑移荷载关系见式（2-1）：

$$H = 0.639V + 3.598 \tag{2-1}$$

厚度为 1.2mm 压型钢板-混凝土组合板推出试件的竖向荷载与滑移荷载关系如图 2-13（f)所示，回归公式见式（2-2）：

$$H = 0.74V + 5.1 \tag{2-2}$$

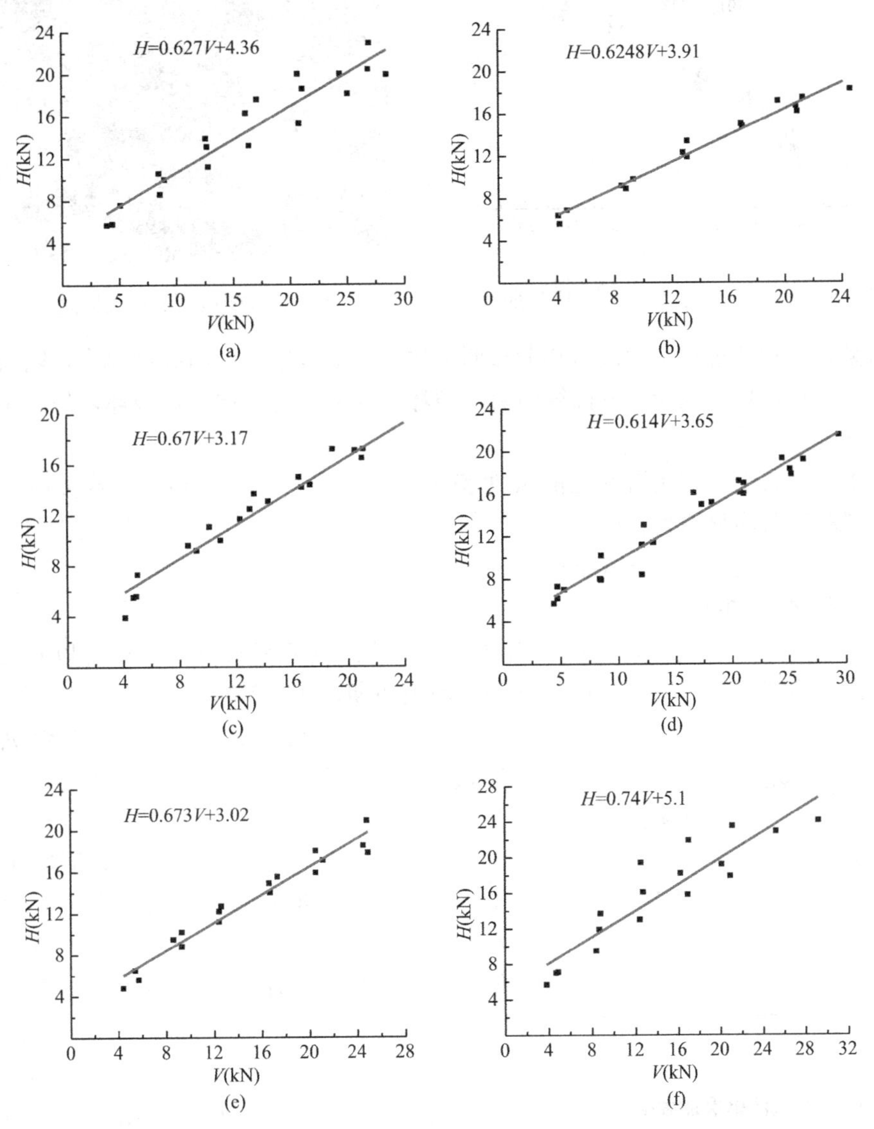

图 2-13　各组试件 H-V 曲线

（a）NBⅡ组；（b）NBⅢ组；（c）NBⅣ组；（d）NBⅤ组；（e）NBⅥ组；（f）NBⅦ组

2.3.2　闭口型试件

（1）受力过程

闭口型试件压型钢板厚度均为 1.0mm，本组试件加载同样分为两种加载模式，一种为恒定竖向荷载下施加水平荷载，直至试件破坏，另一种采用交替式加载。试验过程同缩口型试件，不同之处在于，无论是单次加载还是交替加载模式，闭口型试件的破坏模式和缩口型截然不同。缩口型试件破坏时表现为压型钢板与混凝土界面的滑移，而闭口型试件破坏时，压型钢板与混凝土界面混凝土发生剪切滑移破坏，如图 2-15 所示。

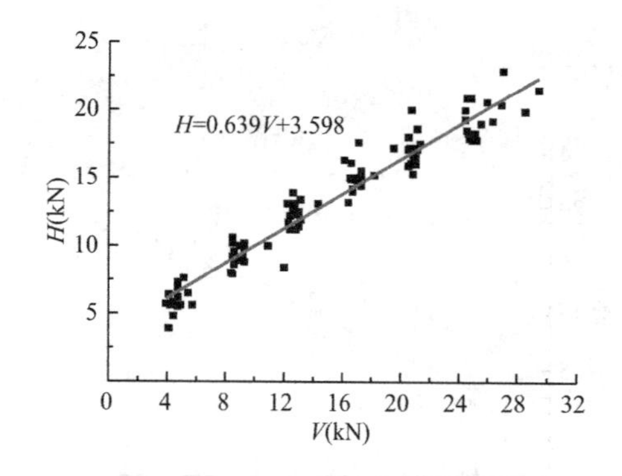

图 2-14　1.0mm 厚度钢板试件 H-V 曲线

图 2-15　闭口型试件破坏模式

闭口型试件加载过程中初次滑移荷载明显比缩口型试件高。加载过程中，随着水平荷载的增加，压型钢板与混凝土界面纵向剪切破坏，混凝土局部被剪切破坏，呈现出较好的剪切粘结性能。

交替加载模式下，初次滑移之前试件表现与单次加载没有区别，随着竖向荷载的增加，水平滑移荷载明显增大，破坏模式与缩口型试件没有太大区别，试验最终因增大横向荷载对水平荷载影响减小而宣告结束。

（2）荷载-滑移曲线

图 2-16 为闭口型试件单次加载推出试验得到的荷载-滑移曲线。由图可以看出，闭口型试件纵向抗剪能力明显比缩口型试件好。加载初期，压型钢板与混凝土界面滑移很小，可认为压型钢板与混凝土界面处于弹性纵向剪切阶段。随着水平荷载的增大，压型钢板与混凝土界面纵向剪力也随之增大。由于闭口型压型钢板的表面特征与其他压型钢板不同，混凝土浇筑时会在压型钢板肋板的孔洞内形成多个微型混凝土剪力键，这样就大大增加了压型钢板与混凝土之间的销栓作用，从而提高了闭口型组合板抗纵向剪切的能力。加载后期，混凝土与压型钢板之间的微型剪力键和化学粘结一起遭到破坏，此时压型钢板与混凝土界面的相互作用和缩口型没有太大区别，约束混凝土与压型钢板界面滑移主要依靠机械咬合作用和摩擦作用。闭口型试件后期荷载下降较快，主要是由于化学胶结及微型混凝土剪力键的破坏对组合板试件纵向抗剪支撑作用削弱引起的。

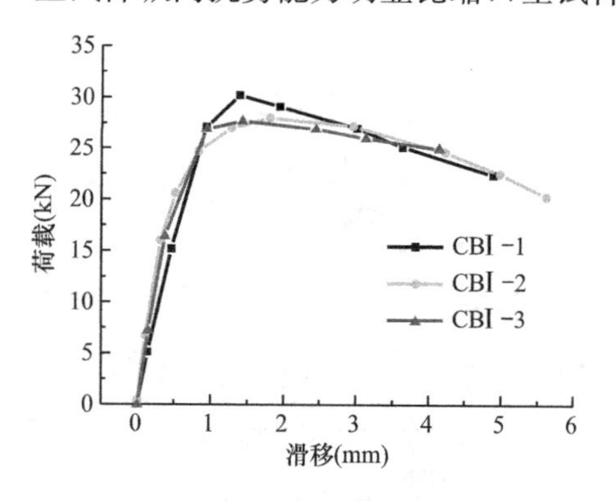

图 2-16　闭口型试件单次加载推出试验得到的荷载-滑移曲线

图 2-17 为闭口型试件推出试验的水平荷载-滑移曲线。由图可以看出，闭口型试件推出试验与缩口型试件明显不同，主要表现在加载初期压型钢板与混凝土界面初始滑移荷载比较大；压型钢板与混凝土界面发生滑移后，交替施加竖向荷载及水平荷载，荷载-滑移曲线形式和缩口型类似，各级起始滑移荷载近似直线分布；随着推出试件截面高度的增

加，加载初期的起始滑移荷载与后期交替加载时的起始滑移荷载偏差逐渐减小，主要原因是随着试件截面的增大，混凝土抗掀起能力增强，试件剪切效果越好；对于较高截面的试件，施加局部均布荷载的抗剪效果更加接近于剪切作用。

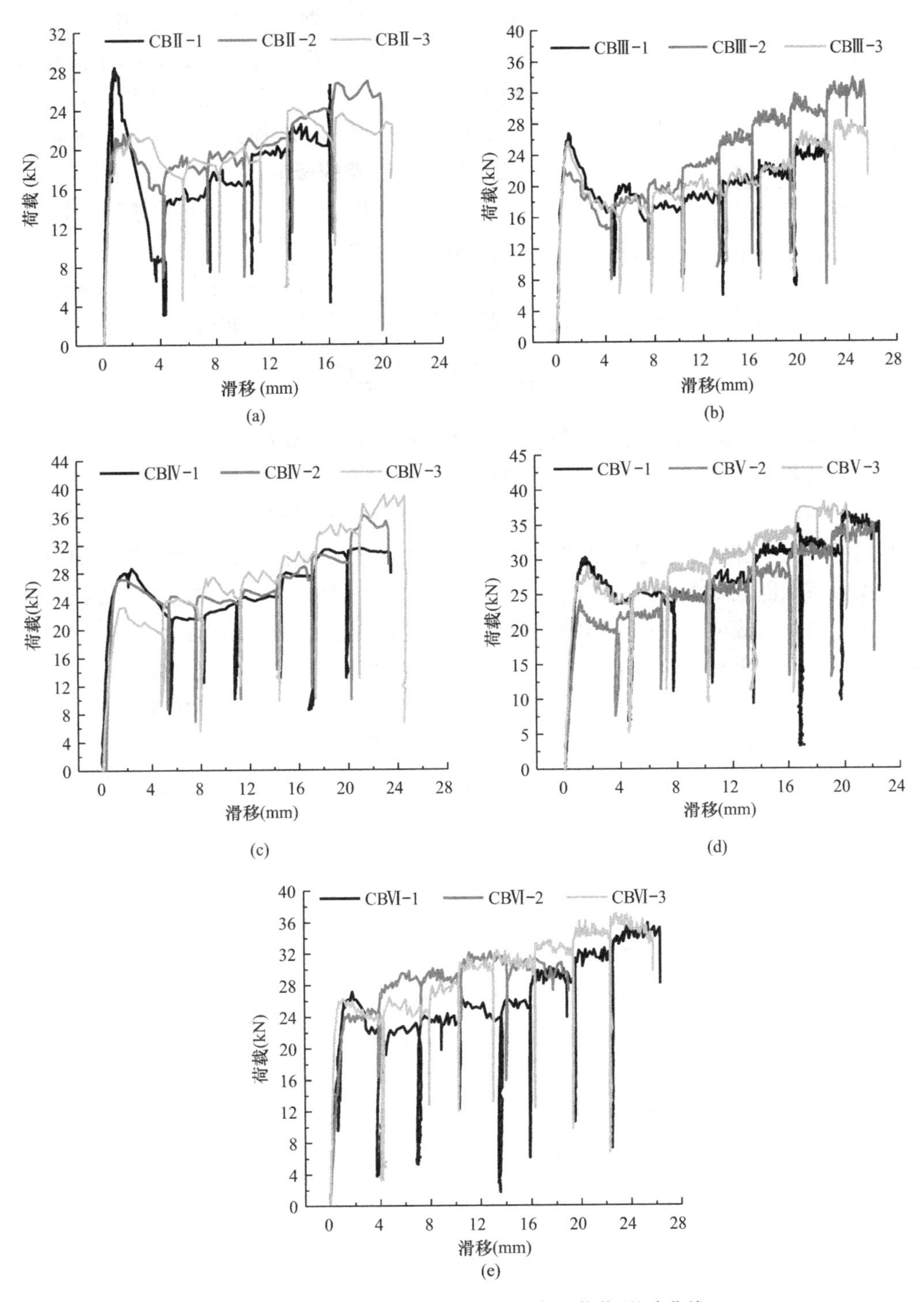

图 2-17　闭口型试件推出试验的水平荷载-滑移曲线

(a) CBⅡ组试件；(b) CBⅢ组试件；(c) CBⅣ组试件；(d) CBⅤ组试件；(e) CBⅥ组试件

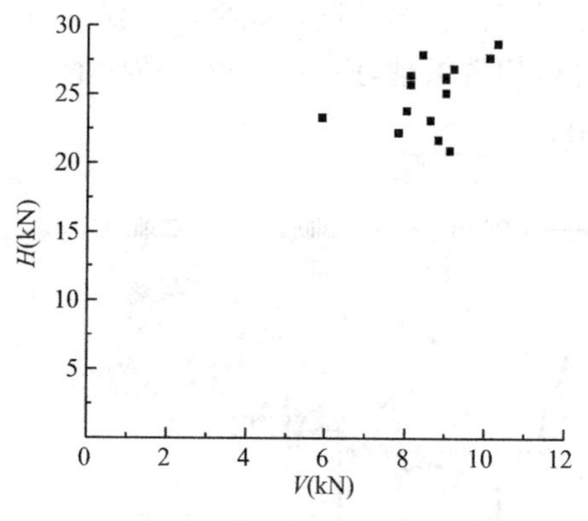

图 2-18　CBⅡ-CBⅥ起始滑移 H-V

(3) H-V 回归分析

闭口型试件在交替荷载作用下，加载初期滑移荷载偏大，表明闭口型压型钢板与混凝土界面的相互作用性能优越，化学胶结作用、机械咬合作用在加载初期发挥了很大作用，起始滑移荷载较大也说明闭口型压型钢板-混凝土组合板试件纵向抗剪能力更强。提取加载初期各试件的初始滑移荷载以及对应的竖向荷载值，如图 2-18 所示。从图中可以看出，加载初期的起始滑移荷载 H 与竖向荷载 V 分布比较集中，采用加权平均公式对起始点H-V进行评价，评价公式见式（2-3)，通过式（2-3）评价可以得出初次滑移荷载H=25.2kN，对应的 V=8.6kN。

$$H=\frac{H_1V_1+H_2V_2+L+H_nV_n}{V_1+V_2+L+V_n} \tag{2-3}$$

式中：H_n、V_n——各试件加载初期的起始滑移水平荷载与竖向荷载值；

H——最终的水平滑移荷载评价值。

类比缩口型试件，对闭口型试件交替加载试验曲线进行回归分析，得出各组试件纵向抗剪性能的库伦摩擦方程。图 2-19 为各组试件 H-V 曲线，由图可以看出，推出闭口型试件界面摩擦系数随混凝土块体截面高度变化并不规律；从回归公式可以看出，无横向约束时试件界面滑移荷载值的变化，回归直线与 H 轴的截距正好是无横向约束时的抗滑移荷载值。闭口型压型钢板与混凝土界面的纵向抗剪影响因素中，化学胶结作用及压型钢板与混凝土间的微型抗剪键最先发生破坏。相比于缩口型试件，闭口型试件中微型混凝土剪力键的破坏虽然不能恢复，但对组合板后期的受力产生积极影响，增加了压型钢板与混凝土后续加载过程中的机械咬合作用，并且闭口型试件起始滑移后的后续滑移荷载对比缩口型有一定程度的提高。

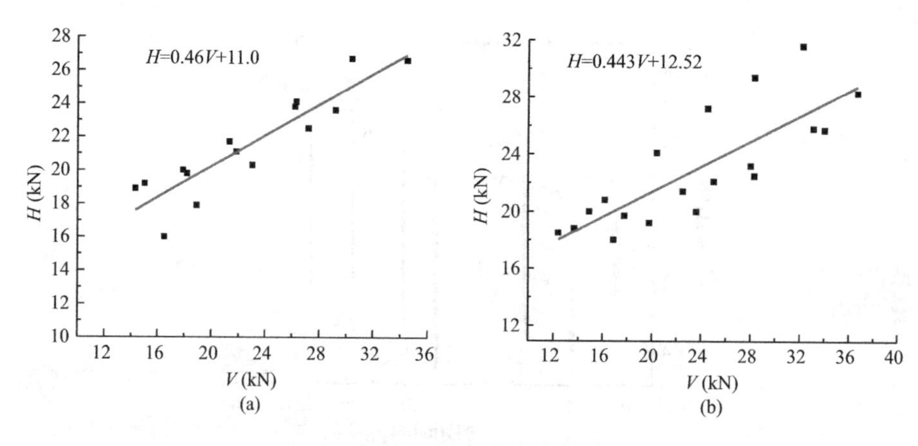

图 2-19　各组试件 H-V 曲线（一）

(a) CBⅡ 组试件；(b) CBⅢ 组试件

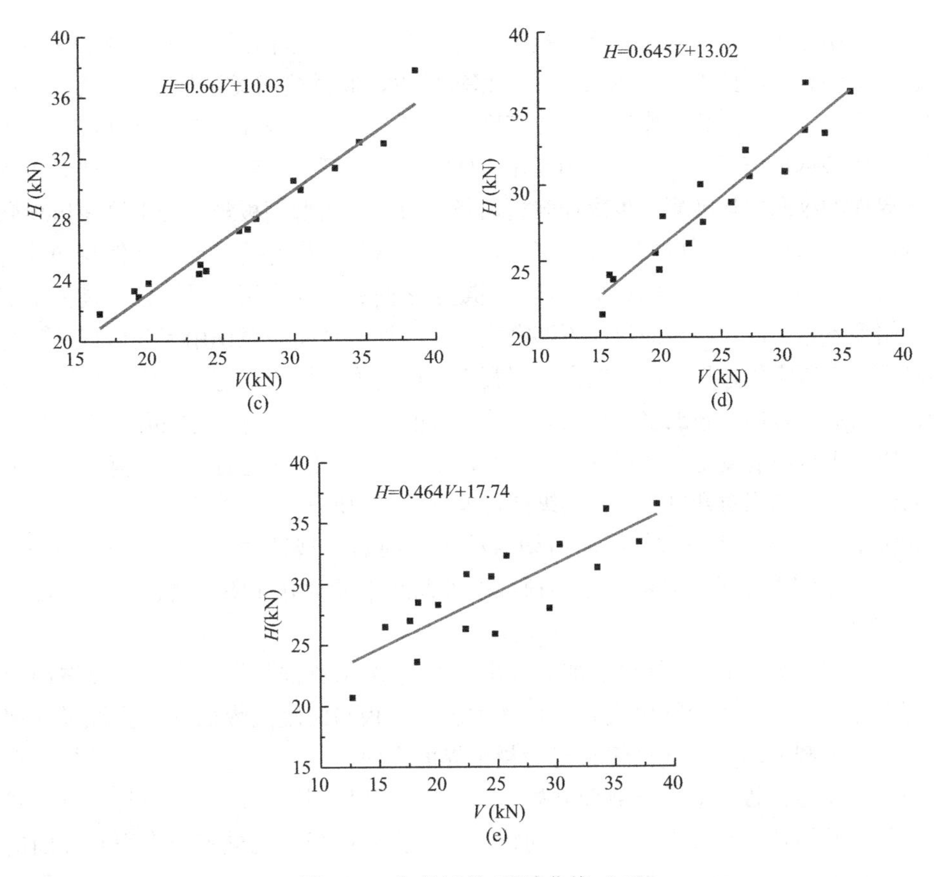

图 2-19　各组试件 H-V 曲线（二）

（c）CBⅣ组试件；（d）CBⅤ组试件；（e）CBⅥ组试件

将闭口型压型钢板-混凝土组合板试件抗滑移荷载 H 与竖向力 V 关系统一回归，如图 2-20 所示。从图 2-20 线性回归结果可以看出，相比于缩口型试件，闭口型试件的滑移荷载-竖向荷载关系离散性明显增大。回归直线离散性较大的原因主要有两个方面：一方面是试验加载作用线的影响；另一方面则是由于压型钢板随机选取，其肋上的孔洞数量也随机，会造成推出试件剪力键数量不同而影响到最终的纵向抗剪能力。通过线性回归分析，闭口型压型钢板-混凝土组合板推出试件竖向荷载与滑移荷载关系见式（2-4）：

$$H = 0.57V + 11.9 \tag{2-4}$$

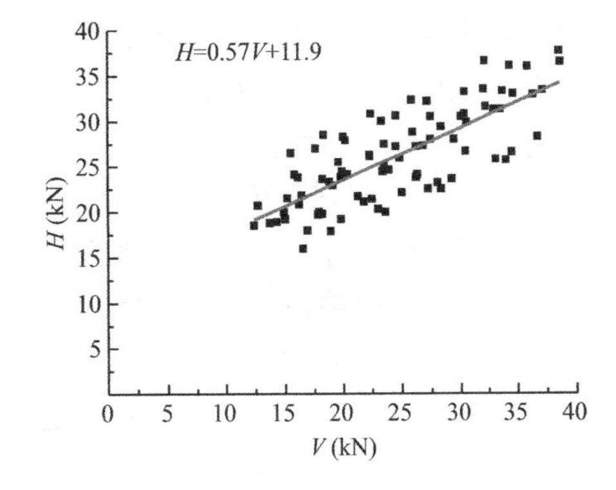

图 2-20　闭口型试件 H-V 曲线图

2.3.3　开口型试件

（1）受力过程

开口型试件压型钢板厚度均为 1.0mm，本组试件的加载模式和试验过程与前两种截面形式试件相同。不同的是，缩口型和闭口型试件与混凝土之间有很好的机械咬合力作用，压型钢板与混凝土之间接触相对比较好，而开口型压型钢板与混凝土之间在垂直界面方向只有粘结作用，粘结作用一旦失效，压型钢板很容易脱落。本组试件在加工过程中出现多个试件压型钢板脱落问题，因此本组可用试件数量相对较少，通过前两类试件推出试验可以看出，压型钢板与混凝土界面的相互作用与截面高度没有必然联系，因此现有的试件可以用于评价开口型试件压型钢板与混凝土界面的相互作用性能。开口型试件破坏时主要表现为压型钢板与混凝土界面的纵向剪切破坏。单次加载施加竖向力时，压型钢板与混凝土界面出现微弱的清脆声响，一方面是由于开口型试件的宽度是这三组试件中最宽的一组，试件与加载台面接触面积相对比较小，而大面积的钢板仅仅与混凝土之间有界面作用；另一方面是由于试件加工及安装精度不够、试件与台面接触不够密实等原因使得竖向荷载作用下开口型试件与试验台座接触面有个压实的过程，压型钢板与混凝土界面受力不均匀引起压型钢板变形而导致界面粘结作用的局部破坏。施加水平荷载，随着荷载的增加，压型钢板与混凝土界面出现密集的响声，压型钢板与混凝土界面出现滑移。开口型试件出现滑移之后，水平荷载下降并不明显，表明化学胶结作用对开口型试件的纵向抗剪承载能力影响并不明显。

交替加载模式下，各组试件纵向剪切滑移表现同缩口型试件，随着竖向荷载的增加，水平荷载也随之增加，试件最终因横向荷载增加而水平荷载并无明显增长而宣告破坏。

（2）荷载-滑移曲线

图 2-21（a）为开口型试件单次加载推出试验荷载-滑移曲线图。由图可以看出，加载初期压型钢板与混凝土界面接触良好，可认为压型钢板与混凝土界面处于弹性纵向剪切阶段。随着水平荷载的增大，压型钢板与混凝土界面纵向剪力也随之增大，试件界面粘结作用发生破坏，压型钢板与混凝土界面开始滑移，由于开口型试件压型钢板与混凝土界面缺少约束，化学胶结作用比较弱，试件纵向抗剪作用主要依赖于机械咬合作用和界面的摩擦力，因此开口型试件胶结作用破坏后，不会对承载能力有太大影响，滑移持续发展，组合板试件的界面承载能力随滑移的发展保持稳定。

图 2-21（b）、（c）分别为 OBⅡ 和 OBⅢ 组试件的荷载-滑移曲线图。可以看出，在交替荷载作用下，开口型试件的荷载-滑移曲线特征类似于缩口型试件，每级横向荷载时的起始滑移荷载近似直线分布，且随着横向压力的增大，水平抗滑移荷载也明显增大。相比于缩口型试件，开口型试件的各级滑移荷载分布更均匀，表明化学胶结作用对开口型试件压型钢板与混凝土界面约束的贡献程度比较低，开口型试件界面的约束能力主要取决于界面的机械咬合作用和摩擦作用。

（3）H-V 回归分析

同缩口型试件一样，通过推出试验荷载-滑移曲线中滑移荷载与竖向荷载的对应关系，分别提取各组试件加载过程中的水平荷载 H 与竖向荷载 V，并进行线性回归分析，可得出各组试件纵向抗剪性能的库伦摩擦方程。

图 2-22（a）、（b）分别为开口型 OBⅡ 和 OBⅢ 组试件的 H-V 线性回归的直线方程。由图可以看出，开口型试件交替荷载试验过程中，起始滑移水平荷载 H 与对应的竖向力 V 之间的关系更趋于直线。开口型试件相比缩口型和闭口型试件的 H-V 对应关系，缺少横向约束作用，开口型压型钢板与混凝土之间的相互约束明显较弱，滑移曲线更多显现出线性特征。

将开口型压型钢板-混凝土组合板试件抗滑移荷载 H 与竖向力 V 关系统一回归，如图 2-23 所示。从图 2-23 线性回归结果可以看出，相比于缩口型和闭口型试件，开口型试件的滑移荷载-竖向荷载关系更趋近于直线分布。通过线性回归分析，开口型压型钢板-混凝土组合板推出试件竖向荷载与滑移荷载关系见式（2-5）。

$$H = 0.37V + 5.14 \tag{2-5}$$

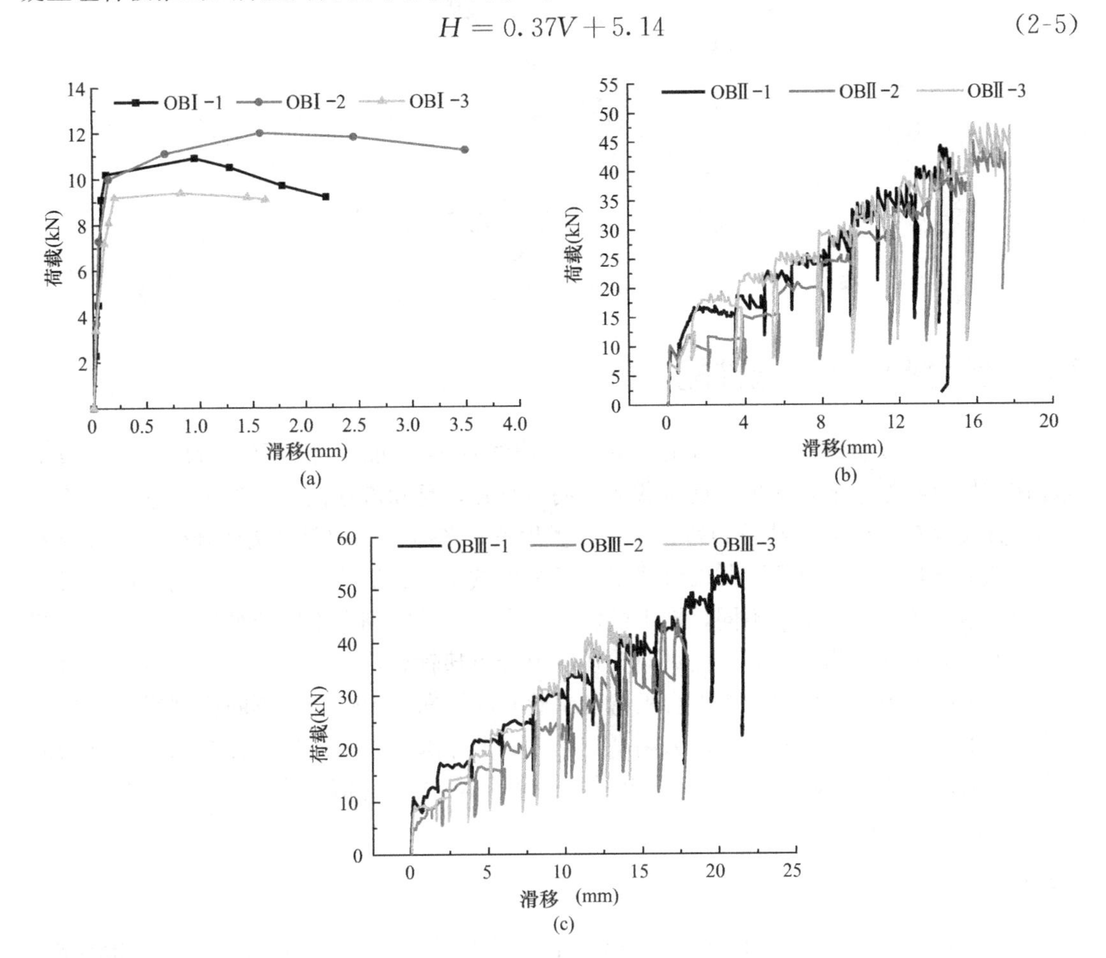

图 2-21　各组试件荷载-滑移曲线

（a）OBⅠ组试件；（b）OBⅡ组试件；（c）OBⅢ组试件

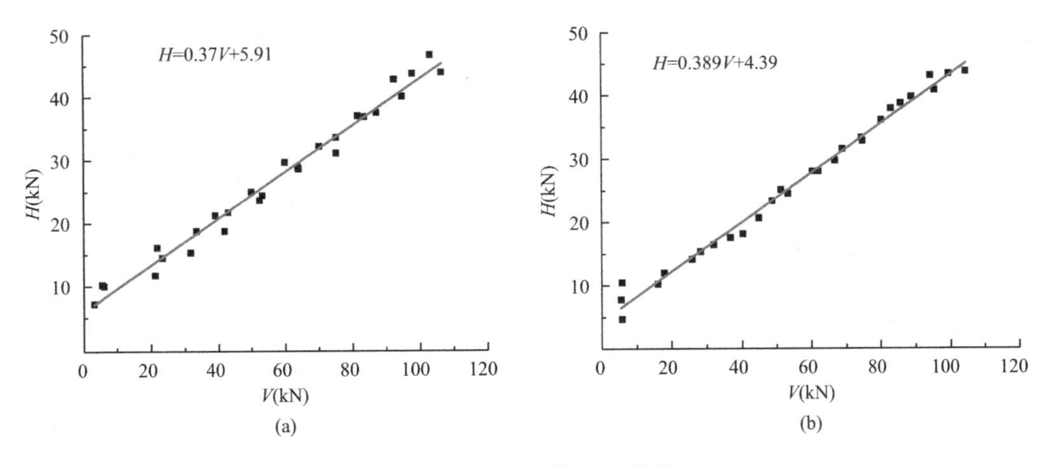

图 2-22　各组试件 H-V 曲线

（a）OBⅡ组试件；（b）OBⅢ组试件

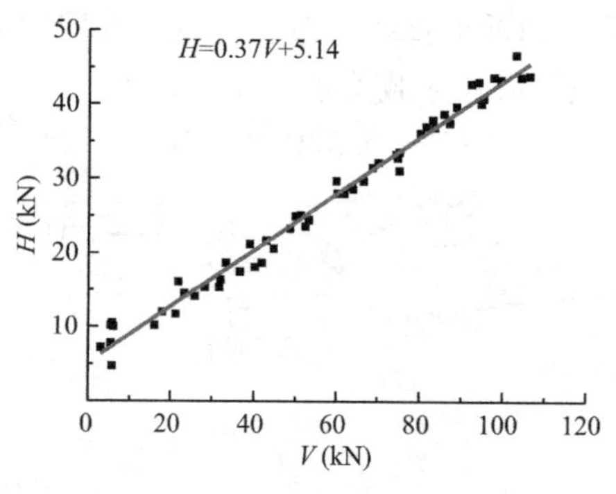

图 2-23 开口型试件 H-V 曲线图

2.4 组合板纵向抗剪性能评价

通过对三种板型试件推出试验的荷载-滑移曲线及 *H-V* 曲线分析可以看出，各组板型试件在交替荷载作用下，水平抗剪承载能力明显增强，且随着横向荷载增大，水平滑移荷载趋近直线分布。*H-V* 曲线分布符合库伦摩擦理论，各组试件均通过统计分析，拟合出库伦摩擦基本方程。通过对不同截面形式组合板推出试验的分析可以看出，不同截面形式的组合板，纵向抗剪性能明显不同，推出试验结果有很大的区别；不同板型组合板在横向荷载作用下正应力分布不尽相同，而纵向剪切应力分布却较为均匀，故可将纵向剪切应力认定为均匀分布。为了更好地分析组合板弯曲试验时的纵向抗剪性能，不同板型组合板在外荷载作用下单位面积上的横向作用采用平均压力 σ 来评价，而纵向抗剪性能则采用纵向最大剪应力 τ_{max} 来评价。对于不同板型的组合板，采用各试件的横向力 σ 及纵向剪应力 τ_{max} 进行综合评价，来确定各种板型组合板的抗剪性能指标。

2.4.1 缩口型组合板

缩口型试件分布包括 1.0mm 和 1.2mm 压型钢板厚度试件，分别进行综合评价分析。图 2-24（a）、（b）为缩口型试件 τ_{max}-σ 图，τ_{max}-σ 关系见式（2-6）和式（2-7）。由图可以看出，压型钢板最大纵向剪应力的大小与横向压力的大小有关，且随横向压力的增大而增大，增加压型钢板的厚度可以明显地增加压型钢板的纵向抗剪承载能力。

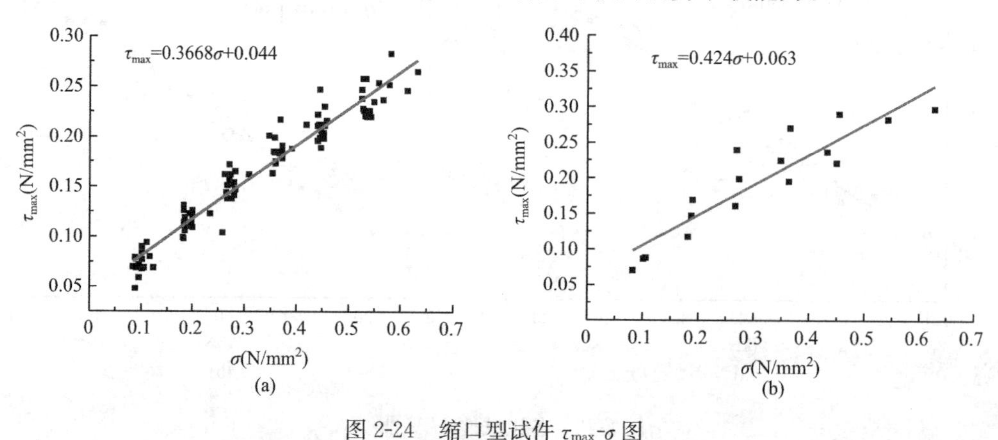

图 2-24 缩口型试件 τ_{max}-σ 图

（a）1.0mm 厚压型钢板试件；（b）1.2mm 厚压型钢板试件

$$\tau_{max,1.0} = 0.3668\sigma + 0.044 \tag{2-6}$$

$$\tau_{max,1.2} = 0.424\sigma + 0.063 \tag{2-7}$$

2.4.2 闭口型组合板

图 2-25 为闭口型试件 τ_{max}-σ 图。从图中可以看出，闭口型试件同缩口型试件类似，最大纵向剪应力的大小随横向压力增大而增大，闭口型试件 τ_{max}-σ 的关系曲线离散性较大，主要是由于压型钢板本身的截面特征、试件制作及试验过程误差造成的。滑移后闭口型压型钢板最大剪应力与横向压力的相关性主要取决于压型钢板的表面特征。闭口型试件在压型钢板与混凝土界面滑移前，由于微型混凝土剪力键及化学粘结作用，纵向剪切能力比较好，一旦粘结破坏，其纵向抗剪能力取决于压型钢板与混凝土界面的机械咬合作用和摩擦作用。闭口型试件压型钢板与混凝土界面的纵向抗剪性能应进行分段评价，即分别评价滑移前和滑移后的纵向最大剪应力 τ_{max}。从前述的界面剪切滑移过程及文献描述来看，闭口型组合板起始滑移界面剪切应力较大，但多数情况下压型钢板与混凝土界面均处于滑移工作状态，滑移后的界面抗剪承载力与横向压力呈线性分布，滑移后的 τ_{max} 值偏于安全，采用式（2-8）评价。

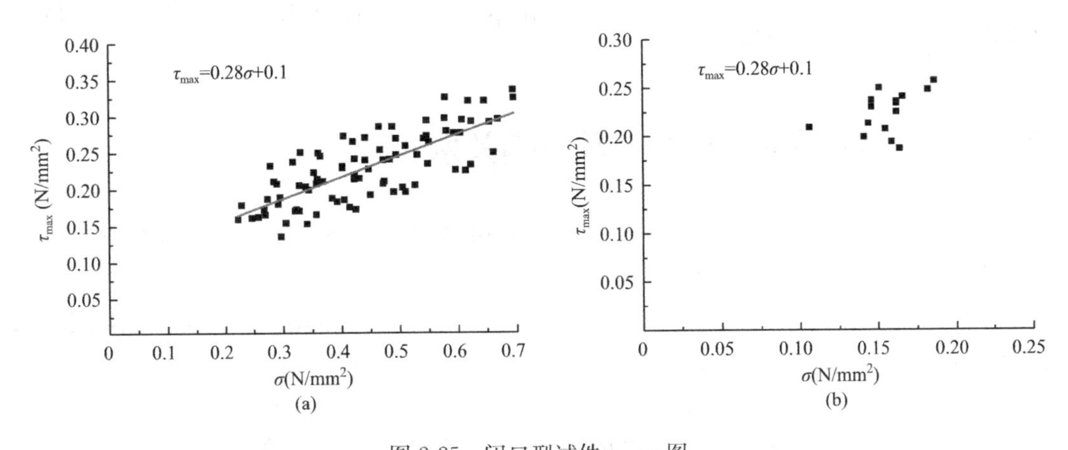

图 2-25 闭口型试件 τ_{max}-σ 图

（a）闭口型试件 τ_{max}-σ 图；（b）闭口型试件滑移点 τ_{max}-σ 图

$$\tau_{max} = 0.28\sigma + 0.1 \tag{2-8}$$

2.4.3 开口型组合板

图 2-26 为开口型试件 τ_{max}-σ 图。由图可以看出，开口型试件压型钢板与混凝土界面的化学胶结作用对其纵向抗剪强度影响不大，所有试件纵向抗剪强度随横向压力的增大而增大，且线性特征明显，表明开口型压型钢板与混凝土界面的剪切粘结作用主要取决于压型钢板与混凝土界面的机械咬合作用和摩擦作用。在开口型试件纵向剪切试验过程中，纵向最大剪应力 τ_{max} 与横向压力 σ

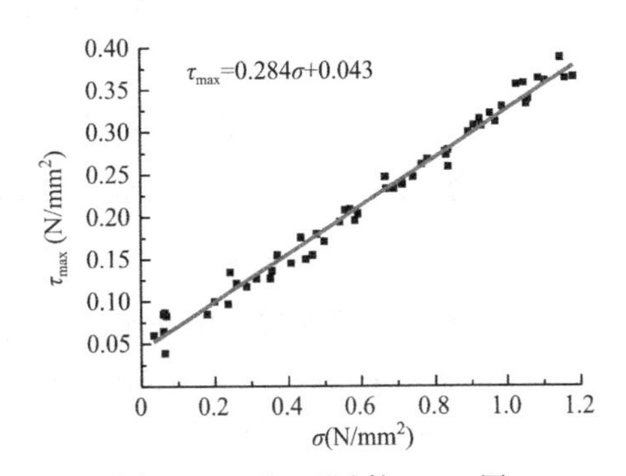

图 2-26 开口型试件 τ_{max}-σ 图

线性相关性比缩口型和闭口型试件更好，离散性也最小，更适合于评价开口型压型钢板-混凝土组合板的纵向抗剪性能，τ_{max}-σ 关系可采用式（2-9）进行评价。

$$\tau_{max} = 0.284\sigma + 0.043 \tag{2-9}$$

2.4.4 三种板型组合板纵向抗剪性能评价

上述对每种板型试件的纵向抗剪承载力 τ_{max} 与横向压力 σ 的关系分别进行了评价，三种板型纵向抗剪性能各不相同，将三种板型进行综合评价，分析三种板型在同等横向压力下的纵向抗剪性能。图 2-27 为三种板型试件滑移时 τ_{max}-σ 图，从图中可以看到，闭口型试件纵向抗剪能力最强，尽管各级滑移荷载离散性较大，且相同横向压力作用下，最大纵向剪切应力 τ_{max} 明显好于缩口型和开口型试件；开口型试件纵向抗剪能力最弱，其抗剪承载能力取决于横向压力的作用；缩口型试件纵向抗剪能力介于闭口型和开口型之间，不同横向荷载作用下，缩口型试件表现出较好的纵向抗剪能力。

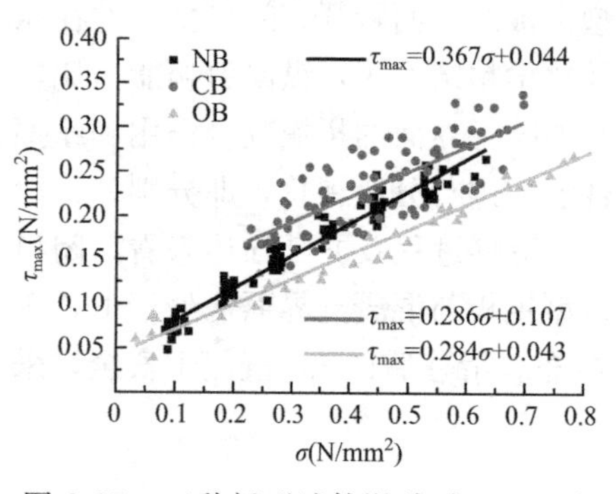

图 2-27 三种板型试件滑移时 τ_{max}-σ 图

2.5 压型钢板-混凝土界面抗剪本构关系

通过对组合板试件推出试验研究发现，影响压型钢板-混凝土组合板纵向抗剪性能的因素除了压型钢板本身的截面形式、表面特征及混凝土的基本性能外，还与压型钢板与混凝土之间的横向压力有关。从 2.3 节可以看出，尽管各种板型的推出试验结果不尽相同，但单次加载推出试验各试件均显示出良好统一性的荷载-滑移模式；缩口型和闭口型试件显示出较好的延性性能，可以在稳定荷载作用下持续滑移变形；而开口型试件则显示出明显的脆性特征，滑移开始后，水平荷载明显降低。交替加载模式试验可以看出，各试件随着横向荷载增大，起始滑移荷载明显增强；每级水平荷载作用下，试件的抗滑移刚度基本不变；水平荷载加载过程中的抗滑移刚度与初始加载时的抗滑移刚度基本平行。交替加载模式组合板推出试验显示，纵向抗剪承载力 H 与横向压力 V 之间的关系接近线性分布，随着横向压力 V 的增大，H 与滑移之间也呈线性分布，因此可通过单次加载过程中的抗滑移刚度确定横向作用对纵向抗剪强度 τ_{max} 的影响，并将各级纵向抗剪承载力 τ_{max} 与滑移进行关联，可得出随着横向力变化的 τ_{max}-s 关系。

2.5.1 缩口型组合板界面粘结-滑移本构关系

单次推出试验剪应力与滑移关系 τ-s 曲线如图 2-28 所示。由图可以看出，试件在加载初期处于弹性变形阶段；随着水平荷载的增加，压型钢板与混凝土界面应力状态逐渐呈现为塑性变形及滑移阶段，滑移前界面剪应力 τ 随界面的弹性变形呈线性分布，滑移荷载与滑移的比值正好显示界面的滑移刚度；当界面剪应力 τ 达到 τ_{max} 时，界面开始滑移，滑移后界面剪应力和滑移关系接近理想剪切-滑移模型。因此，可将缩口型压型钢板与混凝土界面的剪切粘结关系通过理想剪切-滑移模型确定，如图 2-29 所示，其界面剪切-滑移模型表达式为：

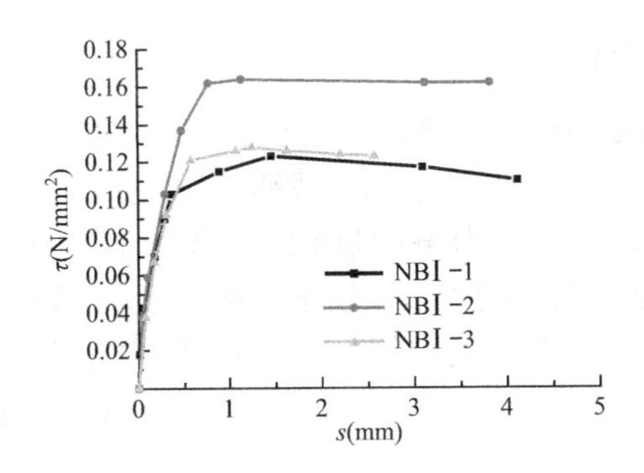

图 2-28　单次推出试验剪应力与滑移关系 τ-s 曲线

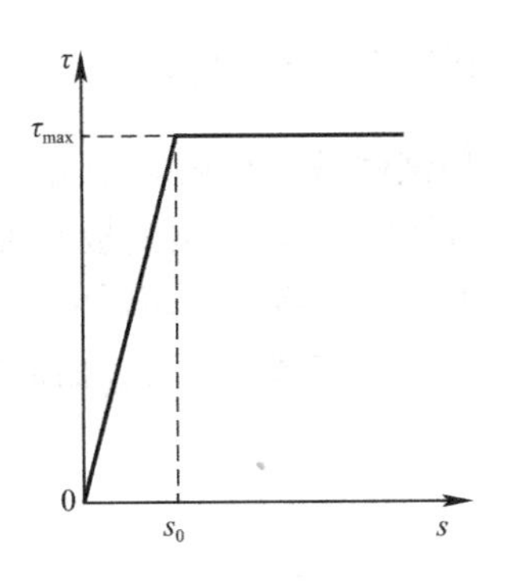

图 2-29　τ-s 本构模型

$$\begin{cases}\tau = k_N s & s \leqslant s_0 \\ \tau = \tau_{max} & s > s_0\end{cases} \tag{2-10}$$

式中：τ_{max}——按式（2-6）或式（2-7）计算得出；

k_N——缩口型组合板的界面抗剪刚度，按割线模型选取，压型钢板 k_N=0.278N/mm^3；

s_0——界限滑移值。

2.5.2　闭口型组合板界面粘结-滑移本构关系

闭口型试件组合板的破坏模式相比缩口型和开口型明显不同。闭口型试件推出试验破坏形态分为剪切粘结破坏前和剪切粘结破坏后两部分，因此闭口型试件破坏模式也应该按剪切粘结作用破坏前和破坏后分别进行确定。

图 2-30 为闭口型试件单次加载推出试验的 τ-s 图。由图可以看出，试件在水平荷载作用下，剪切粘结作用破坏前，即在化学胶结作用、机械咬合作用及微型混凝土剪力键的共同作用下，经历了弹性及弹塑性变形阶段；当纵向剪应力达到最大剪应力 τ_{max}后，压型钢板与混凝土界面的剪切粘结作用遭到破坏，试件开始发生界面滑移。滑移后荷载出现明显降低趋势，主要原因是压型钢板与混凝土界面较强的纵向抗剪能力限制了界面的相对滑移，当界面作用破坏瞬间集聚的能量得到释放，滑移瞬间增大，能量得到瞬间释放而表现出水平纵向剪应力的下降。为了和其他截面板型保持一致，将闭口型试件粘结滑移模型按理想剪切-滑移模型考虑，如图 2-29 所示。闭口型压型钢板与混凝土界面的剪切-滑移本构模型可表示为：

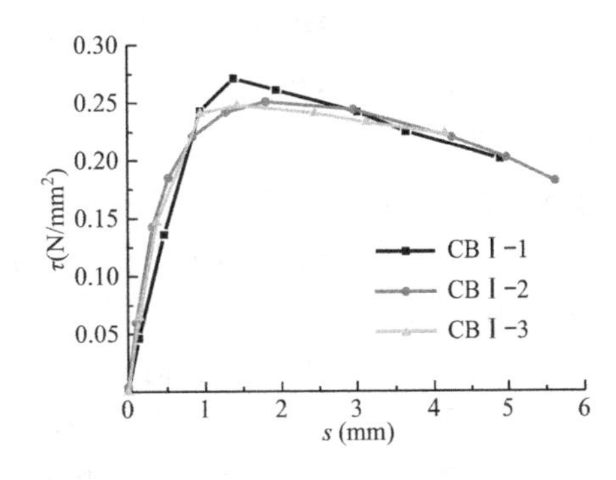

图 2-30　闭口型试件单次加载推出试验的 τ-s 图

$$\begin{cases}\tau = k_C s & s \leqslant s_0 \\ \tau = \tau_{max} & s > s_0\end{cases} \tag{2-11}$$

式中：τ_{max}——按式（2-8）计算得出；

k_C——闭口型组合板的界面抗剪刚度，按割线模型选取，压型钢板 $k_C=0.292\text{N/mm}^3$；

s_0——界限滑移值。

2.5.3 开口型压型钢板界面粘结-滑移本构关系

开口型试件是三组试验中界面剪切与横向预压应力线性符合程度最高的一种板型。图 2-31 为开口型试件压型钢板与混凝土界面纵向剪应力-相对滑移曲线，由图可以看出，由于开口型压型钢板界面薄弱的化学胶结作用，交替加载的起始段和单次加载本质上区别不大，说明化学胶结作用对界面的纵向抗剪承载力的贡献比较小。开口型试件界面剪切粘结-滑移本构模型按理想剪切-滑移模型确定，如图 2-29 所示，开口型压型钢板与混凝土界面的剪切-滑移本构模型见式（2-12）：

$$\begin{cases}\tau = k_O s & s \leqslant s_0 \\ \tau = \tau_{max} & s > s_0\end{cases} \tag{2-12}$$

式中：τ_{max}——按式（2-9）得出；

k_O——开口型组合板的界面抗剪刚度，按割线模型选取，压型钢板 $k_O=0.370\text{N/mm}^3$；

s_0——界限滑移值。

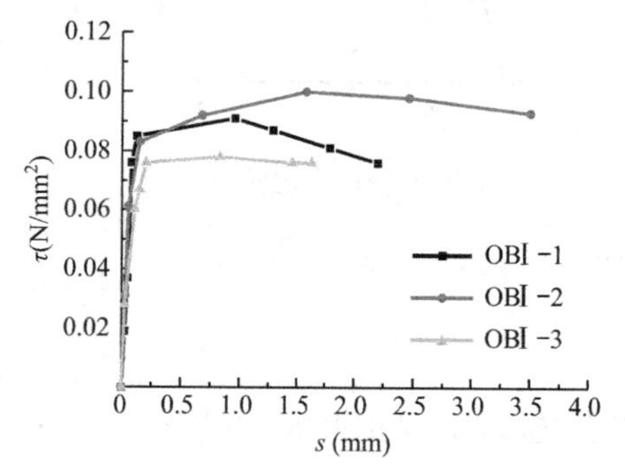

图 2-31 开口型试件压型钢板与混凝土界面纵向剪应力-相对滑移曲线

2.6 本章小结

通过对缩口型、闭口型及开口型组合板试件的推出试验研究可以看出，三种板型组合板试件推出试验表现各不相同，具体如下：

（1）缩口型和开口型试件单次加载试验过程中的破坏模式基本类似，均属于界面剪切滑移破坏，试件破坏时，混凝土和压型钢板没有发生明显的破坏，主要表现为压型钢板与混凝土界面的界面粘结破坏。交替荷载作用时，缩口型试件和开口型试件在不同横向荷载作用下，无论是荷载-滑移曲线的滑移荷载还是滑移荷载-竖向荷载曲线均表现出较好的线性特征，表明缩口型试件和开口型试件的界面特征以机械咬合作用和摩擦力起主要作用。

（2）闭口型试件在单次荷载作用下及交替荷载作用下均表现出较好的界面剪切粘结性能。单次荷载作用下，闭口型试件破坏主要表现为界面粘结破坏及微型混凝土剪力键的破坏所引起的纵向剪切破坏。闭口型试件起始滑移后，交替荷载作用下的试验过程与其他两种板型区别不大，但仍显示出较好的界面承载性能。闭口型试件界面滑移后，交替加载模式水平滑移荷载-竖向荷载呈现出较好的线性分布特征，且随着横向荷载的增大，滑移荷载也呈线性分布。

（3）分别提出了各种板型试件的界面剪切特征公式，为进一步了解压型钢板与混凝土界面的受力性能提供技术支持。

（4）对不同板型试件单次加载和交替加载模式界面受力性能进行了分析，根据单次加载 τ-s 曲线形式，确定了理想剪切-滑移模型曲线，并结合不同板型确定了各自的界面剪切-滑移本构模型。

第3章 开口型组合板承载能力试验研究

3.1 引言

开口型压型钢板是最早出现，也是目前市场上最常见的一种板型。开口型压型钢板具有楼板自重小、截面制作简单、截面抗弯刚度大、施工阶段承载性能好等优点，受到厂家和用户的青睐。压型钢板-混凝土组合板承载性能主要取决于压型钢板与混凝土界面的剪切粘结作用，尤其对于开口型组合板，其纵向抗剪承载能力直接影响到组合板的承载能力。开口型压型钢板-混凝土组合板应用广泛，是国内外学者研究最多的一种组合板形式，其纵向抗剪性能的研究主要涵盖了两个方面：一方面是压型钢板的几何特征对纵向抗剪承载性能的影响，另一方面是研究其他参数的影响。研究方法多集中于基于 m-k 方法基础上的全尺寸静载荷弯曲试验以及基于部分剪切理论基础上的部分剪切粘结方法（PSC 法）。开口型压型钢板截面优势明显，但劣势也明显，主要表现在开口型压型钢板与混凝土界面的横向约束能力及机械咬合作用比较差，为了改善开口型压型钢板与混凝土界面的相互作用能力，厂家通过在压型钢板的腹板和翼缘表面采用机械方式碾压出压痕和凸起。目前对开口型组合板的研究主要集中在跨度较小楼板的纵向抗剪性能，通常不超过 4.5m，而对大跨度组合板方面的研究资料还很有限，且对常见截面形式压型钢板-混凝土组合板的研究仍是一片空白。已有研究结果表明，组合板的端部锚固条件、剪跨比、跨高比、压型钢板的表面特征及厚度、压型钢板的截面形状、混凝土强度、板底附加受拉钢筋以及加载方式等因素对组合板的受力性能均有不同程度的影响，但混凝土强度对组合板纵向抗剪性能的影响相对比较弱，通常不予考虑。本章通过试验手段，在研究小跨度开口型组合板受力性能的基础上，着重研究大跨度组合板的纵向抗剪和抗滑移性能以及承载能力等各项受力性能指标，研究参数主要包括组合板的端部锚固条件及跨高比等因素。

3.2 试件设计及制作

3.2.1 试件设计

本试验的目的是研究大跨度开口型压型钢板-混凝土组合板在简支条件下界面的粘结性能和破坏机理。通过不同跨度开口型压型钢板-混凝土组合板的系列试验，对组合板破坏形态、承载能力及纵向剪切粘结性能进行分析，并对大跨度组合板采用开口型压型钢板的承载性能进行评价。本章对 11 个不同跨度的组合板试件进行弯曲静载荷试验，观察记录组合板在各级荷载下裂缝的产生和发展以及分布规律、压型钢板与混凝土之间的滑移、压型钢板不同位置处的应变变化情况以及组合板的极限承载力等；通过对试验数据采集整理，分析组合板在外荷载作用下的荷载-跨中挠度关系、荷载-端部滑移关系、荷载-压型钢板应变关系、荷载-混凝土应变关系等。基于对大跨度组合板的承载性能研究，小跨度组合板试件的研究仅作为大跨度组合板试件对比分析对象。

试验组合板采用行家钢承板（苏州）有限公司生产的LF3-880开口型压型钢板，组合板截面特征如图3-1所示。试验共设计11块足尺组合板，包括2.0m、3.4m、4.8m和6.0m跨度的四组试件。试验加载采用静载荷弯曲试验装置，主要考查试验过程中混凝土、压型钢板、组合板在各个加载阶段的基本特征变化情况。通过试验数据分析，研究大跨度组合板的破坏形态及承载性能，并考虑不同参数对组合板承载性能的影响。

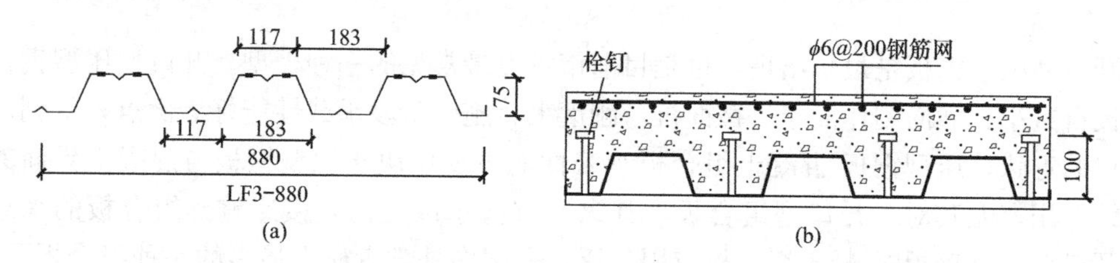

图3-1　组合板截面特征

（a）LF3-880型压型钢板截面特征；（b）开口型组合板试件端部锚固详图

试件设计分别考虑了组合板的端部锚固条件、跨度及组合板的截面厚度等因素，试件设计尺寸和参数见表3-1。试件混凝土为C30，压型钢板厚度均为1.0mm，试件宽度设计为单块压型钢板的出厂宽度880mm，考虑到加载条件的要求，每个试件的长度均为跨度增加150mm；考虑到制作试件过程中混凝土收缩和徐变的影响，分别在试件顶面配置了ϕ6@200的钢筋网片；考虑到6.0m跨度试件配筋率比较小，在板底每个凹槽增加了1根ϕ10的附加受拉钢筋。端部锚固组合板试件在板端设置栓钉锚固，栓钉直径为19mm，高度为100mm，栓钉质量符合《电弧螺柱焊用圆柱头焊钉》GB/T 10433—2002要求。栓钉焊接在压型钢板凹槽处，焊透压型钢板，并与12mm厚支座钢板焊接在一起。

试件设计尺寸和参数　　**表3-1**

序号	试件编号	跨度（mm）	钢板厚度（mm）	组合板厚度（mm）	剪跨比	栓钉锚固	附加受拉钢筋
1	OBⅠ-1	2000	1.0	180	3.52	无	无
2	OBⅠ-2	2000	1.0	180	3.52	D19	无
3	OBⅠ-3	2000	1.0	180	3.52	D19	无
4	OBⅡ-1	3400	1.0	150	9.11	D19	无
5	OBⅡ-2	3400	1.0	150	9.11	D19	无
6	OBⅢ-1	4800	1.0	160	11.80	无	无
7	OBⅢ-2	4800	1.0	160	11.80	D19	无
8	OBⅢ-3	4800	1.0	200	8.89	D19	无
9	OBⅣ-1	6000	1.0	200	11.10	无	4ϕ10
10	OBⅣ-2	6000	1.0	200	11.10	D19	4ϕ10
11	OBⅣ-3	6000	1.0	250	8.50	D19	4ϕ10

3.2.2　试件制作

试件制作包括压型钢板表面清理及应变片的粘贴，钢筋网的下料及绑扎，模板的支座及固定，栓钉的焊接，混凝土的浇筑与养护等。所有进场材料的力学性能见2.2.2节。

（1）压型钢板表面清理及应变片的粘贴

为了更加准确地研究压型钢板与混凝土界面的相互作用，了解组合板在外荷载作用下压型钢板的应力分布及变化，最简单有效的方法就是在压型钢板表面粘贴电阻应变计，并通过电桥电路量测应变的变化。压型钢板粘贴BX-120-5AA型电阻应变片，电阻值为120±0.1%Ω，灵敏度系数为2.12%±1.3%，标距为5mm×3mm。在压型钢板表面粘贴应变片必须保证应变片和压型钢板间的可靠连接，需要清理掉压型钢板表面的镀锌涂层，不得使用砂轮片打磨，因为砂轮片打磨容易伤及钢材本身，影响压型钢板的受力性能，应采用细砂纸片进行打磨处理，并进行基底清理。粘贴应变片应必须防止压型钢板与导线间的连接，避免出现短路现象，并且应对应变片进行保护处理，防止浇筑混凝土时对应变片造成损伤或损坏，应变片的粘贴与保护如图3-2所示。

(a)

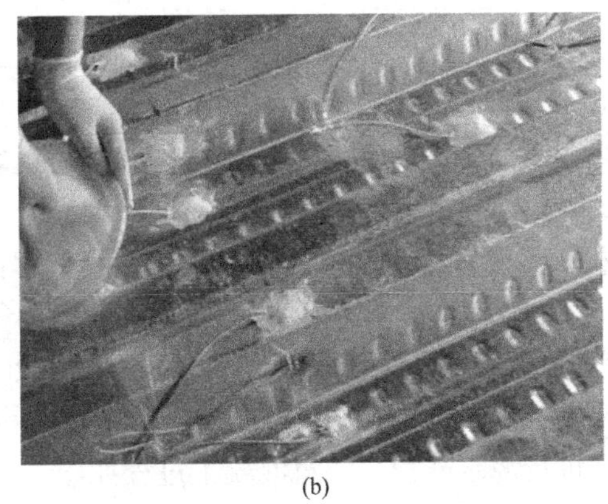

(b)

图3-2 应变片的粘贴与保护

（a）应变片的粘贴；（b）应变片的保护

（2）钢筋网的下料及绑扎

试验所需钢筋网不属于受力钢筋，仅为构造要求所配置，其作用是防止混凝土收缩或徐变引起混凝土开裂，在此不做过多阐述。

（3）模板的支护与固定

试件以压型钢板为底模，四周采用木模板和木方夹持，形成侧模板。为了保证模板的稳定性并防止浇筑混凝土时涨模，在板顶和底部设置木方拉条进行加固处理，同时在板内设置拉结铁丝对模板施加预拉力，确保压型钢板与模板之间紧密接触。为了防止压型钢板与木模板间的缝隙在浇筑混凝土时漏浆，模板支护完成后，在模板与压型钢板的缝隙注入玻璃胶进行封堵。为了方便试件成形后的运输和试验安装，在试件两端分别布置吊装预埋钢筋，组合板的模板支护如图3-3所示。

图3-3 模板支护

（4）端部锚固栓钉焊接

端部锚固组合板栓钉焊接采用专业的电弧螺柱焊机进行焊接。焊接栓钉之前，确保栓钉底部的引弧结及防弧磁环完好；焊接时，将栓钉套在焊枪上，启动焊枪，由于强电流的作用，栓钉底部触点与压型钢板接触瞬间会产出高温将栓钉底部、压型钢板以及支座钢板熔化，并将三者牢固地连接在一起，如图 3-4 所示。

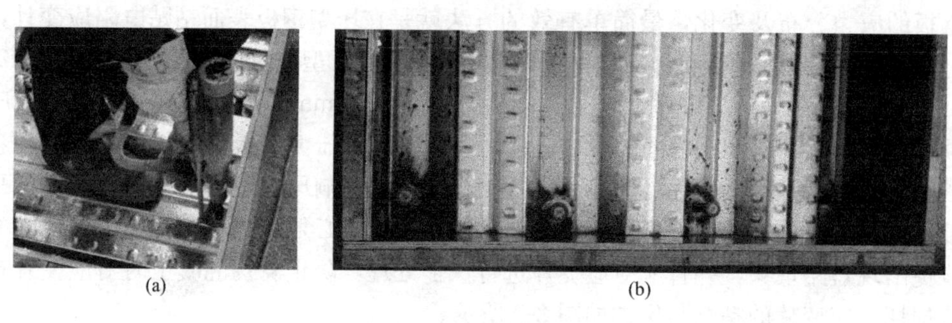

(a) (b)

图 3-4　栓钉焊接

(a) 焊接栓钉；(b) 焊接完成

（5）混凝土浇筑及养护

本试验混凝土用量大，采用质量和品质更容易保证的商品混凝土。浇筑混凝土前，应对预埋应变片的引出线进行编组、编号及安全引出处理；浇筑混凝土时，为了保证压型钢板及模板不受混凝土冲击影响，浇筑混凝土时自制引流槽，使得罐车中的混凝土通过引流槽平稳地流入模板内，并及时振捣，振捣时不得触碰压型钢板，以免冲击作用引起钢板变形。浇筑混凝土时预留混凝土试块，以备试验时同期检测混凝土强度。浇筑完成后，剔除多余的混凝土，对试件表面进行人工抹平，再敷设塑料薄膜和草垫，以防止水分流失，24h 后进行浇水养护，浇筑混凝土过程如图 3-5 所示。

(a) (b) (c)

(d) (e) (f)

图 3-5　浇筑混凝土过程

(a) 引流槽；(b) 浇筑混凝土；(c) 振捣密实；(d) 预留试块；(e) 表面抹平；(f) 悉心养护

3.3　试验加载及测点布置

3.3.1　试验加载

为了更好地模拟组合板在均布荷载下的破坏形态及承载能力，依据我国《混凝土结构试验方法标准》GB/T 50152—2012 及英国《组合板设计规范》BS 5950-4：1994 针对不同研究目标对加载方式的选取要求，本试验根据试件跨度的不同，试验装置设置也不相同。对跨度较小的 2.0m 组合板采用四分点加载装置，通过分配梁将两个等值的荷载施加给试件，四分点加载方案如图 3-6（a）所示；对跨度为 3.4m、4.8m 和 6.0m 的试件采用五分点四点等距加载，通过二级分配梁对组合板施加四个等值的竖向荷载，五分点四点等距加载方法如图 3-6（b）所示。

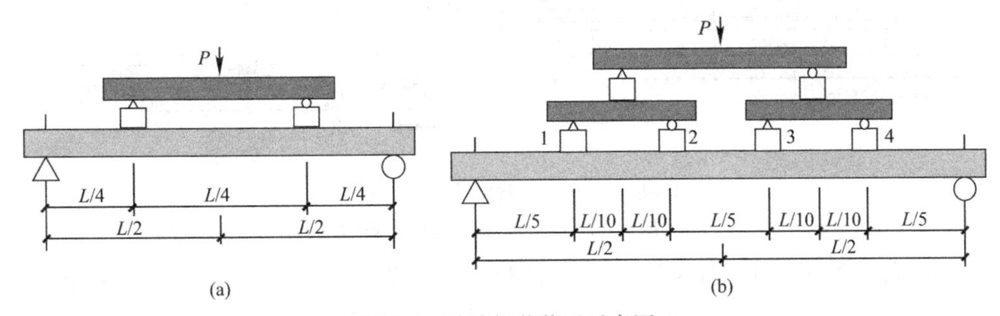

图 3-6　试验加载装置示意图

（a）四分点加载；（b）五分点等距加载

所有试件均为静力单调荷载试验，试验前进行预加载，检验试验装置及量测仪器工作是否正常，考虑到组合板试件滑移影响，预加荷载值选取承载力设计值的 10%。正式加载按预测破坏荷载的 1/10 逐级加载，每级荷载持荷 5min，观测并记录试件在加载过程中的变化。加载过程中的控制点为混凝土开裂荷载、滑移荷载、钢板屈服荷载及极限荷载，控制点附近应适当减小荷载级差，以便更好地捕捉到真实的荷载值。当试验荷载下降至峰值荷载 P_u 的 80%或跨中挠度超过跨度 L 的 1/50 时，终止试验。

3.3.2　试验量测

试验过程中测试的主要内容包括：压型钢板在剪跨内不同位置处、加载点及最大弯矩范围内的应变值；压型钢板同一截面不同高度处的应变值；跨中受压区顶面及跨中截面不同高度处的混凝土应变值；试件在荷载作用下加载点、跨中及支座处的竖向位移值；试件加载点及四分点加载的 $L/8$ 位置和五分点加载的 $L/10$ 位置，试件端部压型钢板和混凝土界面的滑移值；竖向集中力的大小等。观测加载控制内容包括试件的荷载-跨中挠度关系、荷载-端部压型钢板与混凝土之间的滑移关系等；控制荷载包括试件开裂荷载、开始滑移荷载、钢板屈服荷载、极限荷载等。观测记录内容还包括加载过程中试件混凝土的裂缝分布，压型钢板与混凝土界面的纵向剪切裂缝分布及发展趋势等。试验数据的量测手段包括：外荷载通过荷载传感器量测，材料的应变采用应变计量测，构件变形位移及钢板与混凝土界面的相对滑移通过位移传感器量测。试验过程中的应变计布置如图 3-7、图 3-8 所示。

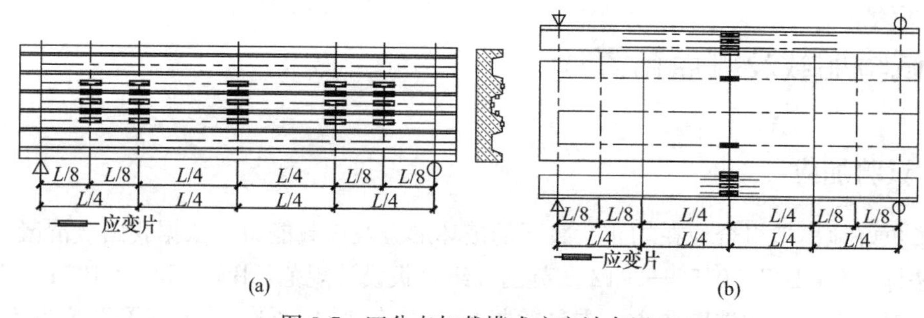

图 3-7　四分点加载模式应变计布置

(a) 压型钢板应变计；(b) 混凝土应变计

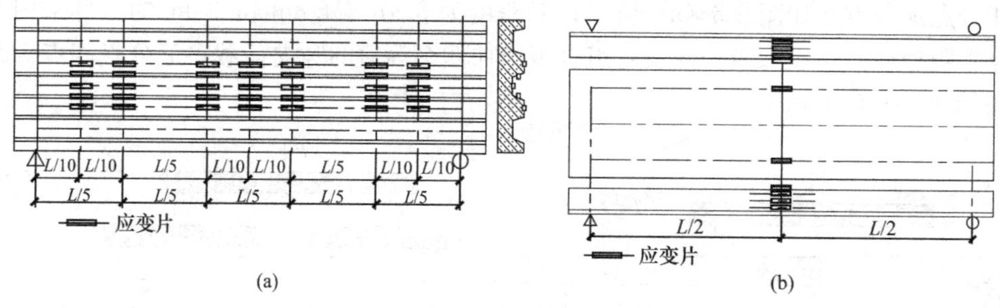

图 3-8　五分点加载模式应变计布置

(a) 压型钢板应变计；(b) 混凝土应变计

位移计布置如图 3-9、图 3-10 所示。试验采用高精度半自动拟静力伺服稳压器 JSF-Ⅱ/31.5-8 进行控制加载，试验数据均由 IMP 数据采集仪进行采集，并由计算机进行控制显示，保证试验数据的真实性和可靠性，如图 3-11 所示。

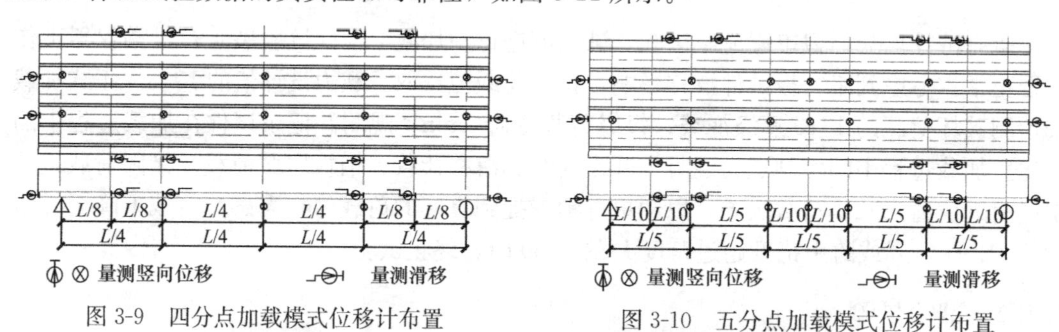

图 3-9　四分点加载模式位移计布置　　图 3-10　五分点加载模式位移计布置

(a)

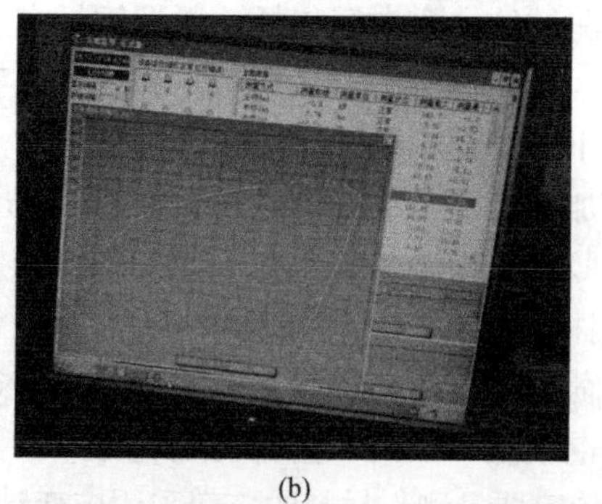

(b)

图 3-11　试验加载控制系统

(a) 半自动伺服稳压器；(b) IMP 数据采集系统

3.4　试验现象及破坏形态

大跨度开口型组合板考虑了端部锚固条件、跨度及跨高比等因素。为了更好地体现开口型试件在外荷载作用下的试验现象及破坏形态，对端部无栓钉锚固和端部栓钉锚固组合板试件分别进行描述。

3.4.1　端部无栓钉锚固组合板

开口型端部无栓钉锚固组合板共设计了3个试件，跨度分别为2.0m、4.8m及6.0m，试件编号分别为OBⅠ-1、OBⅢ-1和OBⅣ-1。根据试验过程中的试验现象和破坏形态，对2.0m跨度与4.8m、6.0m跨度试件分别进行描述。

OBⅠ-1为开口型组合板试件中跨度小、跨高比相对较小的一个试件，其破坏形态如图3-12所示。加载初期，试件的受力性能与普通钢筋混凝土受弯构件相同，压型钢板与混凝土界面接触良好，端部压型钢板与混凝土界面并未出现明显的滑移现象，试件处于良好的弹性工作状态；随着荷载的增大，加载至38.3kN时，试件突然发出明显清脆的声响，跨中和加载点下方的混凝土受拉区出现了微小裂缝，此时压型钢板与混凝土界面接触良好，并无明显的端部滑移产生；加载至60.0kN时，试件突然发出连续的清脆声响；加载至62.0kN时，加载点靠近跨中一侧的混凝土出现了明显的开裂现象，而且裂缝宽度迅速增大，剪跨区混凝土和压型钢板界面处出现明显纵向开裂及滑移现象，而且纵向裂缝瞬间贯通整个试件，荷载迅速降低至23kN；继续加载，跨中挠度增长迅速，试件已经丧失承载能力，发生明显的脆性纵向剪切破坏。试件破坏时，压型钢板与混凝土界面出现较大的滑移，跨中距离左右加载点110mm和160mm处都产生了较大的竖向裂缝，压型钢板与混凝土间失去粘结作用，移动试件时压型钢板脱落，混凝土部分断裂成三部分，跨中压型钢板上翼缘和腹板均发生较大的局部屈曲现象。

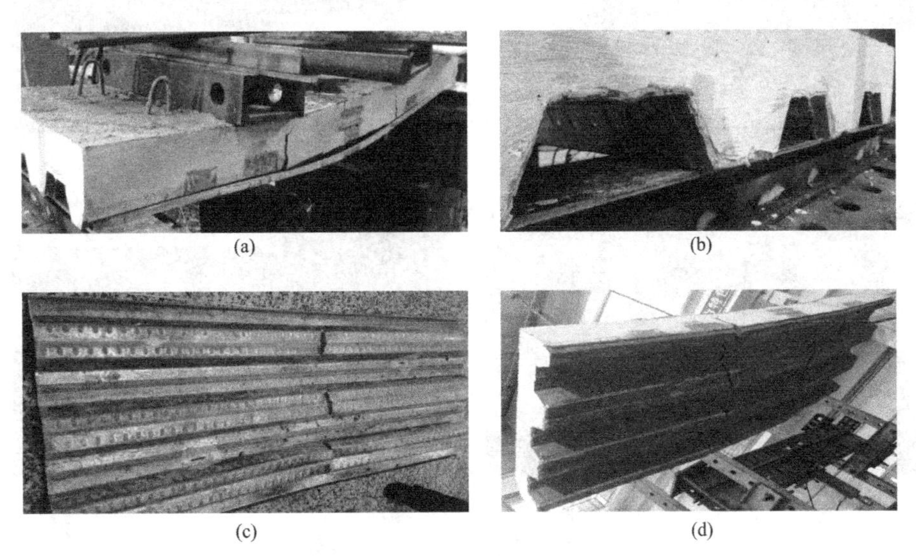

图3-12　试件OBⅠ-1（端部无栓钉锚固）破坏形态

（a）跨中开裂；（b）端部滑移；（c）钢板脱落，上翼局部屈曲；（d）板底裂缝

OBⅢ-1 和 OBⅣ-1 均为端部无栓钉锚固的大跨度组合板试件，从试验现象及破坏形态来看，两者比较类似，以跨度较大的试件 OBⅣ-1 为例描述整个试验的加载过程，试件 OBⅣ-1 的破坏形态如图 3-13 所示。加载初期 OBⅣ-1 和 OBⅠ-1 并无太大区别，试件处于弹性阶段，外荷载与跨中挠度的变化呈线性分布；随着荷载增加至 12.0kN 时，试件传来清脆声响，压型钢板与混凝土界面薄弱位置出现一定程度的损伤破坏；加载至 14.0kN 时，伴随着较大的声响，跨中加载点 3 附近处的混凝土出现竖向裂缝；持续加载至 20.8kN 时，跨中裂缝明显增多，支座处压型钢板与混凝土界面出现明显的滑移现象，试件两侧跨中加载点 2、3 附近处压型钢板与混凝土界面出现纵向裂缝，随着荷载增加，纵向裂缝向两端支座发展并贯通，跨中挠度不断增长；持续加载至 29.0kN 时，跨中挠度已超过跨度的 1/50，试件宣告破坏，且具有明显的延性纵向剪切破坏特征。破坏时，试件一端压型钢板与混凝土界面出现较大的滑移，跨中压型钢板上翼缘发生明显的屈曲现象，移动试件过程中压型钢板与混凝土界面脱开，已经丧失粘结作用，表明开口型试件的压型钢板与混凝土界面缺乏横向约束，界面的剪切粘结性能大小决定了端部无锚固组合板的受力性能。

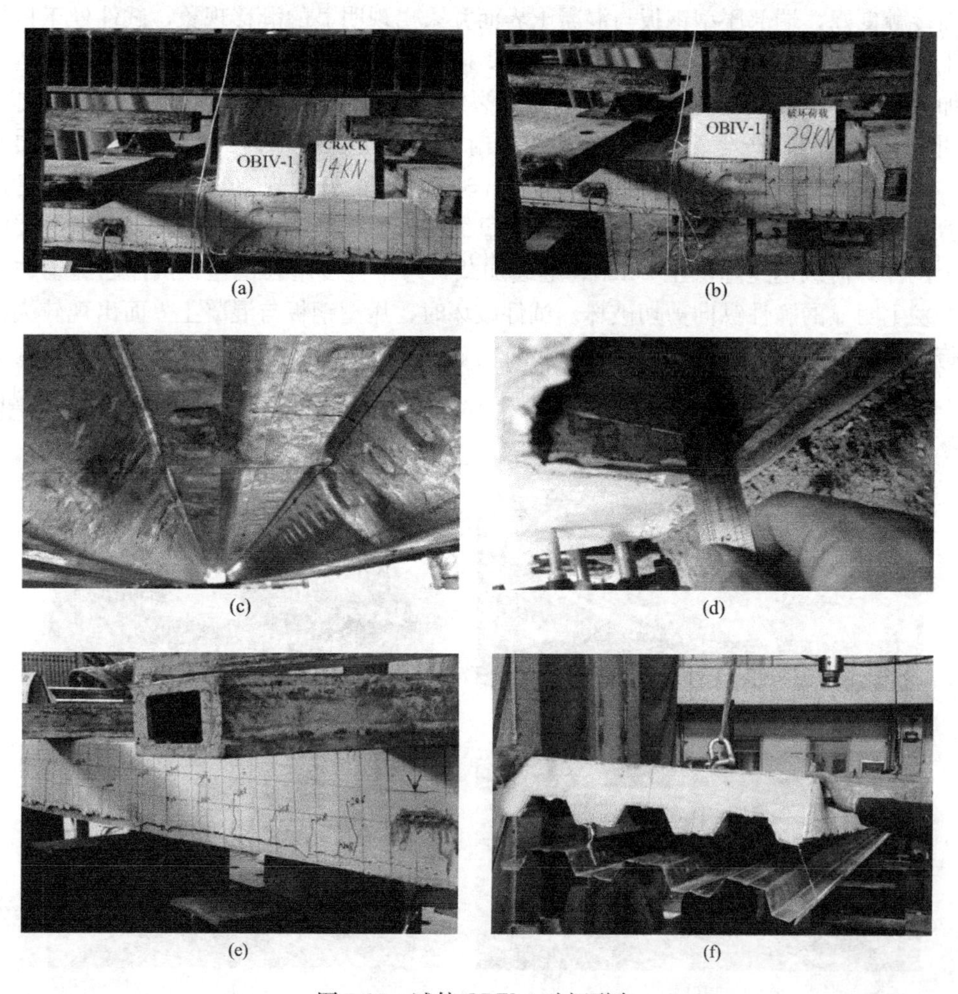

图 3-13 试件 OBⅣ-1 破坏形态

(a) 开裂荷载；(b) 破坏荷载；(c) 跨中钢板局部屈曲；(d) 端部滑移详图；(e) 跨中水平与竖向裂缝；(f) 钢板脱落

3.4.2　端部栓钉锚固组合板

端部栓钉锚固组合板试件分别考虑了2.0m、3.4m、4.8m和6.0m的跨度变化，不同跨度试件破坏形态有所不同，其中跨度为2.0m试件的加载装置和其他三种跨度不同，采用的是四分点加载，且试件跨高比最大为11.1，其试验过程需要单独描述。作为对比试件，3.4m跨度试件与4.8m和6.0m跨度组试件均有跨高比相同的试件，作为跨度相对较小的试件，应该单列出来描述其破坏过程及破坏形态。4.8m和6.0m跨度试件破坏过程及破坏形态基本类似，可将这两组试件放在一起来描述。

OBⅠ-2和OBⅠ-3两个试件各技术参数均相同，破坏形态也相差不大，OBⅠ-2的破坏形态如图3-14所示。试件在加载初期表现与相同截面参数的无栓钉锚固组合板OBⅠ-1基本相同。加载至23.3kN时，在跨中位置处的混凝土首先出现竖向裂缝，持续加载，跨中裂缝不断增多；加载至45.0kN时，伴随着试件传来间断的清脆声响，跨中出现多条裂缝，同时加载点附近也有新的竖向裂缝产生；加载至65.0kN时，加载点下方的竖向裂缝向跨中方向斜向发展；随着荷载增加至80.0kN时，试件跨中混凝土和压型钢板界面出现明显的水平裂缝；加载至132.0kN时，试件两侧压型钢板与混凝土界面出现明显的竖向分离现象，跨中挠度明显增大，试件端部出现明显的滑移现象；加载至172.0kN时，跨中挠度迅速增大，压型钢板上翼缘及腹板均发生明显的局部屈曲现象，跨中主裂缝迅速向受压区边缘发展，锚固端压型钢板出现明显的撕裂现象，荷载随之降低，试件宣告破坏，此时试件显示出良好的延性性能。试件破坏时，跨中混凝土被主裂缝分割成两段，主裂缝附近的压型钢板上翼缘和腹板均发生明显的局部屈曲现象，端部锚固区边缘压型钢板撕裂，端部锚固区中间段压型钢板上翼缘和腹板均出现局部翘曲现象，端部栓钉锚固组合板的承载能力较端部无栓钉锚固组合板试件有了大幅度提高。

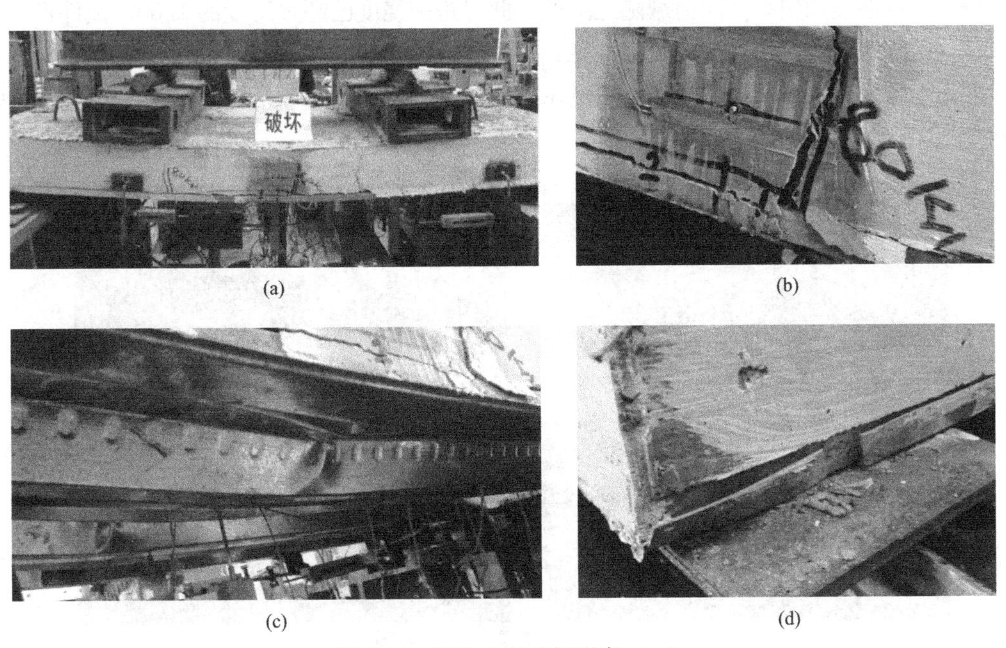

(a)　(b)　(c)　(d)

图3-14　OBⅠ-2的破坏形态（一）

(a) 试件破坏；(b) 主裂缝；(c) 主裂缝下方钢板屈服；(d) 锚固端钢板撕裂

(e)

(f)

图 3-14 OBⅠ-2 的破坏形态（二）

（e）板端压型钢板翘曲；（f）板端滑移

OBⅡ-1 和 OBⅡ-2 均为 3.4m 跨度且各项指标参数相同的端部栓钉锚固组合板试件。作为小跨度向大跨度过渡的试件，其跨高比与大跨度试件接近，加载模式相同。OBⅡ-1 和 OBⅡ-2 试件在整个加载过程中的表现及承载能力基本类似，以 OBⅡ-2 为例说明该组试件的试验过程，试件 OBⅡ-2 的破坏形态如图 3-15 所示，图中荷载值未包含加载装置自重。加载初期，试件处于弹性变形阶段；加载至 22.2kN 时，试件发出清脆的声响，压型钢板与混凝土界面薄弱位置出现粘结作用的损伤破坏；加载至 30.0kN 时，伴随着连续清脆的声响，加载点 3 位置下方出现明显的竖向裂缝，持荷过程中，试件侧面压型钢板与混凝土界面出现明显的纵向裂缝，并不断向支座方向发展；加载至 38.0kN 时，开始出现贯通的纵向裂缝；随着荷载增加，试件不断传出清脆的声响，跨中加载点 1～4 位置下方不断有新的裂缝产生，加载点 3 位置下方裂缝逐渐发展成主裂缝，并向受压区边缘发展，跨中挠度持续增加；连续加载至 65.0kN 时，伴随着较大的声响，试件锚固端边缘压型钢板撕裂，跨中挠度增长速度明显加快，竖向荷载随之降低，此时跨中挠度已超过跨度的 1/50，试件宣告破坏。试件破坏时，显示出良好的延性性能，跨中裂缝分布比较均匀，锚固端压型钢板与混凝土界面出现较大的滑移和翘曲现象，边缘位置压型钢板撕裂，主裂缝下方的压型钢板上翼缘及腹板均出现明显的局部屈曲现象。

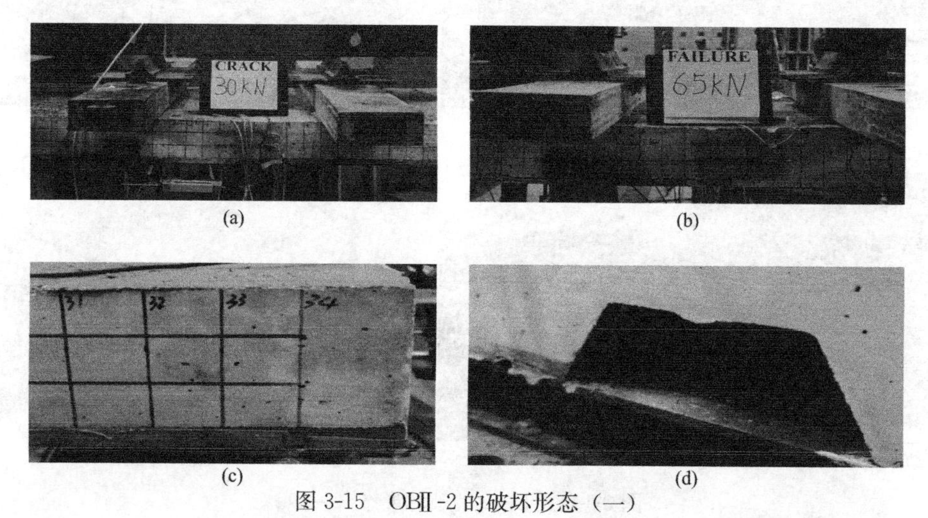

图 3-15 OBⅡ-2 的破坏形态（一）

（a）开裂荷载；（b）破坏荷载；（c）锚固端压型钢板撕裂；（d）锚固端压型钢板翘曲

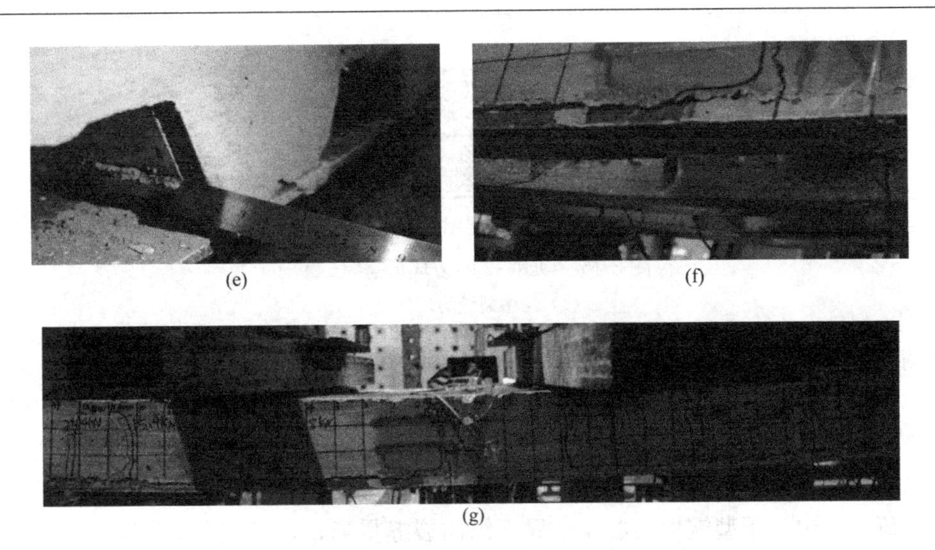

图 3-15　OBⅡ-2 的破坏形态（二）

（e）锚固端滑移；（f）钢板局部屈曲；（g）跨中裂缝分布

跨度为 4.8m 和 6.0m 的大跨度端部栓钉锚固组合板试件分别设计了跨高比为 24 和 30 两组试件，跨高比不同，试件的破坏形态略有不同，相同跨高比试件破坏形态类似。以大跨度 6.0m 试件 OBⅣ-2 为例，描述本组试件的破坏过程，OBⅣ-2 的破坏形态如图 3-16 所示。

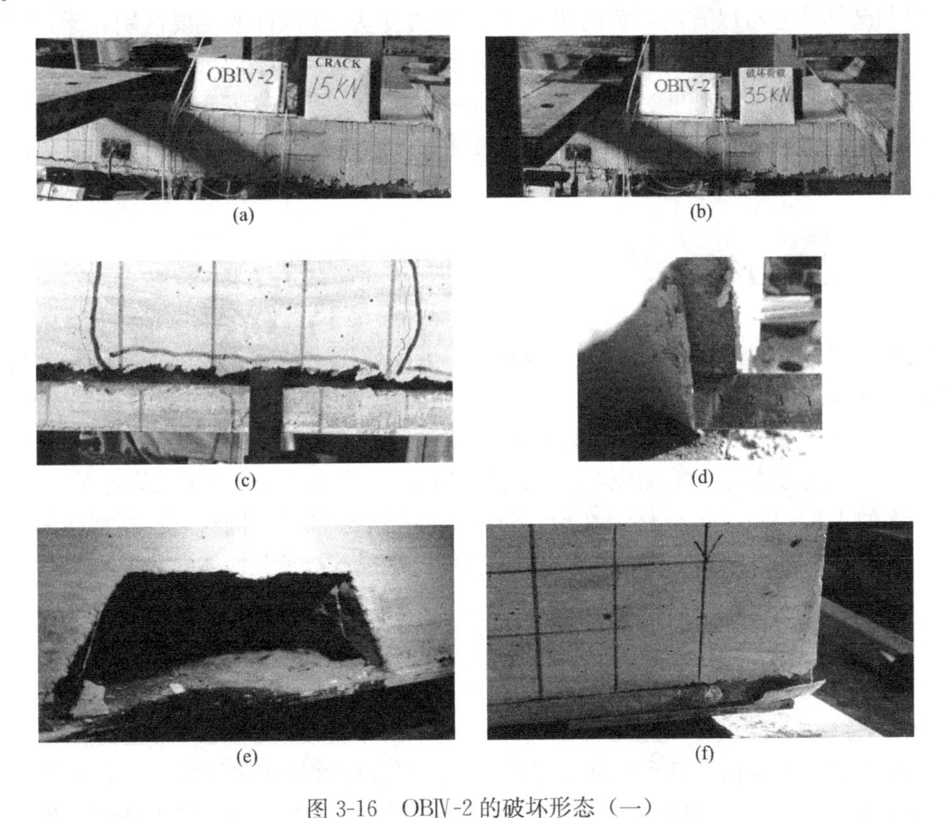

图 3-16　OBⅣ-2 的破坏形态（一）

（a）开裂荷载；（b）破坏荷载；（c）纵向开裂；（d）端部滑移；（e）腹板翘曲；（f）端部钢板撕裂

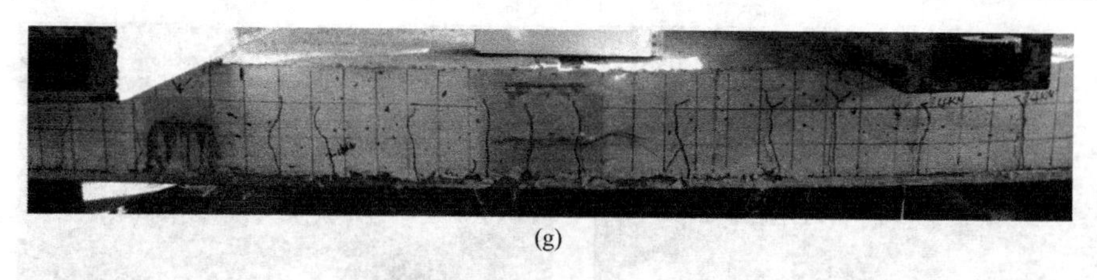

(g)

图 3-16　OBⅣ-2 的破坏形态（二）

(g) 跨中裂缝均匀分布

从图 3-16 可以看出，加载初期试件变化并不明显，试件处于弹性阶段；加载至 15.0kN 时，试件发出连续的清脆响声，压型钢板与混凝土界面薄弱部位出现一定的损伤破坏，跨中加载点 3 位置下方出现明显的竖向裂缝；随着荷载增大，试件发出连续的清脆声响；加载至 27.4kN 时，加载点 2 和 3 位置下方压型钢板与混凝土界面出现明显的纵向裂缝，持荷过程中，压型钢板与混凝土界面纵向裂缝贯通；加载至 35.0kN 时，栓钉锚固端边缘压型钢板出现撕裂现象，试件跨中挠度迅速增大，竖向荷载不再增长，此时跨中挠度超过跨度的 1/50，试件宣告破坏。试件破坏时，跨中弯曲裂缝分布均匀，两侧压型钢板与混凝土界面出现贯通裂缝，栓钉锚固端边缘压型钢板出现撕裂现象，板端压型钢板与混凝土界面出现较大的滑移，腹板处钢板出现明显的翘曲变形，但跨中压型钢板均未发生局部屈曲。

OBⅢ-3 和 OBⅣ-3 分别为 4.8m 和 6.0m 大跨度组合板厚板试件，跨高比均为 24。从试验现象和破坏形态可以看出，跨高比为 24 和跨高比为 30 试件的主要区别在于：加载过程中 OBⅢ-3 和 OBⅣ-3 的初始刚度明显增强，破坏荷载较跨高比为 30 的薄板试件明显增大；相同点主要表现为：破坏过程中跨中弯曲裂缝分布均匀，破坏形态均属于因跨中挠度过大而不适于继续承载引起的延性纵向剪切破坏，破坏时板端压型钢板与混凝土界面均出现较大的滑移，跨中钢板未发生明显的局部屈曲现象。

3.5　试验结果分析

通过对 11 个开口型组合板试件的试验现象、破坏形态、试验过程中各阶段特征荷载值的描述，以及对试验数据的整理分析，得出不同组合板试件的荷载-跨中挠度关系、荷载-端部滑移关系、荷载-跨中钢板应变关系以及荷载-混凝土应变关系曲线。为了更好地分析大跨度组合板试件的受力性能，将本试验中跨度较小的 2.0m 和 3.4m 试件定义为普通跨度试件，将跨度较大的 4.8m 和 6.0m 试件定义为大跨度试件，并分别对不同跨度、端部锚固条件以及跨高比等影响因素结合试验现象进行各组试件的破坏形态及承载性能的分析。

3.5.1　荷载-跨中挠度及荷载-端部滑移曲线

(1) 普通跨度组合板试件

图 3-17 为 2.0m 跨度开口型组合板试件的荷载-跨中挠度及荷载-端部滑移曲线。由图可见，端部无锚固组合板试件和端部布置栓钉锚固组合板试件的破坏模式明显不同。加载初期，端部无锚固组合板试件的压型钢板与混凝土界面粘结作用一旦发生破坏，集聚的变形能量会突然释放，即刻出现纵向剪切滑移，最终导致试件的脆性破坏；而端部锚固组合

板试件由于栓钉的存在，限制了压型钢板与混凝土界面的滑移，间接提高了压型钢板与混凝土之间的相互作用，具有较高的承载能力。端部无锚固组合板试件的压型钢板与混凝土界面相互作用能力较弱，破坏时属于明显的纵向剪切破坏模式；而端部设置栓钉锚固组合板试件显示出较好的延性性能，承载能力也明显提高；端部锚固组合板试件 OBⅠ-2 和 OBⅠ-3 的极限荷载较无支座锚固组合板试件 OBⅠ-1 分别提高了 1.29 倍和 1.74 倍。从图 3-17（b）可以看出，随着荷载的增大，端部无锚固组合板试件一旦出现滑移，压型钢板与混凝土界面的胶结作用即发生破坏，承载力显著降低，而后维持组合板承载能力的是钢板压痕与混凝土界面的机械咬合作用和界面摩擦作用，由于压型钢板与混凝土之间缺乏约束，滑移持续增大，试件最终因不适于继续承载而发生破坏；端部锚固组合板试件则明显不同，虽然端部最大滑移持续增大，但滑移量的大小与外荷载的大小有关，试件的承载能力得到明显改善。

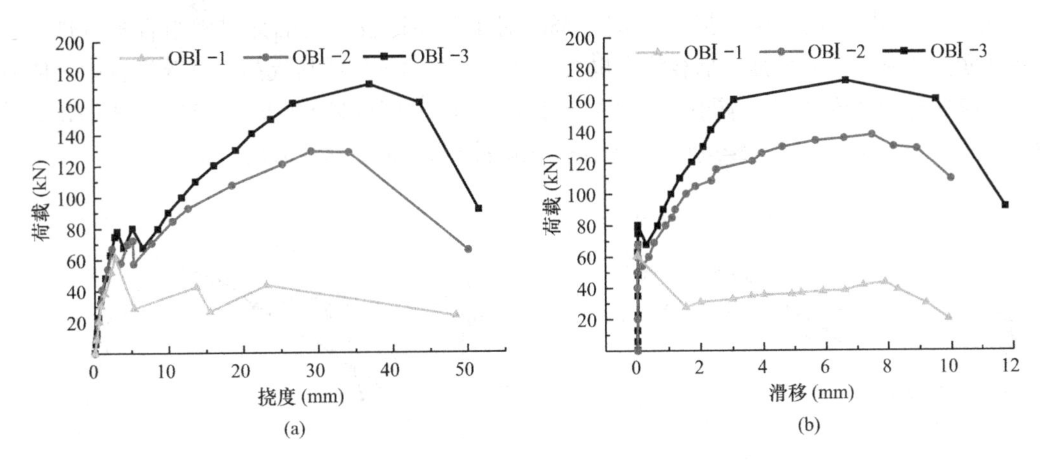

图 3-17　2.0m 跨度开口型组合板试件的荷载-跨中挠度及荷载-端部滑移曲线

（a）荷载-跨中挠度曲线；（b）荷载-端部滑移曲线

图 3-18 为 3.4m 跨度开口型组合板试件的荷载-跨中挠度及荷载-端部滑移曲线。由图可以看出，两个试件在加载全过程中曲线的发展基本一致，加载初期试件处于弹性阶段，压型钢板与混凝土界面相互作用比较强，试件端部未发生滑移现象；随着荷载的增加，试件端部压型钢板与混凝土界面出现相对滑移后，竖向荷载瞬间突变，形成类似于低碳钢屈服一样的屈服台阶；待荷载稳定后，持续加载，滑移增长迅速，挠度也随之迅速增大，最终试件因挠度超出跨度的 1/50 而宣告破坏。与 2.0m 跨度试件相比，3.4m 跨度试件的跨高比为 22.6，而 2.0m 跨度试件的跨高比为 11.1，3.4m 跨度试件的抗弯刚度较小，故变形能力较好；承载力较低，纵向剪切应力也较小。结合试验现象及变形曲线可以看出，端部栓钉锚固的 3.4m 跨度开口型组合板具有较好的承载能力和延性性能。

（2）大跨度组合板试件

图 3-19 和图 3-20 分别为 4.8m 和 6.0m 跨度开口型组合板试件的荷载-跨中挠度及荷载-端部最大滑移关系曲线。对比图 3-19（a）和图 3-20（a）可以看出：端部有无栓钉锚固措施，初始阶段的受力状态基本相似；随着竖向荷载的增加，压型钢板与混凝土界面粘结作用均逐渐削弱；无端部锚固组合板试件随着压型钢板与混凝土界面粘结作用的破坏，承载能力明显下降，持续加载，跨中挠度增长迅速，承载能力得到一定恢复，但增长有

限，试件破坏时显示出良好的延性性能；而端部锚固组合板试件由于栓钉的存在，抑制了压型钢板与混凝土界面的滑移，间接提高了压型钢板与混凝土之间的相互作用，并且随着荷载的增加，栓钉的作用在一定程度上缓解了界面粘结作用的破坏进程，其承载能力较无端部锚固措施试件有了明显的提高，破坏时和端部无栓钉锚固试件相同，均属于跨中挠度控制的延性破坏。对于 4.8m 和 6.0m 大跨度组合板来说，开口型组合板试件的承载力完全依赖于端部锚固的强弱，端部锚固措施越强，压型钢板与混凝土界面相互作用的能力越强，压型钢板及混凝土的强度利用率越高，承载能力越强；而端部无锚固组合板承载能力完全依赖于压型钢板与混凝土界面的粘结作用，一旦粘结作用破坏，压型钢板与混凝土界面的相互作用能力明显减弱，界面产生滑移，此时压型钢板与混凝土材料的强度利用效能也明显降低，承载能力相比端部锚固组合板试件明显偏弱；4.8m 跨度端部锚固试件 OBⅢ-2 较无端部锚固试件 OBⅢ-1 的承载力提高了 41.7%，6.0m 跨度端部锚固试件 OBⅣ-2 较无端部锚固试件 OBⅣ-1 的承载力提高了 31.3%。对于跨高比较小的端部锚固组合板试件，其初始截面抗弯刚度明显增强，承载能力也较跨高比较大的试件明显提高，试验过程中峰值荷载所对应的跨中挠度也明显减小。经计算得到，4.8m 跨度试件 OBⅢ-3 比试件 OBⅢ-2 的承载力提高了 32%，而 6.0m 跨度试件 OBⅣ-3 比试件 OBⅣ-2 的承载力提高了 16.4%。

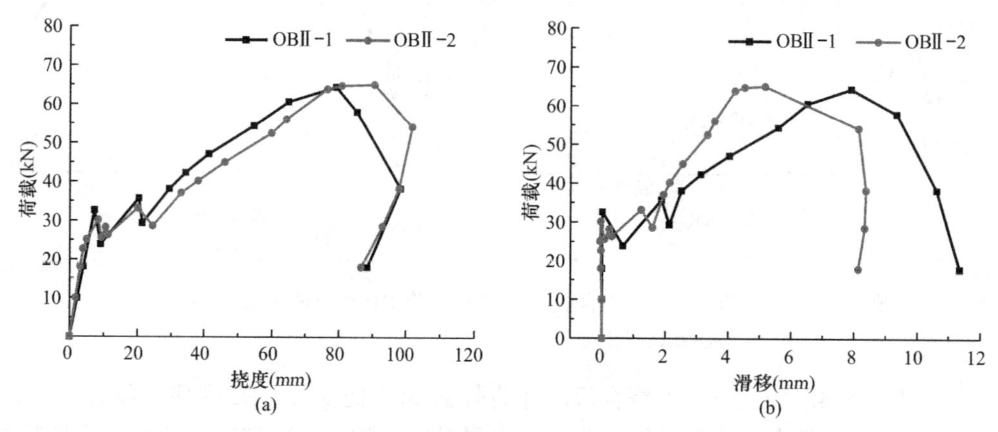

图 3-18　3.4m 跨度开口型组合板试件的荷载-跨中挠度及荷载-端部滑移曲线

（a）荷载-跨中挠度曲线；（b）荷载-端部滑移曲线

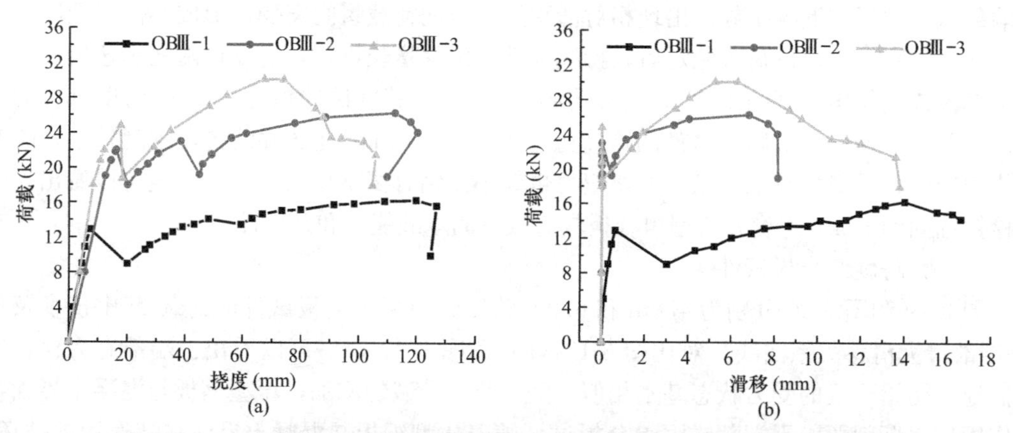

图 3-19　4.8m 跨度开口型组合板试件的荷载-跨中挠度及荷载-端部滑移曲线

（a）荷载-跨中挠度曲线；（b）荷载-端部滑移曲线

从图 3-19（b）和图 3-20（b）的荷载-端部最大滑移曲线可以看出，随着荷载的增大，端部无锚固组合板试件一旦出现滑移，其承载能力会显著降低，端部滑移持续增大，随着界面内力重分布以及相互作用的加强，其承载力得到一定程度的恢复，但增长有限，这是由于压型钢板与混凝土界面的滑移主导了组合板试件的承载能力；端部锚固组合板试件的延性破坏特征明显，端部最大滑移与外荷载的大小有关，栓钉的锚固作用使得试件的承载能力和延性性能均得到明显改善，端部滑移的增长取决于外荷载的增加。对于跨高比较小的试件，初始截面刚度明显增强，挠曲变形能力也随之增强，其抗滑移能力也比跨高比较大的试件有了一定程度的提高。

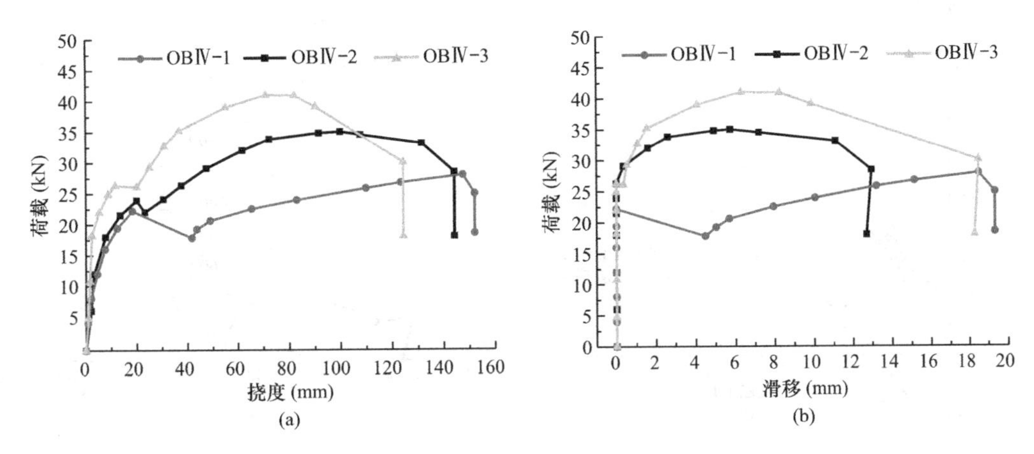

图 3-20　6.0m 跨度开口型组合板试件荷载-跨中挠度及荷载-端部滑移曲线

（a）荷载-跨中挠度曲线；（b）荷载-端部滑移曲线

综上可知，从荷载-跨中挠度关系和荷载-端部滑移关系曲线可以看出，相同跨度组合板试件无论端部是否采取锚固措施，各试件在初始阶段的受力状态相同，荷载-跨中挠度及荷载-端部滑移曲线基本重合，表明加载初期试件的变形及内力分布相差较小的原因在于试件的内力分布仅与其本身的几何特征及物理条件有关，而受试件内部构造影响不大；随着竖向荷载的增加，压型钢板与混凝土界面发生滑移，试件挠曲变形随荷载的增加而出现突变，说明试件界面粘结滑移的性能直接影响到其变形性能，而且滑移的大小也直接影响到混凝土与压型钢板协同工作的能力。

3.5.2　荷载-钢板应变曲线

通过对压型钢板的荷载-应变关系分析，了解大跨度组合板在外荷载作用下达到极限承载力时的应变发展规律。

（1）普通跨度组合板

对于普通跨度组合板试件，主要考虑了不同端部锚固条件及跨高比等因素对外荷载作用下压型钢板应力状态的影响。图 3-21 为跨高比较小的 2.0m 跨度试件在外荷载作用下压型钢板上、下翼缘的荷载-应变关系曲线。从图中可以看出，2.0m 跨度组合板试件在外荷载作用下开口型压型钢板下翼缘通常都能达到屈服状态，而不同组合板上翼缘的应力状态则显示出明显的不同，可能受拉也可能受压，通常情况很难达到屈服。由无端部栓钉锚固组合板 OBⅠ-1 的荷载-应变关系曲线可以看出，其压型钢板下翼缘受拉，当达到极限荷载时，上翼缘也处于受拉状态，这表明压型钢板与混凝土界面接触良好，此时共同受力；一旦压型钢板与混凝土界面出现粘结破坏，界面的传力机制也会瞬间改变，两者之间的相互作用明显减弱，此时的混凝土已无法约束压型钢板的滑移，压型钢板发生弯曲变形，承担了部分弯矩，上翼缘转变成绕自身中性轴弯曲的受压区，原有的拉应变瞬间转变为压应变。而端部锚固组合板起始受力状态明显不同，从破坏荷载较大的试件 OBⅠ-3 可以看出，压型钢板与混凝土界面接触良好，虽然压型钢板上翼缘会间断处于受压状态，但随着荷载的增大，栓钉对压型钢板与混凝土界面的滑移起到很大的约束作用，间接提高了压型钢板与混凝土协同工作的能力，因此压型钢板上翼缘同下翼缘一样均处于受拉状态。

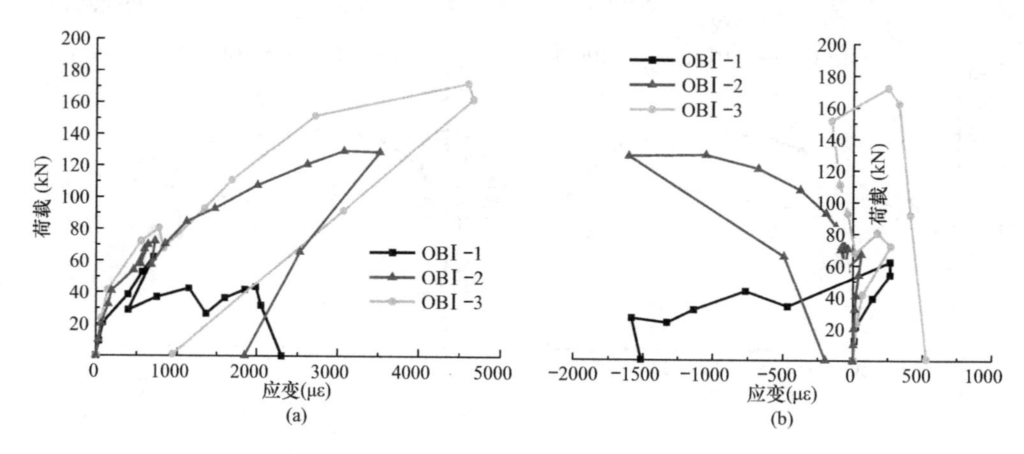

图 3-21　2.0m 跨度试件荷载-应变曲线

（a）下翼缘应变；（b）上翼缘应变

图 3-22 为 3.4m 跨度试件压型钢板在外荷载作用下的荷载-应变关系曲线。从图中可以看出，跨高比较大的普通跨度端部栓钉锚固组合板试件压型钢板下翼缘均达到屈服状态；加载至极限荷载时，压型钢板上翼缘均处于受拉状态，表明跨高比较大的普通跨度组合板在外荷载作用下，压型钢板与混凝土的界面相互作用良好，此时跨中截面压型钢板均处于受拉状态。

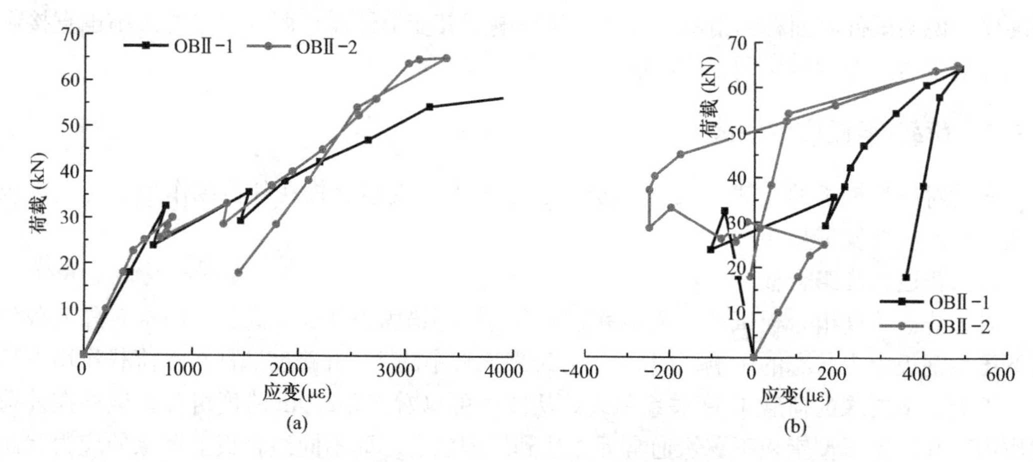

图 3-22　3.4m 跨度试件荷载-应变曲线

（a）下翼缘应变；（b）上翼缘应变

（2）大跨度组合板

大跨度开口型组合板以本试验 6.0m 跨度试件为例来说明压型钢板在外荷载作用下的应力随荷载变化的发展规律。

图 3-23 为 6.0m 跨度试件压型钢板在外荷载作用下的荷载-应变关系曲线。从图中可以看出，大跨度组合板无论压型钢板端部有无栓钉锚固措施，压型钢板下翼缘均达到受拉屈服状态，而上翼缘的应力表现则明显不同。端部无栓钉锚固组合板试件 OBⅣ-1 下翼缘应变达到屈服应变，相比端部锚固组合板试件，其应变发展明显偏小；上翼缘应变则表现为受压状态，表明端部无栓钉锚固的大跨度组合板试件在外荷载作用下，压型钢板与混凝土界面作用性能随着跨度的增大，界面的作用面增大，但界面的相互作用能力并没有明显增强；界面滑移后压型钢板与混凝土的粘结作用性能明显下降，压型钢板和混凝土除了共同承担外荷载作用下的弯矩，还要承担绕自身中性轴的弯矩作用，故降低了压型钢板与混凝土的相互作用性能。端部锚固组合板试件在外荷载作用下栓钉的存在增强了界面的相互作用性能，但由于锚固端传递路径较长，栓钉对混凝土和压型钢板的约束作用并没有全部发挥出来，界面滑移的累积造成压型钢板与混凝土界面相互作用能力明显减弱。压型钢板在外荷载作用下上翼缘应力的发展与普通跨度试件相比较弱。

同时，增大组合板的厚度或减小组合板的跨高比对大跨度组合板压型钢板的应变也有显著的影响。试件的压型钢板与混凝土界面在发生滑移之前，整体作用表现比较明显，压型钢板的应变增长相比薄板更加明显；界面发生滑移之后，压型钢板的应力发展明显滞后，应变的增长有赖于外荷载的增加，压型钢板在相同的应力状态下，厚板承载力明显比薄板高，表明大跨度组合板增加楼板的厚度对其承载能力有明显的增强作用。

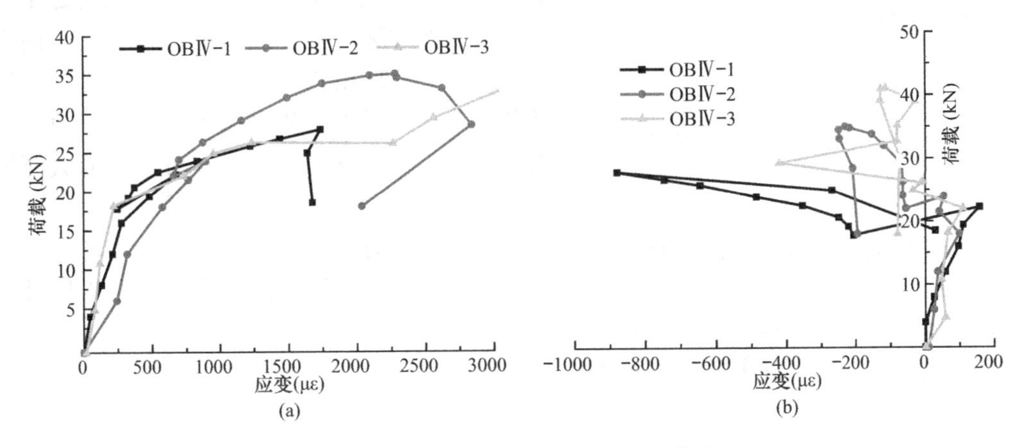

图 3-23　6.0m 跨度试件荷载-应变曲线

（a）下翼缘应变；（b）上翼缘应变

3.5.3　荷载-混凝土应变曲线

图 3-24 和图 3-25 分别为 2.0m 和 3.4m 普通跨度试件的荷载与跨中受压区混凝土应变关系曲线。从图中可以看出，在组合板端部无论是否采取栓钉锚固措施，对普通跨度组合板而言，当外荷载达到极限荷载时，跨中受压区混凝土的应变均达到极限压应变 0.0033，从加载过程中可以清楚看到，组合板的受压区混凝土没有出现压碎现象。同等条件下，试

件 OBⅠ-2 极限荷载对应的跨中受压区混凝土应变比试件 OBⅠ-3、OBⅡ-1 偏大；结合荷载-挠度曲线可以看出，荷载一定的条件下，跨中挠度越大，表明试件弯曲变形越大，混凝土开裂越明显，受压区高度明显减小，受压区混凝土承受的压力也就越大。

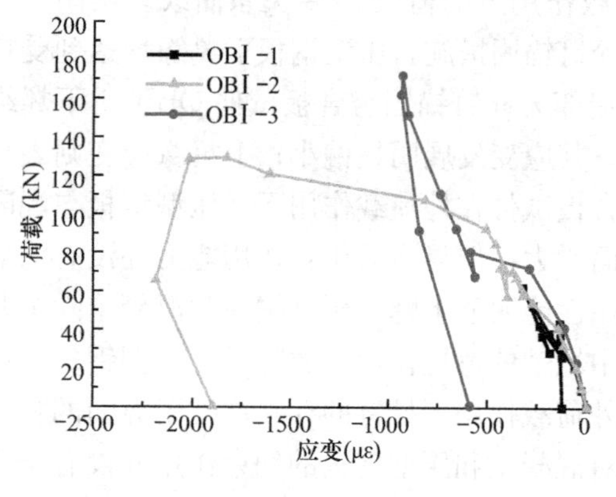

图 3-24　2.0m 跨度荷载-混凝土应变

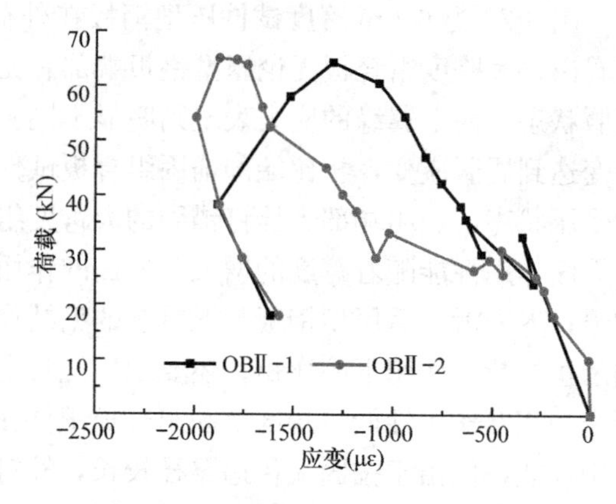

图 3-25　3.4m 跨度荷载-混凝土应变

图 3-26 为 6.0m 大跨度组合板试件加载过程中竖向荷载与跨中受压区混凝土应变关系曲线。从图中可以看出，开口型大跨度组合板试件在外荷载作用下，受压区混凝土的应变均未达到极限压应变；相比于短跨无栓钉锚固厚板试件，大跨度有栓钉锚固试件的受压区混凝土应变发展缓慢，大跨度无栓钉锚固试件的受压区混凝土发展明显加快，主要原因是小跨度厚板试件破坏时属于明显的脆性破坏，而大跨度试件则呈现出良好的延性特征；小跨度厚板在外荷载作用下受压区高度较大，承载力却相对偏低，破坏时的应力分布较小，而大跨度试件发生延性纵向剪切破坏，承载力较低，但破坏时混凝土的受压区高度明显减小，受压区边缘的压应变随之增大。大跨度组合板试件界面厚度的增加，可使其截面刚度增强，但变形能力较跨高比较小的试件要弱一些，而受压区边缘混凝土应变的增加主要取决于外荷载的大小。

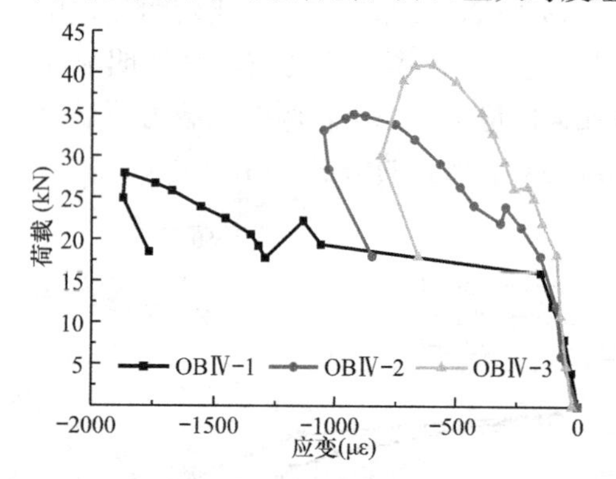

图 3-26　6.0m 跨度荷载-混凝土应变

3.6　受力全过程分析

为了更好地分析大跨度组合板的受力性能，了解其在外荷载作用下的受力机理，选取端部无栓钉锚固组合板 OBⅣ-1 和端部栓钉锚固组合板 OBⅣ-2 分别进行描述。从前述对开口型组合板试验过程及试验结果的分析可以看出，短跨厚板端部无锚固试件均发生脆性纵向剪切破坏；而端部增加栓钉锚固时，均发生延性纵向剪切破坏，且其破坏主要受加载点主裂缝的控制。大跨度组合板的破坏模式相比普通跨度组合板有明显区别，主要体现在无论端部有无栓钉锚固，均发生延性纵向剪切破坏，且其极限承载力受跨中挠度的控制。

图3-27为大跨度端部无栓钉锚固组合板受力全过程的荷载-挠度及荷载-滑移曲线。可以看出，在外荷载达到开裂荷载P_{cr}之前，组合板处于弹性受力阶段或弹塑性受力阶段，压型钢板与混凝土界面无明显滑移产生，组合板处于完全粘结作用状态；随着荷载的增大，组合板跨中区域裂缝增多，跨中挠度增长明显加快，塑性变形发展迅速；当外荷载持续增大时，压型钢板与混凝土界面出现明显的相对滑移，界面集聚的能量瞬间释放，荷载突然下降并处于稳定状态；持续加载，组合板最终因跨中挠度过大而发生破坏，并呈现出良好的延性性能，图中P_s和P_u分别为试件的滑移荷载和极限荷载。

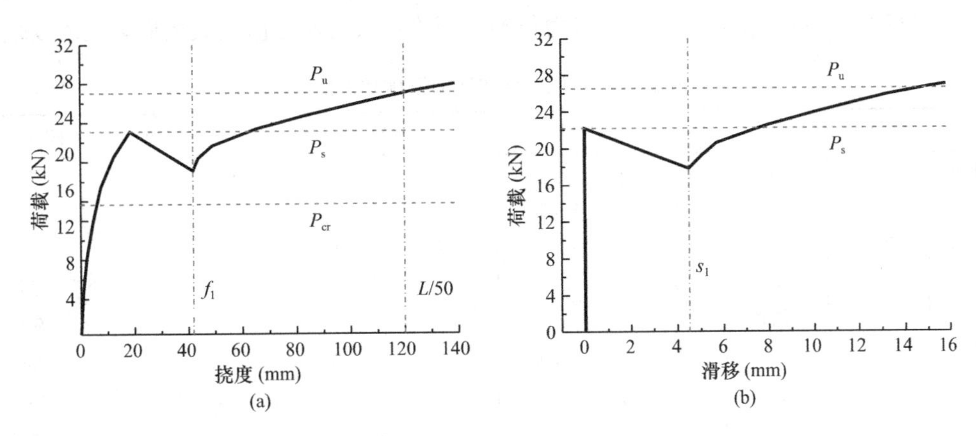

图3-27　OBⅣ-1受力全过程

（a）荷载-挠度关系；（b）荷载-滑移关系

图3-28为端部栓钉锚固组合板试件受力全过程的荷载-挠度及荷载-滑移曲线。可以看出，达到开裂荷载之前，试件OBⅣ-2和OBⅣ-1的受力过程没有太大区别；由于栓钉的锚固作用，OBⅣ-2的端部滑移荷载明显比OBⅣ-1滞后，滑移荷载P_s有了明显的提高；从出现滑移之后的受力过程来看，端部栓钉锚固对组合板的滑移具有明显的抑制作用，承载能力也得到一定程度的提高，间接强化了压型钢板与混凝土界面的相互作用；加载后期，组合板的承载力与滑移均稳步增长，最终因跨中挠度过大而发生明显的延性破坏。

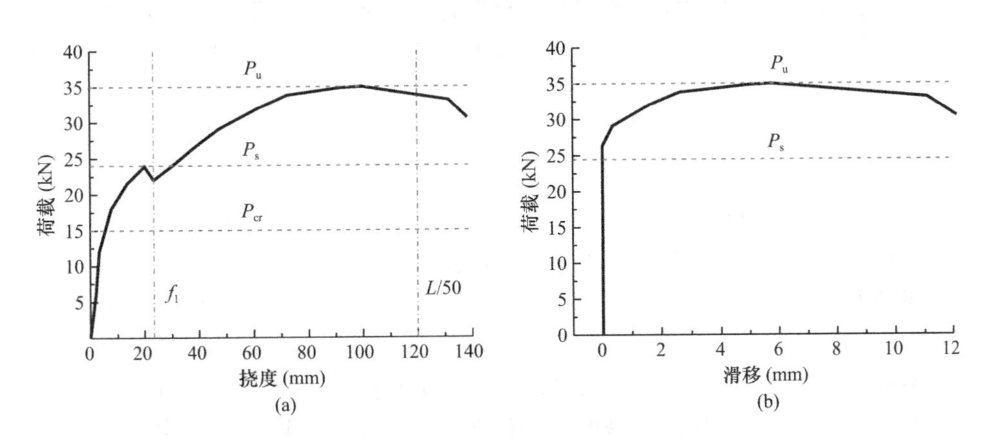

图3-28　OBⅣ-2受力全过程

（a）荷载-挠度关系；（b）荷载-滑移关系

3.7 特征荷载及承载力分析

开口型组合板在竖向荷载作用下发生纵向剪切破坏，不同几何尺寸、端部锚固条件试件的破坏形态各不相同。通过试验观测及试验特征曲线分析，端部栓钉锚固组合板均发生延性纵向剪切破坏；端部无栓钉锚固组合板的破坏形态与剪跨比有直接关系，剪跨比越大试件的延性破坏特征越明显，剪跨比越小试件越容易发生脆性剪切破坏。开口型组合板试件在试验过程中的特征荷载、实测承载力与塑性理论承载力对比值及破坏形态见表 3-2。

开口型组合板试件实测值及破坏形态　　表 3-2

试件编号	P_{cr}(kN)	P_s(kN)	P_u(kN)	M_u(kN·m)	M_p(kN·m)	M_u/M_p	f(mm)	s(mm)	破坏形态
OBⅠ-1	38.3	57.5	62.2	16.9	52.8	0.32	3.5	12.0	脆性
OBⅠ-2	41.2	62.1	142.5	36.9	52.8	0.7	31.6	7.5	延性
OBⅠ-3	50.0	74.8	171.8	44.3	52.8	0.84	32.2	3.6	延性
OBⅡ-1	32.0	35.1	65.4	33.4	40.4	0.83	75.6	7.5	延性
OBⅡ-2	30.8	37.0	65.3	33.4	40.4	0.83	77.1	7.6	延性
OBⅢ-1	12.0	15.0	16.3	18.0	44.5	0.4	119.0	14.0	延性
OBⅢ-2	9.0	18.0	23.1	22.9	44.5	0.51	103.6	7.2	延性
OBⅢ-3	10.0	22.0	30.5	30.1	61.1	0.49	66.8	6.9	延性
OBⅣ-1	11.0	19.5	26.8	36.7	74.7	0.49	145.2	17.6	延性
OBⅣ-2	12.0	27.5	35.2	44.3	74.7	0.59	100.5	6.8	延性
OBⅣ-3	15.0	19.0	41.0	53.6	100.7	0.53	70.62	6.3	延性

注：P_{cr}为开裂荷载；P_s为滑移荷载；P_u为极限荷载；M_u为跨中极限弯矩；M_p为截面塑性抵抗矩；f为跨中最大挠度，s为端部最大滑移。

从极限荷载产生的弯矩 M_u 与塑性理论弯矩承载力 M_p 的比值 M_u/M_p 可以看出，端部锚固组合板试件的 M_u/M_p 值明显比无锚固组合板试件有所提高，但提高幅度不同，小跨度组合板试件提高程度比大跨度试件明显，说明大跨度组合板延长了压型钢板与混凝土截面的组合作用面积，增强了截面抗滑移能力和弯曲变形能力，间接提高了压型钢板与混凝土界面的组合作用，使得大跨度组合板试件破坏时呈现出良好的延性性能。

3.8 本章小结

本章共进行了 11 个开口型组合板试件足尺静载荷弯曲承载性能试验，研究了不同跨度、不同端部锚固条件以及跨高比等因素对组合板纵向抗剪性能的影响，分析了跨中挠度变形、端部最大滑移、跨中压型钢板及混凝土应变等随荷载变化的情况，得出如下主要结论：

（1）小跨度开口型端部无栓钉锚固厚板破坏时发生脆性纵向剪切破坏，而端部锚固组合板则发生延性纵向剪切破坏。大跨度组合板在外荷载作用下均发生延性纵向剪切破坏，破坏时压型钢板与混凝土界面因端部锚固条件的不同而发生不同程度的剪切粘结滑移。端部无锚固组合板试件破坏时，压型钢板与混凝土界面发生较大滑移，界面丧失粘结作用；端部栓钉锚固组合板试件破坏时，由于栓钉的锚固作用，压型钢板与混凝土的界面滑移得到明显改善，显示出良好的延性性能。

(2) 端部设置栓钉锚固的组合板，其压型钢板与混凝土界面的相互作用能力得到明显加强，承载力提高的幅度与组合板试件的跨高比有直接关系。跨度较小的厚板试件，其承载力有了大幅度的提高，破坏形态也有了明显的改善；大跨度组合板试件承载力的提高也很明显，均达到30%以上。

(3) 所有组合板试件破坏时压型钢板下翼缘均发生屈服，上翼缘的应力状态与组合板端部锚固条件有直接关系，端部锚固组合板压型钢板上翼缘均处于拉应力状态，而端部无栓钉锚固组合板破坏时压型钢板上翼缘均处于压应力状态。跨度较小试件破坏时跨中压型钢板上翼缘及腹板均发生局部屈曲现象，而大跨度试件破坏时则未发现跨中压型钢板屈曲。组合板破坏时混凝土受压区均未达到极限压应变，且所有试件破坏时均未发生受压区混凝土压碎现象。

(4) 通过对大跨度组合板受力全过程分析可以看出，无论是端部锚固组合板还是端部无锚固组合板，在外荷载作用下均经历了开裂前的弹性或弹塑性变形阶段、开裂后的界面滑移阶段及破坏阶段三个受力过程，且不同端部锚固条件组合板在前两个阶段表现类似，但破坏阶段表现则有所不同。

(5) 从组合板极限弯矩与塑性弯矩对比来看，组合板试件 M_u/M_p 值的大小受端部锚固条件影响明显，且相比大跨度试件，较小跨度的端部栓钉锚固试件 M_u/M_p 值的提高幅度更加显著。

第 4 章　闭口型组合板承载能力试验研究

4.1 引言

闭口型压型钢板是近年来中国建筑市场出现的一种新板型，因其独特的截面形式以及对钢板表面的加工处理，闭口型压型钢板形成了自己独特的市场优势。闭口型压型钢板的主要优点在于其独特的截面形式使得其与混凝土界面具有良好的相互作用性能；较低的截面中性轴提高了压型钢板拉力与混凝土压力合力作用点的距离，材料强度发挥更加充分；完全闭合的闭口肋断面设计大大提高了组合板的防火性能；闭口型压型钢板具有良好的建筑功能，闭口型组合板底面平整美观，无需装饰就能很好的利用，还可以增大室内的净空高度。现有文献记录对闭口型组合板的研究同开口型组合板一样，主要研究了压型钢板与混凝土界面的纵向抗剪性能，研究跨度仅限于较小的楼板跨度，目前尚未有对闭口型大跨度组合板的研究资料。本章对 11 个闭口型简支组合板进行了弯曲静载荷试验，研究内容涵盖了较小跨度、较大跨度厚板和薄板试件，主要研究大跨度组合板试件在外荷载作用下的承载能力以及破坏形态，并深入研究闭口型组合板的纵向抗剪性能。通过对闭口型组合板试件受力过程的描述、试验数据整理，分析了不同跨度组合板试验的荷载-跨中挠度曲线、荷载-端部滑移曲线以及压型钢板与混凝土应力应变随荷载变化规律；研究了端部锚固条件及跨高比对闭口型组合板承载能力的影响，为大跨度组合板设计及研究提供必要的技术支持。

4.2 试件设计及制作

4.2.1 试件设计

依据闭口型组合板试验目标要求，试验组合板全部采用行家钢承板（苏州）有限公司生产的 DB65-185 闭口型压型钢板，组合板截面设计如图 4-1 所示。闭口型压型钢板表面特征与开口型或缩口型钢板明显不同，开口型及缩口型通常在压型钢板表面加工压痕或凸出，以增强压型钢板与混凝土界面的相互作用能力，而闭口型压型钢板除了其截面形状采用完全密合的闭口肋断面设计外，闭合肋中部还进行了切口处理，通过切口透浆手段，在压型钢板与混凝土界面形成微型剪力键来增强压型钢板与混凝土的相互作用能力。闭口型压型钢板闭合肋表面特征如图 4-2 所示。

同开口型组合板试件设计相同，设计跨度包括 2.0m、3.4m、4.8m 和 6.0m 共计四组，11 块足尺组合板试件。试验加载方式、加载制度、考查对象、研究内容等均与第 3 章开口型组合板相近。

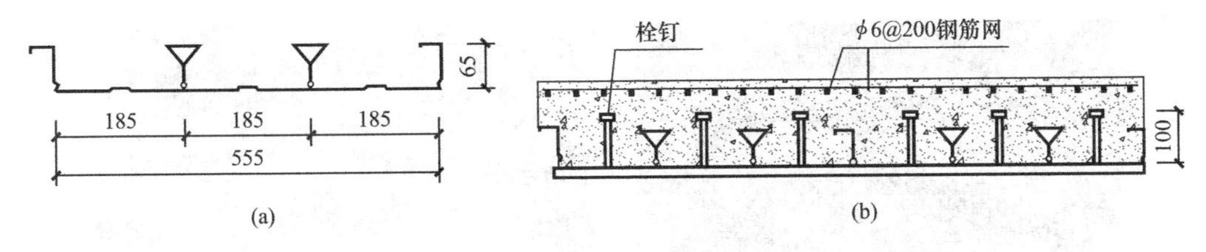

图 4-1　组合板截面设计

(a) DB65-185 型压型钢板；(b) 闭口型组合板试件端部锚固详图

基于试验目标和内容，试件设计尺寸和参数见表 4-1。试件混凝土强度等级、压型钢板厚度，以及试件支座预留长度、混凝土受压区布置构造钢筋网片、端部锚固栓钉等均与开口型试件相同。试件设计宽度为两块压型钢板横向拼接的宽度，端部锚固组合板试件的栓钉焊接在压型钢板的凹槽内，每槽一根。栓钉焊接方式同开口型，焊透压型钢板与 12mm 厚支座钢板焊接在一起。

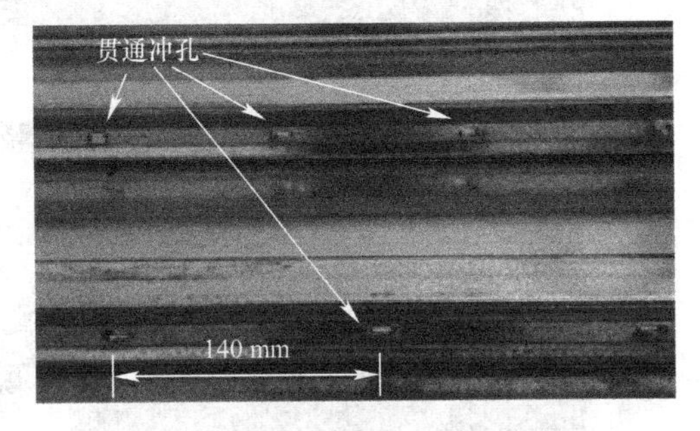

图 4-2　闭口型压型钢板闭合肋表面特征

试件设计尺寸和参数　　表 4-1

序号	试件编号	跨度（mm）	钢板厚度（mm）	组合板厚度（mm）	剪跨比	栓钉锚固	附加受拉钢筋
1	CBⅠ-1	2000	1.0	180	3.2	无	无
2	CBⅠ-2	2000	1.0	180	3.2	D19	无
3	CBⅠ-3	2000	1.0	180	3.2	D19	无
4	CBⅡ-1	3400	1.0	150	8.0	D19	无
5	CBⅡ-2	3400	1.0	150	8.0	D19	无
6	CBⅢ-1	4800	1.0	160	10.4	无	无
7	CBⅢ-2	4800	1.0	160	10.4	D19	无
8	CBⅢ-3	4800	1.0	200	8.1	D19	无
9	CBⅣ-1	6000	1.0	200	10.1	无	无
10	CBⅣ-2	6000	1.0	200	10.1	D19	无
11	CBⅣ-3	6000	1.0	250	7.9	D19	无

4.2.2　试件制作

本章涉及的所有进场材料力学性能测试见第 2 章，在此不再赘述。试件制作内容除了开口型组合板试件制作内容外，还包括了压型钢板的拼接作业。开口型组合板试件宽度为单块压型钢板的出厂宽度，而闭口型试件宽度为两块压型钢板横向拼接，如图 4-3 所示。

闭口型组合板试件制作环节包括：钢筋网的下料及绑扎、模板的支座及固定、栓钉的焊接、混凝土的浇筑与养护等，均同第 3 章开口型组合板。压型钢板应变片的粘贴如图 4-4 所示。

(a) (b) (c) (d)

图 4-3 压型钢板的拼接

(a) 进场压型钢板；(b) 压型钢板拼接；(c) 压型钢板拼接固定；(d) 自攻钉固定

图 4-4 压型钢板应变片的粘贴

4.3 试验加载及测点布置

闭口型组合板试验加载装置及位移量测同第 3 章开口型组合板。方案 2.0m 跨度试件采用图 3-6（a）的四分点加载装置，其余试件均采用五分点等距四点加载装置，如图 3-6（b）所示。加载制度沿用第 3 章开口型试件的单调分级加载制度。闭口型组合板试件静载荷试验量测内容及数据采集同第 3 章开口型试件没有区别，但闭口型以其独特的截面形式，应变量测稍有不同，除了量测压型钢板各加载点及跨中下方钢板的应变以外，还量测了跨中及加载点下方压型钢板闭合肋和上翼缘倒三角斜边的应变，如图 4-4 所示。闭口型组合板试验过程中的位移传感器布置如图 3-9～图 3-10 所示，混凝土应变片布置如图 3-7（b）和图 3-8（b）所示，均与第 3 章开口型试件相同。压型钢板应变片布置如图 4-5 所示。

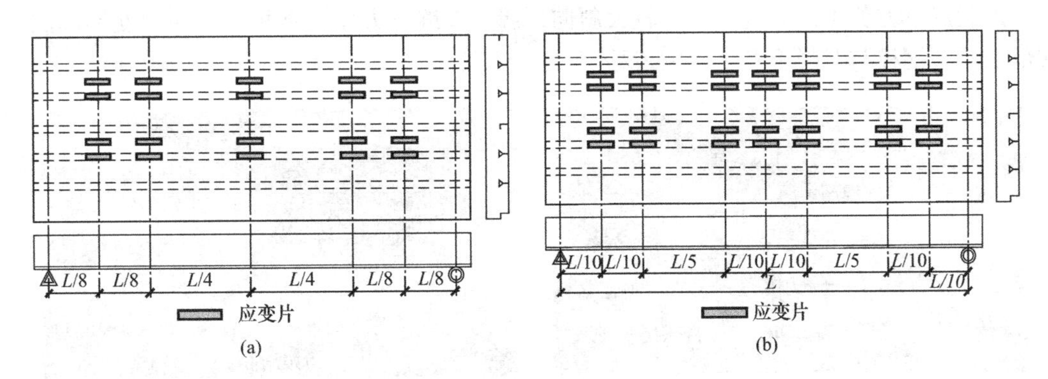

图 4-5 压型钢板应变片布置图

（a）四分点应变；（b）五分点应变

4.4 试验现象及破坏形态

大跨度闭口型组合板试验共计 11 个试件，分别考虑了端部锚固条件、跨度及跨高比等因素对组合板受力性能的影响。为了更好地体现闭口型试件在外荷载作用下的试验现象和破坏形态，同开口型组合板试验一样，分别对端部无栓钉锚固及端部栓钉锚固组合板试件的试验过程及破坏形态进行描述。

4.4.1 端部无栓钉锚固组合板

闭口型端部无栓钉锚固组合板共设计了 3 个试件，跨度分别为 2.0m、4.8m 及 6.0m，试件编号分别为 CBⅠ-1、CBⅢ-1 和 CBⅣ-1。根据试验过程中的试验现象和破坏形态，分别对三种跨度的试件进行描述。

CBⅠ-1 为闭口型组合板试件中跨度最小的端部无锚固组合板试件，试验过程严格按照事先设计的加载制度进行。图 4-6 为 CBⅠ-1 破坏形态图。

加载初期，CBⅠ-1 试件的荷载-挠度曲线显示出良好的弹性变形性能，跨中挠度随荷载稳步增长；加载至 23.2kN 时，试件传来轻微的脆响，表明在外荷载作用下，此时压型钢板与混凝土界面薄弱位置的粘结作用发生轻微的损伤；随着荷载的持续增加，荷载-挠度曲线仍显示出较好的线性变形特征；持续加载至 65.0kN 时，伴随着清脆的声响，试件跨中位置出现一条竖向裂缝；继续加载，加载点下方和跨中陆续有新的裂缝产生，并随着荷载的增加，裂缝向试件受压区边缘方向发展，右侧加载点下方剪跨区裂缝逐渐形成向受压区不断开展的主裂缝；加载至 250.0kN 时，加载点下方的主裂缝开始向跨中方向的斜上方发展；当加载至 310.0kN 时，伴随着连续清脆的声响，压型钢板与混凝土界面不断有混凝土脱落，同时压型钢板与混凝土界面出现明显的纵向剪切裂缝，并很快贯通至试件两端，试件端部压型钢板与混凝土界面也出现明显的滑移现象；随着荷载的持续增长，加载点附近的主裂缝宽度不断增大，加载至 350.0kN 时，裂缝最大宽度达到 0.7mm，跨中挠度增长速度明显加快；持续加载至 399.0kN 时，伴随着较大的声响，跨中挠度迅速增长，主裂缝迅速增大，加载端荷载迅速降低，试件丧失承载能力，宣告破坏。试件破坏时，加载点下方剪跨区混凝土发生较大斜向裂缝，裂缝下方压型钢板发生屈曲变形，试件端部的压型钢板与混凝土发生较大滑移。

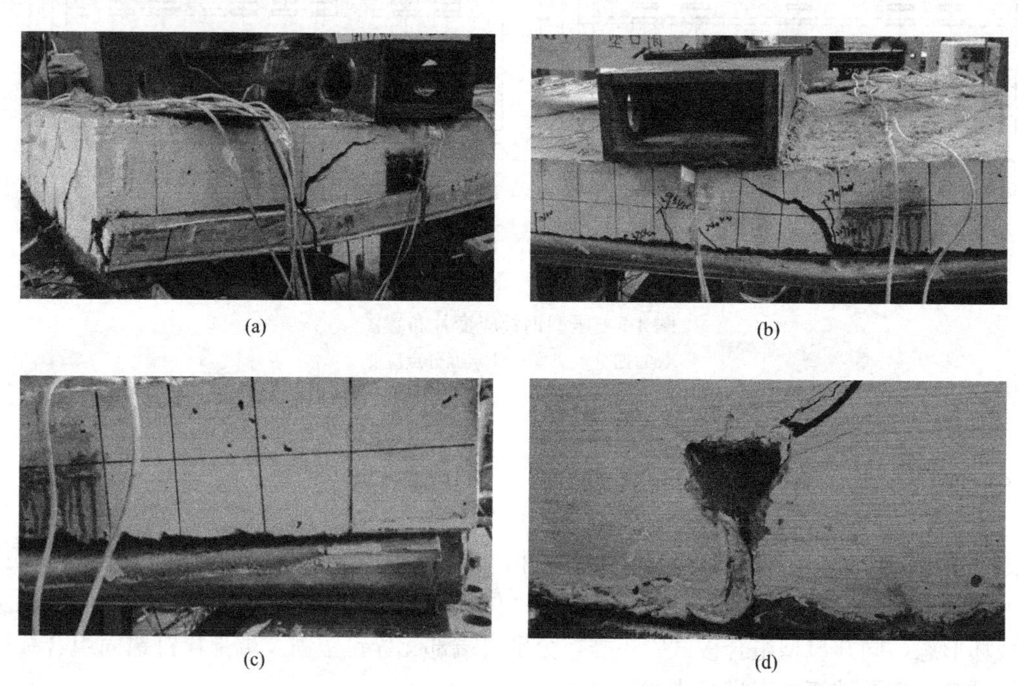

图 4-6　CBⅠ-1 破坏形态

(a) 正面加载点剪切裂缝；(b) 背面加载点剪切裂缝；(c) 板端边缘界面相对滑移；(d) 板端闭口肋板相对滑移

CBⅢ-1 和 CBⅣ-1 为两块大跨度端部无锚固组合板试件，从试验过程来看，两者呈现出类似的试验现象和破坏形态。以跨度较大的 CBⅣ-1 试件来说明大跨度无端部锚固组合板试件的试验现象及破坏过程。加载至 22.7kN 时，试件传出轻微的脆响，未发现有明显的裂缝产生，表明试件在外荷载作用下，压型钢板与混凝土界面的粘结作用出现轻微的损伤现象；加载至 25.0kN 时，试件传出清脆的声响，跨中加载点 3 和加载点 4 之间的混凝土出现轻微的竖向开裂现象；随着竖向荷载的持续增加，试件不断有轻微的清脆声响，外荷载达到 38.1kN 时，跨中多处混凝土出现较为明显的开裂现象，裂缝随着荷载的增加缓慢向混凝土受压区边缘方向发展；持续加载，跨中挠度随着荷载的增加而平稳增大，此时支座端部压型钢板与混凝土界面接触良好，未发现有明显的滑移现象；加载至 78.5kN 时，跨中挠度增长速度明显加快，试件两侧压型钢板与混凝土界面出现微小的纵向裂缝，但未发现有外鼓现象；加载后期，跨中挠度增长迅速，加载端荷载增长缓慢，当荷载达到 85.0kN 时，跨中挠度已超过跨度的1/50，加载端荷载明显下降从而宣告试件破坏。试件破坏时除了跨中挠度过大，未发现有明显过大的主导裂缝，端部压型钢板与混凝土界面也没有发现明显的相对滑移现象，CBⅣ-1试件破坏现象如图 4-7 所示（图示数值未考虑加载设备的重量）。

(a)　(b)　(c)

图 4-7　CBⅣ-1 试件破坏现象

(a) 开裂荷载；(b) 破坏荷载；(c) 试件破坏时形态

4.4.2　端部栓钉锚固组合板

闭口型端部锚固组合板试验考虑了 2.0m、3.4m、4.8m 和 6.0m 的跨度及跨高比的变化，不同跨度试件的破坏形态有所不同，可将试件分为两类：一类为 2.0m 跨度厚板试件，一类为跨高比相对较大的薄板试件。其中，跨度为 2.0m 试件的加载装置和其他三种跨度不同，采用的是四分点加载，且 2.0m 跨度试件的跨高比为 11.1，是这几组试件中最小值，其试验过程需要单独描述。作为对比性试件，3.4m 跨度试件与 4.8m 和 6.0m 跨度组试件均有跨高比相同的试件，且作为跨度相对较小的试件，应该单独描述其破坏过程及破坏形态。4.8m 和 6.0m 跨度试件的破坏过程及破坏形态基本类似，可将这两组试件放在一起来描述。

CBⅠ-2 和 CBⅠ-3 均为 2.0m 跨度端部设置栓钉锚固组合板试件，两个试件的各项技术参数均相同，破坏形态类似，以 CBⅠ-2 为例说明其试验现象和破坏形态。初始加载阶段，端部栓钉锚固试件 CBⅠ-2 与无锚固试件 CBⅠ-1 基本类似，试件跨中挠度随加载点荷载的增大呈线性发展，加载过程中试件偶尔会发出轻微的脆响，同 CBⅠ-1 试件一样，压型钢板与混凝土界面薄弱部位的受力变形引起局部粘结作用的损伤；随着荷载的持续增加，加载至 139.0kN 时，伴随着连续的清脆声响，加载点下方出现混凝土开裂现象；继续加载，试件传出间断清脆的声响，加载点下方混凝土裂缝不断向跨中斜上方混凝土受压区边缘发展；加载至 200.0kN 时，加载点下方裂缝形成了主裂缝，且裂缝宽度不断扩展；加载至 270.0kN 时，加载点下方压型钢板与混凝土界面出现明显的纵向裂缝，并随着荷载的增大向支座方向发展，直至裂缝贯通至板的两端，且试件端部边缘位置压型钢板与混凝土界面处出现明显的滑移及分离现象，同时加载点下方的钢板与混凝土界面出现明显的外鼓现象；加载至 400.0kN 时，加载点下方混凝土裂缝宽度不断增大，并伴随着压型钢板与混凝土界面连续的清脆声响；随着荷载持续增加至 520.0kN 时，试件的跨中挠度增长明显加快，两侧压型钢板与混凝土界面出现混凝土剥落现象；持续加载，随着一声较大的脆响，板底压型钢板发生断裂，加载点附近混凝土局部压碎，试件丧失承载能力，宣告破坏。CBⅠ-2 试件破坏时的形态如图 4-8 所示，加载点下方受压区边缘混凝土压碎，主裂缝延伸至整个试件的截面高度，且主裂缝位置处压型钢板板底出现断裂现象，试件端部压型钢板与混凝土界面出现较大的分离。

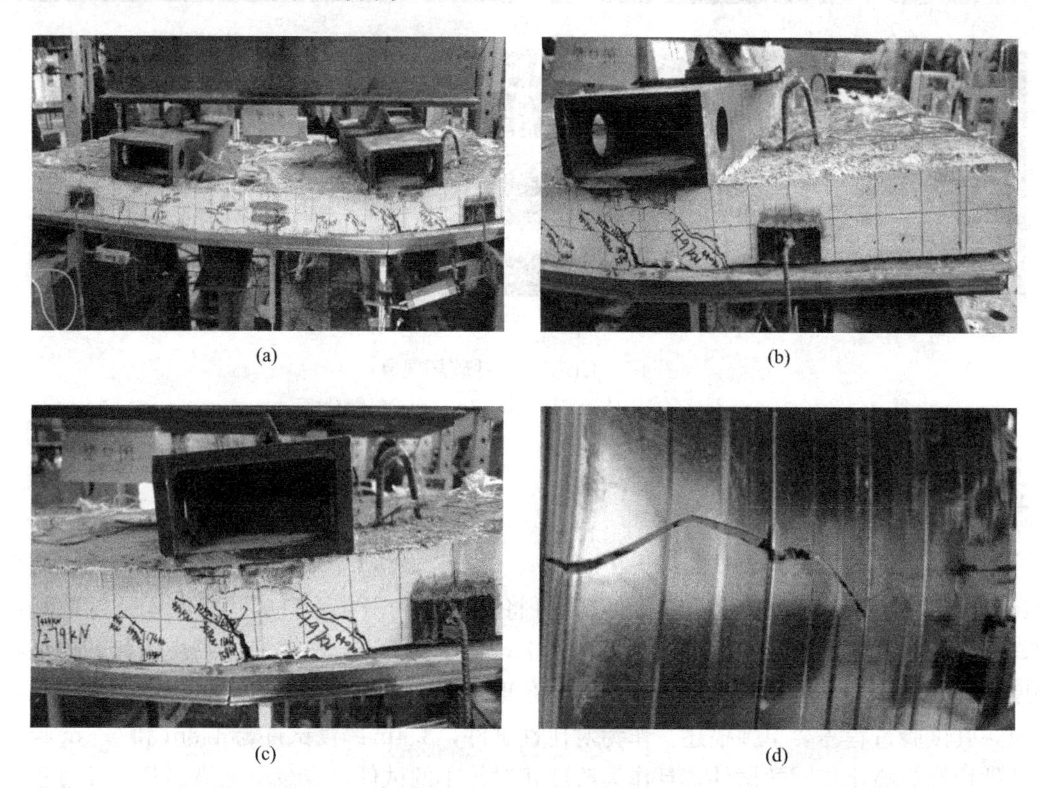

(a) (b) (c) (d)

图 4-8 CBⅠ-2 试件破坏形态

(a) 试件整体破坏形态；(b) 试件端部钢板与混凝土分离；(c) 混凝土压碎破坏；(d) 压型钢板板底断裂破坏

试件 CBⅡ-1 和 CBⅡ-2 的设计参数相同，均为 3.4m 跨度、跨高比相对较大的薄板试件，两个试件的破坏形态类似，以 CBⅡ-2 为例描述试件的试验现象及破坏过程。加载初始阶段，随着加载点荷载的增加，试件的跨中挠度稳步增长；加载至 35.9kN 时，试件传出清脆的连续声响，压型钢板与混凝土界面的粘结作用开始出现损伤破坏，仔细观察混凝土受拉区的变化，未发现有明显的裂缝产生；继续加载，不断有清脆的声响从试件中传出，且声响的大小和频次明显增加；加载至 115.0kN 时，伴随着较大的声响，跨中加载点 2 和 3 下方混凝土相继出现了两条微小裂缝；加载至 129.8kN 时，加载点 1 和 4 下方压型钢板与混凝土界面相继出现了纵向裂缝，并随着荷载的持续增大向支座方向延伸；继续增加竖向荷载，加载至 160.3kN 时，跨中出现多条竖向裂缝，加载点 1 和加载点 4 下方压型钢板与混凝土界面的纵向裂缝不断增加且延伸至板端，跨中挠度的增长有明显加快的趋势；当荷载达到187.0kN时，试件的跨中挠度增长迅速，板端边缘压型钢板向外鼓出，跨中混凝土裂缝向受压区边缘方向发展；持续加载至208.0kN时，试件的跨中挠度已超过组合板跨度的1/50，加载点荷载出现卸载现象，跨中受压区混凝土出现局部压碎现象，试件宣告破坏。试件发生破坏时，未发现明显的主裂缝和明显的端部滑移，压型钢板与混凝土界面未发生纵向裂缝贯通现象，且受压区混凝土未出现明显的压碎，试件破坏现象如图4-9所示。

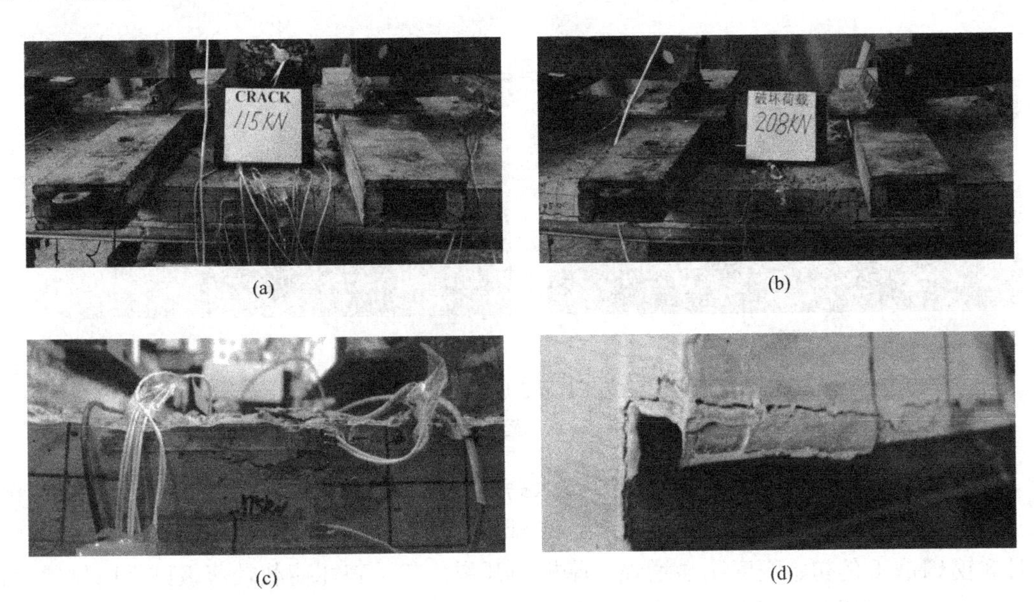

(a) (b) (c) (d)

图4-9 CBⅡ-2试件破坏现象

(a) 开裂荷载；(b) 破坏荷载；(c) 跨中混凝土压碎；(d) 板端边缘压型钢板开裂

4.8m和6.0m的大跨度闭口型端部栓钉锚固组合板试件同开口型一样，分别设计了跨高比为24和30的两组试件。跨高比不同，试件的破坏形态略有不同，相同跨高比试件的破坏形态类似。以跨度较大的6.0m试件CBⅣ-2为例，描述大跨度开口型试件的破坏过程，CBⅣ-2试件的破坏形态如图4-10所示，图中所示数值均包含了加载装置自重。试验加载初期，CBⅣ-2和端部无锚固组合板试件CBⅣ-1没有区别，尽管在加载过程中不时传出微弱清脆的声响，压型钢板与混凝土界面出现轻微的粘结损伤破坏，但并未影响到试件整体良好的弹性变形；加载至25.0kN时，伴随着清脆的声响，跨中加载点1和加载点4之间的混凝土受拉区出现了一条微小的裂缝；加载至43.1kN时，随着连续清脆的声响，加载点1和加载点4之间的跨中部位陆续有多条竖向裂缝产生，且随着荷载的增加缓慢向混凝土受压区边缘发展；加载至78.8kN时，加载点2和加载点3下方压型钢板与混凝土界面陆续出现新的纵向裂缝，原有的竖向裂缝宽度不断增加，跨中挠度增长明显加快；持续增加竖向荷载，试件的跨中挠度发展迅速；加载至88.0kN时，跨中最大裂缝宽度达到1.5mm，挠度已超过跨度的1/50，试件宣告破坏。破坏时，试件两端压型钢板与混凝土界面未发现明显的滑移迹象，跨中竖向裂缝分布均匀，且并无明显的主导裂缝产生，呈现出良好的延性性能。

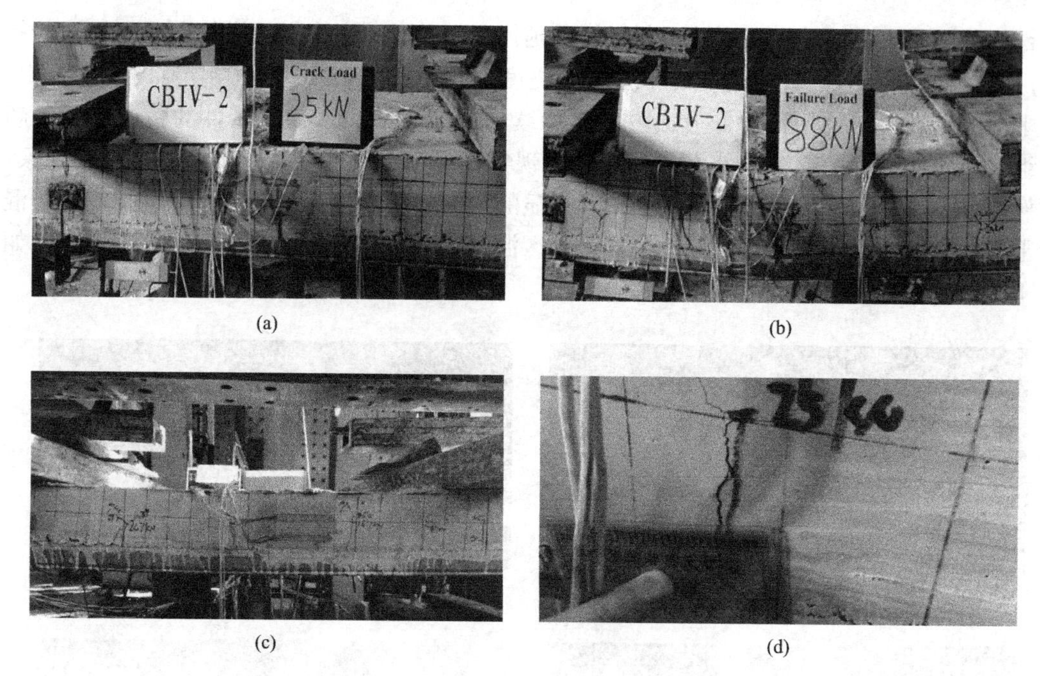

(a)

(b)

(c)

(d)

图 4-10　CBⅣ-2 试件破坏形态

(a) 开裂荷载；(b) 破坏荷载；(c) 跨中裂缝分布；(d) 最大裂缝宽度

CBⅢ-3 和 CBⅣ-3 分别为 4.8m 和 6.0m 大跨度闭口型跨高比均为 24 的厚板试件，从试验现象和破坏形态可以看出，跨高比为 24 和跨高比为 30 试件的主要区别在于，试验过程中 CBⅢ-3 较 CBⅣ-3 的初始刚度明显增强，厚板的开裂荷载及破坏荷载较薄板试件明显增大；相同点主要表现在破坏过程中跨中弯曲处裂缝分布均匀，破坏形态均属于跨中挠度过大而不适于继续承载的延性破坏，破坏时板端压型钢板与混凝土界面处均未发现明显的相对滑移现象。

4.5　试验结果分析

闭口型压型钢板试件的破坏模式与抗滑移特性和开口型组合板试件明显不同，开口型试件在荷载作用下主要以明显的纵向剪切破坏为主，而闭口型试件在发生破坏时所表现出的纵向剪切破坏特征并不明显，显示出良好的延性性能。

基于对 11 个闭口型组合板试件的试验现象、破坏形态和试验过程中各阶段特征荷载值的描述，以及对试验数据进行整理分析，描绘出组合板试件的荷载-跨中挠度关系、荷载-端部滑移关系、荷载-跨中钢板应变关系及荷载-混凝土应变关系曲线。并且为了更好地分析大跨度组合板试件的受力性能，将跨度较小的 2.0m 和 3.4m 试件定义为普通跨度试件，将跨度较大的 4.8m 和 6.0m 试件定义为大跨度试件，分别考虑不同跨度、端部锚固条件以及跨高比等影响因素并结合试验现象对各组试件的破坏形态和承载性能进行分析。

4.5.1　荷载-跨中挠度及荷载-端部滑移曲线

(1) 普通跨度组合板试件

图 4-11 为 2.0m 跨度闭口型组合板试件的荷载-跨中挠度及荷载-端部滑移曲线。闭口

型组合板因其独特的压型钢板截面设计和表面特征，有效增强了压型钢板闭合板肋与混凝土接触表面的机械咬合作用。从试验过程可以清晰地看到，无论端部有无栓钉锚固措施，试件在竖向荷载作用下均呈现出较好的承载能力，且破坏时显示出良好的延性性能。从图 4-11（a）可以看出，2.0m 跨度试件在加载初期，其荷载-挠度关系呈现出良好的整体弹性变形性能；随着竖向荷载的增加，无端部锚固措施的试件 CBⅠ-1 出现明显的整体塑性变形特征，跨中挠度增长明显加快，试件最终在加载点位置处发生斜截面剪切破坏；试件 CBⅠ-2 和 CBⅠ-3 均由于有栓钉的锚固作用，其整体弹性阶段明显延长，承载力也得到进一步提高，最终因加载点位置处的主裂缝开展过大、压型钢板断裂而发生破坏。试件 CBⅠ-2 和 CBⅠ-3 的极限承载力比试件 CBⅠ-1 分别提高了 26.0%和 35.3%。从图 4-11（b）可以看出，试件 CBⅠ-1 因端部无锚固措施，随着竖向荷载的增长，压型钢板与混凝土界面的滑移不断增大，压型钢板对混凝土的约束能力逐渐减弱，造成了局部混凝土受弯，最终由于剪跨区混凝土缺少约束而发生掀起剪切破坏；而试件 CBⅠ-2 和 CBⅠ-3 因端部设置栓钉锚固，大大增强了压型钢板与混凝土界面的相互作用能力，界面的滑移相比试件 CBⅠ-1 明显滞后，压型钢板与混凝土界面的相互作用更加协调，最终因混凝土开裂造成压型钢板出现局部应力集中而发生压型钢板断裂破坏，但设置栓钉锚固试件的承载能力得到大幅度提升；从各试件的破坏过程可以看出，无论端部有无栓钉锚固，试件均显示出良好的延性性能。

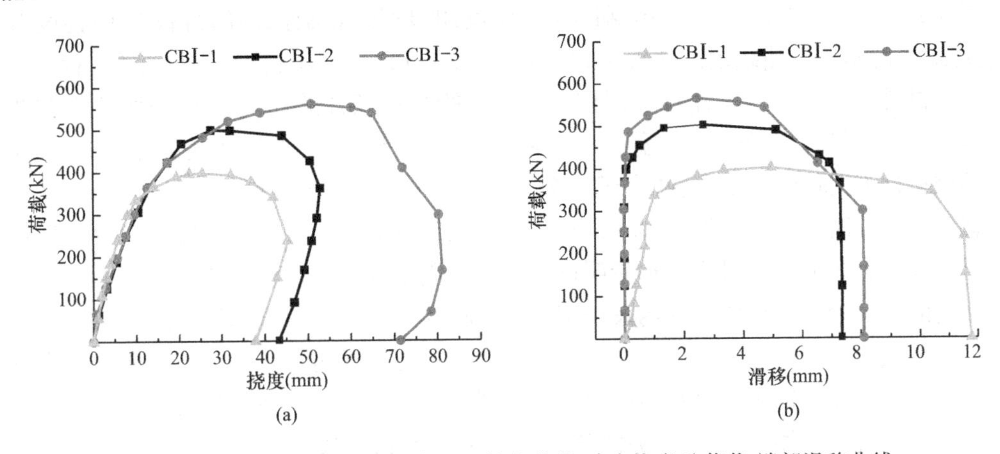

图 4-11　2.0m 跨度闭口型组合板试件的荷载-跨中挠度及荷载-端部滑移曲线
（a）荷载-跨中挠度曲线；（b）荷载-端部滑移曲线

CBⅡ-1 和 CBⅡ-2 的设计参数相同，均为 3.4m 跨度且跨高比相对较大的薄板试件。从试验过程可以看出，两个试件的破坏形态基本相同，均属于跨中挠度控制的延性破坏，承载能力相近；破坏时试件端部均出现比较明显的滑移现象，跨中裂缝分布均匀，主裂缝不明显。图 4-12 为试件 CBⅡ-1 和 CBⅡ-2 在竖向荷载作用下的荷载-跨中挠度及荷载-端部最大滑移曲线图。从图中可以看出，两个试件在加载初期均显示出良好的整体弹性特征，随着荷载的增加，试件整体进入弹塑性变形阶段，最终因跨中挠度过大而停止加载；由试件荷载-端部最大滑移曲线可以看出，试件处于弹性阶段时，其端部滑移很小，这是由于栓钉的锚固作用限制了混凝土和压型钢板之间的滑移，同时也约束了混凝土的变形，随着荷载的增大，端部压型钢板与混凝土界面的滑移也随之增加；由荷载-挠度曲线可见，尽管出现了滑移，但竖向荷载与跨中挠度仍处于良好的线弹性变形模式，当荷载达到极限荷载的80%时，随着跨中位置处混凝土裂缝的增加，试件的截面刚度明显削弱，跨中挠度增长迅速，最终因挠度过大而发生破坏，破坏时试件显现出了良好的延性特征。

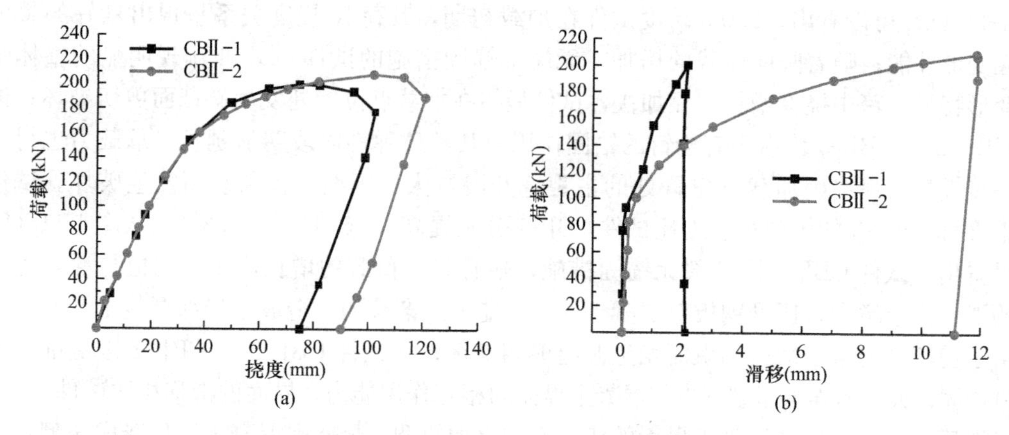

图4-12　3.4m跨度试件荷载-跨中挠度及荷载-端部滑移曲线

(a) 荷载-跨中挠度曲线；(b) 荷载-端部滑移曲线

(2) 大跨度组合板试件

图4-13和图4-14分别为4.8m和6.0m跨度闭口型组合板试件的荷载-跨中挠度及荷载-端部最大滑移关系曲线图。从图4-13 (a) 和图4-14 (a) 荷载-挠度曲线可以看出，两种跨度的试件无论端部有无栓钉锚固措施，相同跨高比试件的荷载-跨中挠度关系曲线均具有良好的同步性，且承载能力偏差并不明显。4.8m跨度端部栓钉锚固试件CBⅢ-2比端部无锚固试件CBⅢ-1的承载力提高了2.76%；6.0m跨度端部栓钉锚固试件CBⅣ-2比端部无锚固试件CBⅣ-1的承载力提高了3.53%。从图4-13 (b) 和图4-14 (b) 可以看出，端部无锚固组合板的板端最大滑移量明显比端部锚固组合板大，说明栓钉锚固对压型钢板与混凝土的界面滑移起到明显的约束作用。从滑移变化来看，无端部锚固组合板试件的滑移量随着荷载的增大持续增大，而端部锚固组合板只有荷载达到较大程度时才开始出现滑移，间接验证了端部锚固的存在不但增强了压型钢板与混凝土界面的相互作用性能，而且提高了截面的抗滑移能力。在荷载-滑移曲线中可以看到滑移出现负值，主要是由试件制作误差或安装误差造成板底与支座接触不密实使其受力不均匀引起的。

从图4-13 (a) 和图4-14 (a) 荷载-挠度曲线可以看出，当大跨度闭口型组合板增加截面厚度时，试件CBⅢ-3和CBⅣ-3的初始刚度相比跨高比较大的试件CBⅢ-2和CBⅣ-2明显增强，在荷载作用下的曲线弹性阶段明显延长，且试件的承载能力明显提高。从图4-13 (b) 和图4-14 (b) 荷载-端部滑移曲线可以看出，同样跨度和端部锚固措施的组合板，端部压型钢板与混凝土界面的相对滑移并未因为界面纵向剪力的增大而明显增大；相比同样栓钉锚固的薄板试件，试件处于整体弹性阶段时，其端部界面的滑移量增加并不明显，相比于端部无栓钉锚固试件，端部锚固条件对厚板抗滑移能力的提高作用更为明显；增加组合板的厚度，同等荷载条件下，厚板的抗滑移能力明显比薄板强，主要是因为厚板比薄板的刚度明显增大，厚板的曲率比薄板明显减小，压型钢板与混凝土界面的纵向剪切内力明显减小，间接地增强了厚板的抗滑移能力；试件处于极限状态时，厚板由于承载力的提高间接加大了压型钢板与混凝土界面的纵向剪切内力，进而引起端部滑移量的增大。

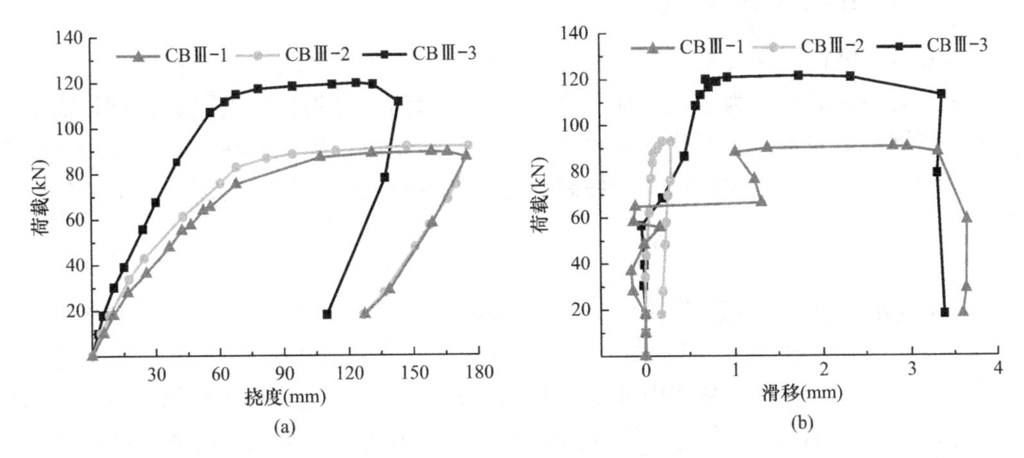

图4-13　4.8m跨度闭口型组合板试件的荷载-跨中挠度及荷载-端部滑移曲线
(a) 荷载-跨中挠度曲线；(b) 荷载-端部滑移曲线

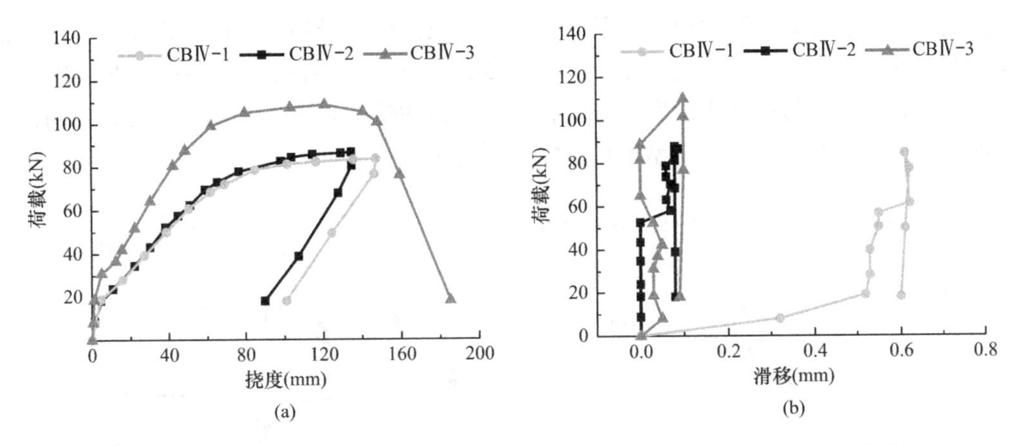

图4-14　6.0m跨度闭口型组合板试件的荷载-跨中挠度及荷载-端部滑移曲线
(a) 荷载-跨中挠度曲线；(b) 荷载-端部滑移曲线

由4.8m和6.0m闭口型大跨度组合板的试验曲线可以看到，随着压型钢板与混凝土界面相互作用面的加大，其纵向抗剪能力明显加强，端部最大滑移量在整个剪跨区域的平均值明显减小，延性性能明显提高。

综上可知，无论是普通跨度还是大跨度闭口型组合板，其破坏模式均呈现出延性破坏特征，且随着试件跨高比的增大，延性性能得到明显的改善。从破坏过程来看，相比开口型试件，闭口型试件压型钢板与混凝土界面的相互作用性能更加突出，承载能力也得到大幅度提高。从荷载-端部滑移关系曲线可以看出，不同跨度试件压型钢板与混凝土界面产生滑移时，试件均处于较高的荷载水平，且构件界面粘结滑移性能直接影响到其变形性能，滑移量的大小也直接影响到混凝土与压型钢板协同工作的能力。闭口型组合板试件随着跨度的增加，压型钢板与混凝土界面的作用面积随之增加，纵向抗剪能力增强，使得端部压型钢板与混凝土界面的滑移越来越小，压型钢板与混凝土界面相互作用的形式也越来越接近于弯曲粘结模式。

4.5.2 荷载-钢板应变曲线

闭口型压型钢板与混凝土良好的界面相互作用能力主要体现在端部抗滑移能力明显增强，承载力明显提高。为了更好地了解大跨度闭口型组合板试件的受力性能，需对组合板中压型钢板内力随荷载变化的规律进行分析，探索组合板试件在外荷载作用下压型钢板与混凝土内力的变化规律以及试件破坏时压型钢板板底钢板与肋顶钢板应变的发展水平。

（1）普通跨度组合板

普通跨度组合板试件着重考虑了不同端部锚固条件及跨高比等因素对外荷载作用下压型钢板应力状态的影响。图 4-15 为跨高比较小的 2.0m 跨度试件在外荷载作用下压型钢板底板的荷载-应变关系曲线。从图中可以看出，2.0m 跨度组合板试件压型钢板底板均达到屈服状态，而不同组合板闭合肋顶的应力状态则显示出明显的不同，可能受拉也可能受压；无端部栓钉锚固组合板 CBⅠ-1 在外荷载作用下，其纯弯段压型钢板底板受拉，加载至极限荷载时，压型钢板底板屈服，而闭合肋顶则由于压型钢板与混凝土界面滑移的影响，板底应变发展充分，肋顶由于混凝土的钳制约束作用，受到多向应力作用，由最初的受拉状态转变为受压状态，且达到受压屈服应变；端部栓钉锚固试件 CBⅠ-2 和 CBⅠ-3 由于栓钉的锚固作用，跨中纯弯段底板和闭合肋顶钢板均受拉屈服，这表明压型钢板与混凝土界面接触良好，共同受力，压型钢板整体达到受拉屈服。

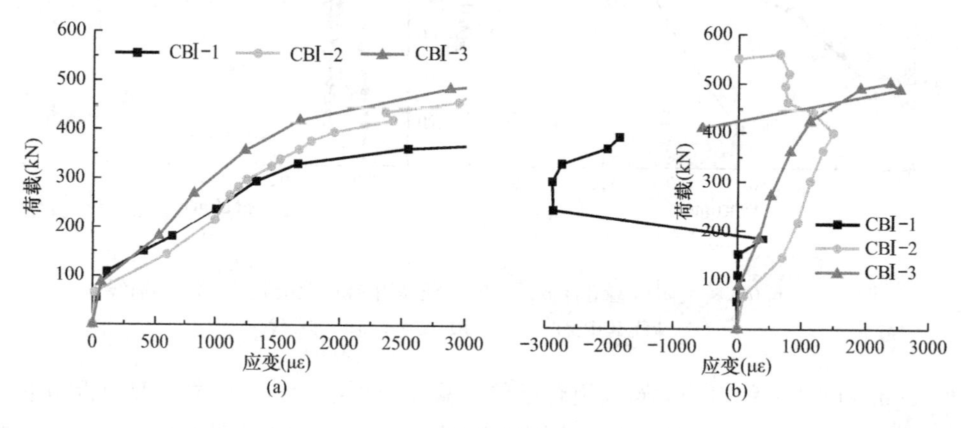

图 4-15　2.0m 跨度试件荷载-应变曲线

（a）底板应变；（b）肋顶应变

图 4-16 为 3.4m 跨度试件荷载-跨中钢板应变曲线，3.4m 跨度试件为普通跨度中薄板，由于端部栓钉锚固作用，在极限荷载作用下组合板板底和闭合肋顶钢板均受拉屈服。从图中可以看出，加载初期，底板钢板与闭合肋顶钢板的应变在外荷载作用下稳步增长；随着竖向荷载的增大，压型钢板发生屈服，结合荷载-挠度曲线可以明显看出，试件呈现出由弹性变形阶段向弹塑性变形阶段的转变；随着压型钢板的整体屈服，跨中挠度在荷载作用下迅速增长，最终试件发生类似弯曲的破坏模式，这表明闭口型压型钢板与混凝土界面具有良好的相互作用性能，同时混凝土对压型钢板的滑移变形起到抑制作用，提升了两者协同工作的能力。

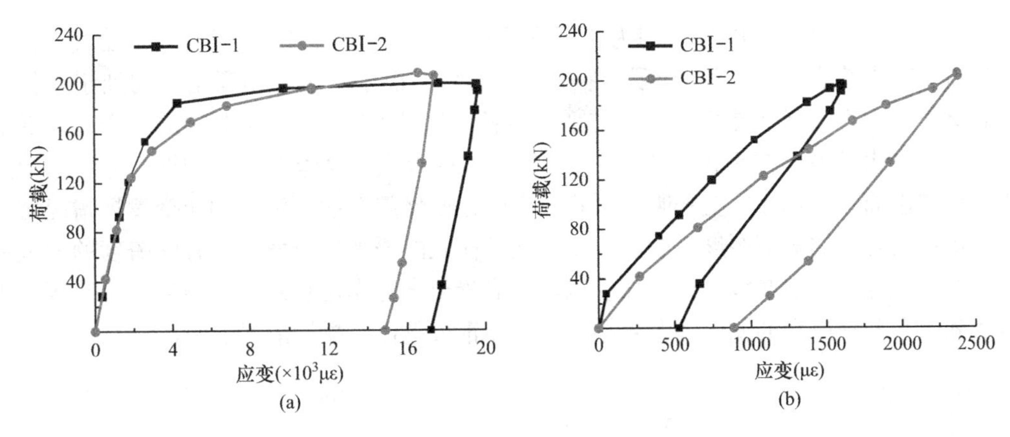

图 4-16　3.4m跨度试件荷载-应变曲线

（a）底板应变；（b）肋顶应变

（2）大跨度组合板

由前述可知，4.8m和6.0m两组大跨度同跨高比组合板试件在外荷载作用下的破坏模式类似，均发生挠度控制的类似弯曲破坏。图4-17和图4-18分别为4.8m和6.0m跨度试件压型钢板底板的荷载-应变曲线。从图中可以看出，4.8m和6.0m跨度试件压型钢板在极限荷载作用下均发生全截面屈服，表明随着跨度的增大，压型钢板与混凝土的粘结作用及传递剪切内力的面积随之增大，两者之间的相互作用能力得到明显加强。图4-17（a）和图4-18（a）显示，相同跨度和截面高度但不同端部锚固条件的试件，板底钢板应力发展类似，其随着外荷载的增加而平稳增长；随着竖向荷载的增大，钢板达到屈服，竖向荷载增加幅度明显趋缓，荷载-板底应变关系与荷载-跨中挠度关系曲线走势相同，表明试件进入塑性发展阶段，而试件整体塑性发展取决于板底钢板的塑性发展能力。增加组合板截面厚度增强了组合板的截面抗弯刚度，同等荷载条件下，钢板应变发展明显较薄板试件小，表明相同外荷载作用下，钢板应变的发展与试件在竖向荷载作用下的曲率有关，曲率越大，应变发展越快，曲率越小，应变发展越慢。采用同样的压型钢板，厚板试件的承载能力明显增强，类似于普通钢筋混凝土单向板，增加其截面厚度可以有效增强楼板的承载能力。

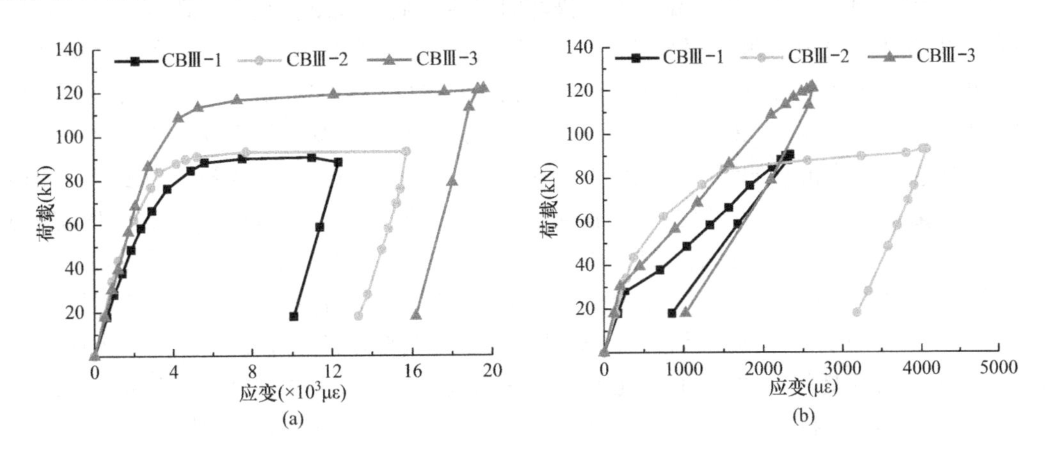

图 4-17　4.8m跨度试件压型钢板底板的荷载-应变曲线

（a）底板应变；（b）肋顶应变

图 4-17（b）和图 4-18（b）均为闭口型压型钢板闭合肋的荷载-应变关系曲线，从图中可以看出，大跨度闭口型组合板试件在整个试验过程中，闭合肋顶钢板均处于受拉状态，且钢板的应力发展随外荷载的增加平稳增长。试件 CBⅣ-2 闭合肋顶的应变在较低荷载水平下有较大发展，在荷载达到 25.0kN 时，试件板底混凝土产生的裂缝引起裂缝周边内力重分布进而引起钢板应变的瞬间增长。由厚板试件闭合肋顶钢板的应变发展情况可以看出，增加组合板的截面厚度，肋顶应变也随外荷载的增加平稳发展，且随跨度的增大应变发展更加充分，表明厚板试件增加了钢板与混凝土合力作用点间的内力臂，可使压型钢板板底和闭合肋顶应变的偏差逐渐减小，且压型钢板整体受拉性能更加明显。

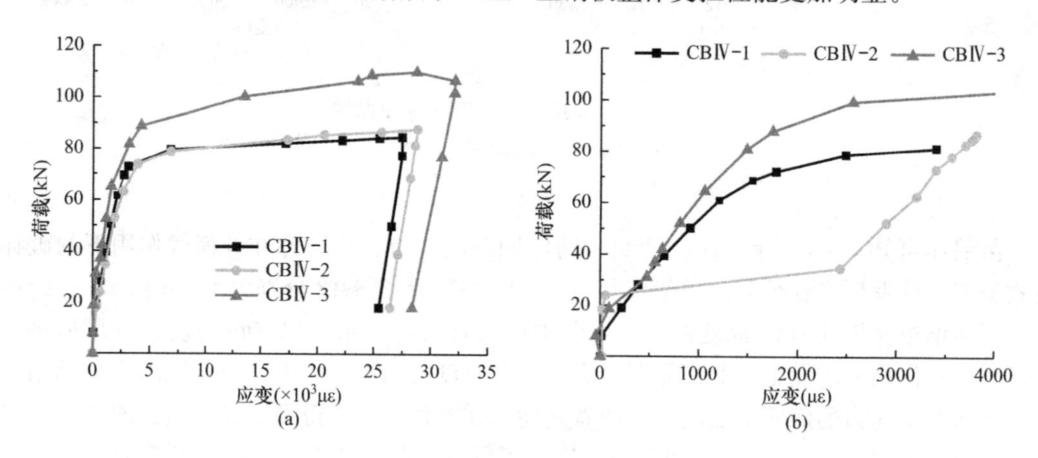

图 4-18　6.0m 跨度试件压型钢板底板的荷载-应变曲线

（a）底板应变；（b）肋顶应变

4.5.3　荷载-混凝土应变曲线

图 4-19（a）和（b）分别为 2.0m 和 3.4m 普通跨度试件试验过程中的荷载-跨中受压区混凝土应变关系曲线。从图中可以看出，端部栓钉锚固组合板试件无论是普通跨度厚板还是普通跨度薄板，当外荷载达到极限荷载时，跨中受压区混凝土应变均发展比较充分，接近或者达到极限压应变；部分试件发生破坏时受压区局部混凝土出现压碎现象，短跨厚板试件发生破坏时出现剪跨区明显的剪切破坏，混凝土受压区积聚的压应变能量瞬间释放，未出现混凝土压碎现象；而薄板试件则是由于试件跨中裂缝发展充分，试件截面有效刚度降低，未出现混凝土压碎现象。端部无锚固短跨厚板试件受压区混凝土应变因受到压型钢板与混凝土界面滑移的影响而发展不够充分，试件破坏时混凝土受压区应变还处于较低的水平，表明压型钢板与混凝土界面相互作用能力有限，限制了混凝土承压能力的充分发挥；另外，因为端部无栓钉锚固试件破坏时属于加载点位置处混凝土发生剪切破坏，积聚受压区的应变能瞬间释放，其承载能力较端部栓钉锚固试件大幅度降低，从而影响混凝土受压区应变的增长。同等条件下，对试件极限荷载对应的跨中受压区混凝土应变进行对比，承载力较高的试件 CBⅠ-2 比 CBⅠ-3 偏大、试件 CBⅡ-2 比 CBⅡ-1 偏大。结合荷载-挠度曲线可以看出，同荷载条件下，跨中挠度越大，表明试件弯曲变形越大，混凝土开裂越明显，此时受压区高度明显减小，受压区混凝土承受的压力也就越大，应变随之增大。

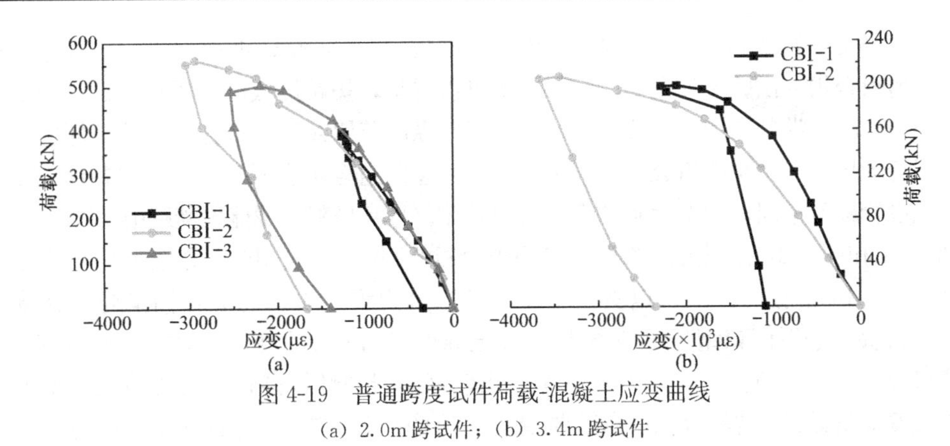

图 4-19　普通跨度试件荷载-混凝土应变曲线

(a) 2.0m 跨试件；(b) 3.4m 跨试件

图 4-20 (a) 和 (b) 分别为 4.8m 和 6.0m 大跨度组合板试件试验过程中竖向荷载与跨中受压区边缘混凝土的应变关系曲线。可以看出，闭口型大跨度组合板试件无论试件端部有无设置栓钉锚固，在外荷载作用下受压区混凝土的应变均未达到极限压应变。相比于短跨试件，大跨度组合板试件在外荷载作用下跨中混凝土裂缝发展充分，截面刚度降低明显，跨中受压区边缘混凝土应变的发展稳步增加，均属于跨中挠度过大引起的破坏模式，且跨中纯弯段距离的增大，使得混凝土应力重分布现象更加明显，混凝土最大应变不会局限于某个区域，通常情况下很难发生受压区混凝土压碎现象。

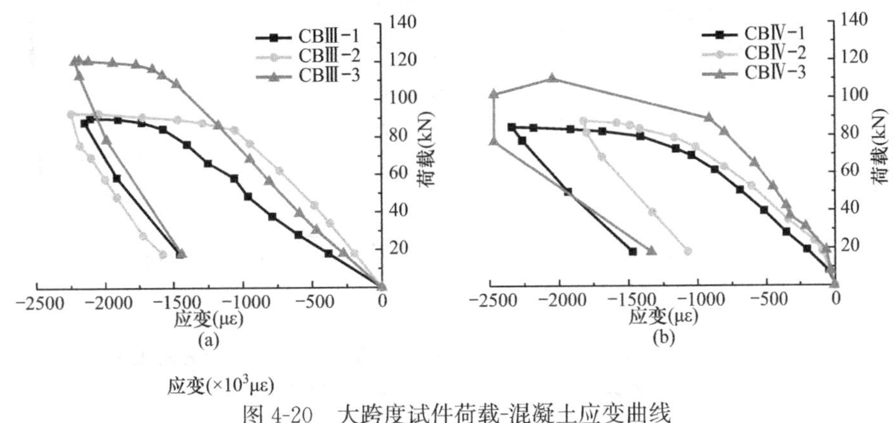

图 4-20　大跨度试件荷载-混凝土应变曲线

(a) 4.8m 跨试件；(b) 6.0m 跨试件

从混凝土应变的发展趋势可以看出，同等荷载条件下，端部无栓钉锚固试件较端部栓钉锚固试件的受压区混凝土应变发展更快，主要是因为栓钉的存在限制了混凝土和压型钢板界面的粘结滑移，从而更加有效地约束了组合板的弯曲变形，而无栓钉锚固试件则缺乏锚固约束，挠度发展较快，曲率的增长相比栓钉锚固试件更加明显，因此混凝土的应变增长更大一些。大跨度栓钉锚固厚板试件破坏时受压区混凝土应变相比薄板试件明显增大，主要是因为厚板试件在达到极限荷载时，同等曲率条件下，厚板受压区混凝土高应力区域明显缩短，间接促进了混凝土的应变发展。

4.6　受力全过程分析

为了更好地理解大跨度闭口型组合板的受力性能，了解其在外荷载作用下的受力机理，选取端部无栓钉锚固组合板 CBⅣ-1 和端部栓钉锚固组合板 CBⅣ-2 分别进行描述。从前述对闭口型组合板的试验过程及试验结果分析可以看出，短跨厚板端部无锚固试件均发生延性纵向剪切破坏；端部增加栓钉锚固时，发生延性纵向剪切或弯剪破坏，且其破坏主要受加载点主裂缝的控制。大跨度组合板的破坏模式相比短跨组合板有明显区别，主要体现在无论端部有无设置栓钉锚固，均发生延性纵向剪切破坏，且其极限承载能力受跨中挠度的控制。

图 4-21 和图 4-22 分别为大跨度闭口型组合板 CBⅣ-1 和 CBⅣ-2 受力过程的荷载-跨中挠度及荷载-端部滑移曲线。可以看出，闭口型组合板无论端部有无锚固措施，其端部均发生微小滑移，表明闭口型压型钢板与混凝土界面具有良好的相互作用性能。从荷载-挠度曲线可以看出，试件开裂前，组合板呈现出较好的线弹性性能；随着外荷载的增加，跨中区域板底裂缝陆续开展，荷载-挠度曲线呈现出明显的弹塑性变形特征，最终试件均由于跨中挠度超出跨度的 1/50 而宣告破坏。从其受力全过程曲线可以看出，闭口型组合板在加载过程中主要表现为跨中区域混凝土开裂前和开裂后两个受力阶段，开裂前，组合板主要呈现为弹性或部分弹塑性变形特征，开裂后主要以弹塑性变形特征为主。端部栓钉锚固对压型钢板与混凝土界面的协同工作起到一定的强化作用，抑制了界面间的相互滑移，间接提高了组合板的承载能力，但提高幅度有限。

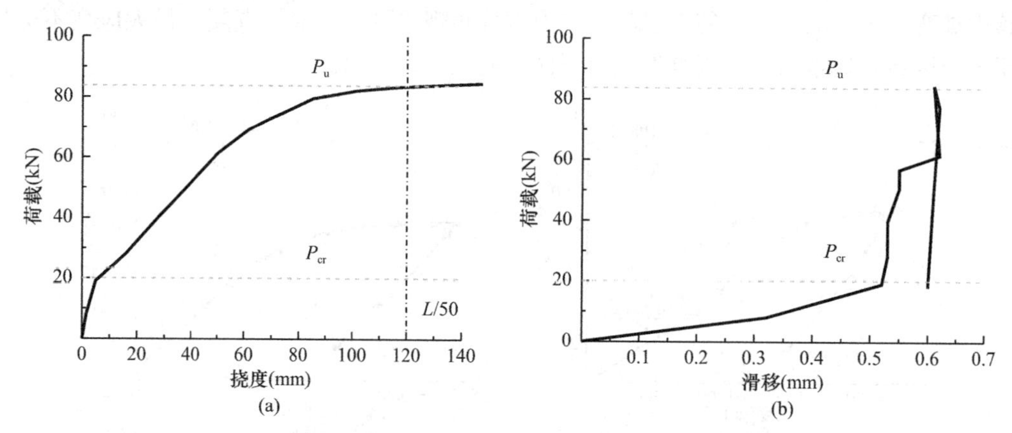

图 4-21　CBⅣ-1 受力过程的荷载-跨中挠度及荷载-端部滑移曲线

（a）荷载-跨中挠度关系；（b）荷载-端部滑移关系

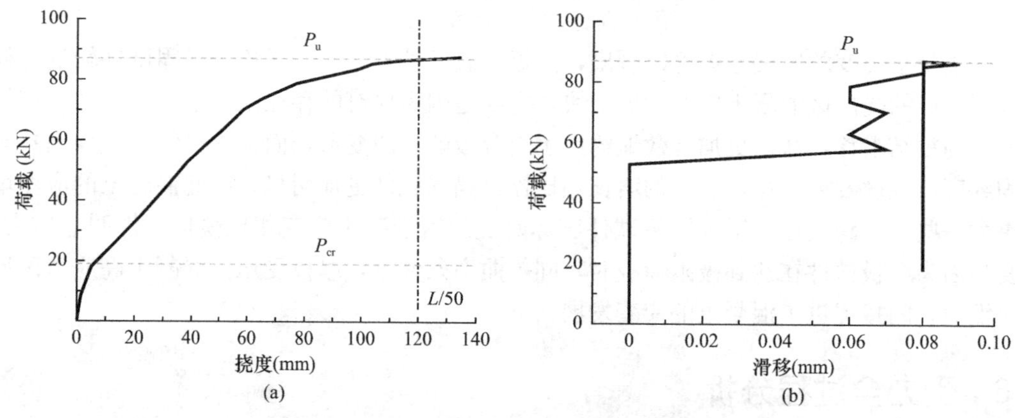

图 4-22　CBⅣ-2 受力过程的荷载-跨中挠度及荷载-端部滑移曲线

（a）荷载-跨中挠度关系；（b）荷载-端部滑移关系

4.7　特征荷载及承载力分析

闭口型压型钢板独特的截面设计及表面特征，使其与混凝土的协同工作性能得到大幅度改善。闭口型压型钢板与混凝土界面的相互作用主要表现在两个方面：一方面闭合肋部和肋顶倒三角设计大大强化了压型钢板与混凝土之间横向的约束能力，使其与混凝土之间的机械咬合作用得到显著提升；另一方面表现在密合肋表面间隔的冲切方孔设计，浇筑混凝土时，密合肋方孔充满混凝土，待混凝土硬化后便形成一个个的微型混凝土剪力键，在外荷载作用下，微型混凝土剪力键对压型钢板和混凝土起到明显的约束作用，大大提升了压型钢板与混凝土界面的相互作用能力。通过对11个闭口型组合板试件试验现象及特征曲线的描述和对不同跨度组合板受力性能的分析可知，闭口型压型钢板与混凝土之间具有良好的协同工作性能。

从破坏形态来看，不同几何尺寸、不同端部锚固条件的试件，其破坏形态各不相同。不同于普通钢筋混凝土受弯构件的破坏，也不同于开口型压型钢板与混凝土界面的纵向剪切破坏，小跨度闭口型端部无锚固厚板试件在竖向荷载作用下发生滑移竖向剪切破坏；小跨度端部栓钉锚固厚板试件由于栓钉的锚固强化作用，在竖向荷载作用下发生滑移弯曲破坏。小跨度及大跨度端部栓钉锚固闭口型薄板试件在外荷载作用下均发生类似弯曲破坏；端部无锚固大跨度组合板试件同端部锚固试件无明显差别，也发生滑移弯曲破坏，并且随着组合板跨度的增加，端部滑移越来越不明显；增加大跨度组合板的厚度，试件的破坏形态和薄板试件类似，但厚板试件明显增强了组合板的截面刚度，同时提高了承载能力。

通过试验观测及试验特征曲线分析，闭口型组合板试件试验过程中的特征荷载、实测承载力与塑性理论承载力对比及破坏形态见表4-2。从表中极限荷载产生的弯矩M_u与塑性理论弯矩M_p的比值M_u/M_p可以看出，端部锚固组合板试件的M_u/M_p值明显比无锚固组合板试件有所提高，但提高幅度不同，小跨度试件提高程度比大跨度试件提高的明显，说明大跨度组合板增加了压型钢板与混凝土界面的组合作用面积，增强了截面抗滑移能力和弯曲变形能力，间接提高了压型钢板与混凝土界面的协同工作性能；大跨度组合板试件在发生破坏时呈现出良好的弯曲破坏特征，承载力未能达到全截面塑性理论承载力M_p，尽管闭口型压型钢板与混凝土界面作用性能良好，端部未发现明显的纵向剪切滑移，但在加载过程中试件不时传出清脆的声响，表明压型钢板与混凝土界面出现了一定程度的损伤破坏，内部界面仍有滑移变形产生。

闭口型组合板试件实测值及破坏形态　　**表4-2**

试件编号	P_{cr}(kN)	P_s(kN)	P_u(kN)	M_u(kN·m)	M_p(kN·m)	M_u/M_p	f(mm)	s(mm)	破坏形态
CBⅠ-1	65.2	333.7	399.2	101.8	108.0	0.94	29.9	6.8	滑移剪切
CBⅠ-2	154.1	330.1	502.7	127.7	108.0	1.18	45.8	3.1	弯曲
CBⅠ-3	135.9	440.8	540.9	137.2	108.0	1.27	71.1	4.5	弯曲
CBⅡ-1	120.5	46.1	199.3	101.6	84.1	1.21	75.9	2.14	弯曲
CBⅡ-2	115.6	42.3	208.1	106.3	84.1	1.26	82.5	2.83	弯曲
CBⅢ-1	55.5	41.9	90.1	75.0	92.1	0.81	146.8	2.49	滑移弯曲
CBⅢ-2	62.1	37.7	94.5	78.1	92.1	0.85	166.9	1.09	滑移弯曲

续表

试件编号	P_{cr}(kN)	P_s(kN)	P_u(kN)	M_u(kN·m)	M_p(kN·m)	M_u/M_p	f(mm)	s(mm)	破坏形态
CBⅢ-3	48.5	39.8	121.5	100.2	123.9	0.81	104.4	1.39	滑移弯曲
CBⅣ-1	25.0	26.0	85.3	96.6	123.9	0.78	147.4	0.61	滑移弯曲
CBⅣ-2	25.3	30.0	88.8	99.7	123.9	0.8	116.2	0.09	滑移弯曲
CBⅣ-3	33	36.9	108.1	122.1	163.7	0.75	126.8	1.45	滑移弯曲

注：P_{cr}为开裂荷载；P_s为滑移荷载；P_u为极限荷载；M_u为跨中极限弯矩；M_p为截面塑性抵抗矩；f为跨中最大挠度；s为端部最大滑移。

4.8 本章小结

本章共进行了11个闭口型组合板试件的足尺静载荷弯曲承载性能试验，研究了不同跨度、不同端部锚固条件以及跨高比等因素对组合板纵向抗剪性能的影响。通过对试验现象、跨中挠度变形、端部最大滑移、跨中压型钢板及混凝土应变等随荷载变化及特征荷载、极限承载力的分析，得出如下主要结论：

(1) 小跨度闭口型端部无栓钉锚固厚板在外荷载作用下发生滑移竖向剪切破坏，而端部锚固组合板则发生明显的弯曲破坏。大跨度组合板在外荷载作用下均发生滑移弯曲破坏，破坏时压型钢板与混凝土界面因端部锚固条件不同，端部滑移程度有所不同，端部滑移随着跨度的增大明显减小；大跨度组合板试件增加截面厚度，端部滑移稍有增加，但增加幅度有限。

(2) 组合板端部增加栓钉锚固措施，其压型钢板与混凝土界面相互作用能力得到明显加强，承载力提高幅度与组合板试件的跨高比有直接关系，小跨度厚板试件的承载力有了大幅度的提高，破坏形态也得到明显的改善，但大跨度组合板试件承载力的提高程度随跨度的增大越来越小。

(3) 所有组合板试件破坏时压型钢板底板均发生屈服，闭合肋顶钢板受力状态各有不同，小跨度端部无栓钉锚固厚板试件的闭合肋顶钢板发生受压屈服；端部栓钉锚固组合板及大跨度端部无栓钉锚固组合板试件的压型钢板均发生全截面屈服。

(4) 小跨度栓钉锚固试件破坏时受压区边缘混凝土局部出现压碎现象；无端部锚固厚板及大跨度薄板试件达到极限承载力时，其跨中受压区混凝土均未发生压碎现象。

(5) 从大跨度组合板受力全过程分析可以看出，闭口型组合板在外荷载作用下主要呈现为混凝土开裂前的弹性受力阶段以及开裂后的弹塑性变形阶段，在整个受力过程中，压型钢板与混凝土界面相互作用更加充分，栓钉锚固对压型钢板与混凝土界面的滑移具有一定的抑制作用，但对承载力的影响并不明显。

(6) 组合板试件M_u/M_p值的大小与端部锚固条件直接相关，小跨度端部栓钉锚固试件比大跨度试件提高幅度更加显著，栓钉锚固对承载力的提高幅度随着试件跨度的增大越来越小。

第5章 缩口型组合板承载能力试验研究

5.1 引言

缩口型压型钢板应用于组合板，早在20世纪70年代就有文献记载。缩口型压型钢板底面平整，采用间隔倒梯形肋截面设计，增强了钢板与混凝土之间的相互约束作用；缩口型截面中性轴位置较低，增大了钢板与混凝土间的内力臂，对材料的充分利用和楼板承载能力的提高有一定的改善作用；与开口型和闭口型楼面系统相比，缩口型组合板的使用可以增加室内净空需求，并且板底缩口的槽道可以灵活布置室内悬吊系统，既美观大方，又便于应用，形成了自身独特的市场空间。目前，对缩口型压型钢板-混凝土组合板的研究主要集中在一般跨度缩口型压型钢板与混凝土界面的纵向抗剪性能及承载能力方面，而对大跨度缩口型组合板的研究文献还很少。本章在研究常见短跨厚板和薄板试验的基础上，着重对大跨度缩口型组合板的受力过程、破坏形态、纵向抗剪性能及承载能力等进行研究；通过对试验数据的整理，分析不同跨度组合板的荷载-挠度曲线、荷载-滑移曲线及荷载-应变曲线的变化规律；考虑不同端部锚固条件、跨度、跨高比、压型钢板厚度及板底附加受力钢筋等参数对缩口型组合板性能的影响，为大跨度缩口型组合板的设计及研究提供必要的技术支持。

5.2 试件设计及制作

5.2.1 试件设计

试验共设计15块足尺缩口型组合板试件，试件跨度分别为2.0m、3.4m、4.8m和6.0m。除了考虑端部锚固条件和跨高比的影响之外，缩口型试件还考虑了压型钢板厚度及板底附加受拉钢筋对大跨度组合板承载能力及破坏形态的影响。压型钢板采用行家钢承板（苏州）有限公司生产的GC50-155缩口型压型钢板，组合板截面设计如图5-1所示。缩口型压型钢板的表面特征比闭口型简单，除了截面形式不同以外，还在缩口肋顶钢板增加了凸出设计，以增强压型钢板与混凝土界面的相互作用能力。试件设计的混凝土强度、压型钢板厚度、试件支座预留长度、混凝土受压区布置构造钢筋网片及端部锚固栓钉等均与前两种板型试件相同。试件宽度由两块压型钢板横向拼接而成，尺寸为1240mm，端部锚固组合板试件的栓钉焊接在压型钢板的凹槽内，每槽一根。板底附加受力钢筋采用钢筋牌号为HRB400的⌀10钢筋，每槽一根通长布置，每块板共计8根，试件设计具体参数见表5-1。

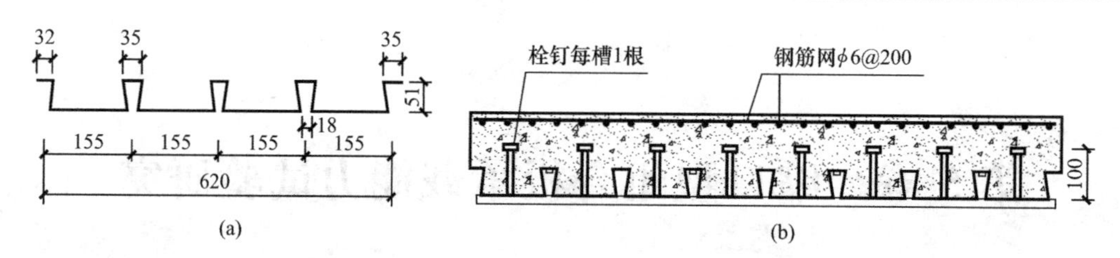

图 5-1 组合板截面设计

(a) GC50-155 型压型钢板；(b) 缩口型组合板试件端部锚固详图

试件设计具体参数 表 5-1

序号	试件编号	跨度（mm）	钢板厚度（mm）	组合板厚度（mm）	剪跨比	栓钉锚固	附加受拉钢筋
1	NBⅠ-1	2000	1.0	180	3.09	无	无
2	NBⅠ-2	2000	1.0	180	3.09	D19	无
3	NBⅠ-3	2000	1.0	180	3.09	D19	无
4	NBⅡ-1	3400	1.0	150	7.28	D19	无
5	NBⅡ-2	3400	1.0	150	7.28	D19	无
6	NBⅢ-1	4800	1.0	160	10.14	无	无
7	NBⅢ-2	4800	1.0	160	10.14	D19	无
8	NBⅢ-3	4800	1.2	160	10.14	D19	无
9	NBⅢ-4	4800	1.0	200	7.91	D19	无
10	NBⅣ-1	6000	1.0	200	9.89	无	无
11	NBⅣ-2	6000	1.0	200	9.89	D19	无
12	NBⅣ-3	6000	1.2	200	9.89	D19	无
13	NBⅣ-4	6000	1.0	250	7.76	D19	无
14	NBⅣ-5	6000	1.0	200	9.89	D19	8ϕ10
15	NBⅣ-6	6000	1.2	200	9.89	D19	8ϕ10

5.2.2 试件制作

本章涉及的所有进场材料力学性能测试见第 2 章，在此不再赘述。缩口型组合板试件的制作与前两章开口型和闭口型试件类似，主要包括压型钢板的拼接、压型钢板表面的清理及应变片的粘贴保护、编束甩线、钢筋网的下料及绑扎、模板的支座及固定、栓钉的焊接、混凝土的浇筑与养护等。其中稍有不同的是闭口型两块压型钢板拼接宽度为 1110mm，而缩口型拼接宽度为 1240mm，试件的制作过程参照第 3 章和第 4 章，在此不再赘述。

5.3 试验加载及测点布置

缩口型组合板试件的加载方案同第 3 章开口型组合板。2.0m 跨度缩口型组合板试件采用图 3-6（a）所示的四分点加载装置，其余试件均采用五分点加载装置，如图 3-6（b）所示。加载制度采用单调分级加载制度。

缩口型组合板试件的量测内容与第 3 章和第 4 章所述的两种板型类似。量测压型钢板各加载点及跨中下方板底钢板的应变、跨中及加载点下方压型钢板缩口肋中部和缩口肋顶钢板的应变。缩口型组合板试验过程中的位移传感器及混凝土应变布置同第 3 章开口型组合板，位移传感器布置如图 3-9 和图 3-10 所示，混凝土应变片布置如图 3-7（b）和图 3-8（b）所示，压型钢板应变片布置如图 5-2 所示。

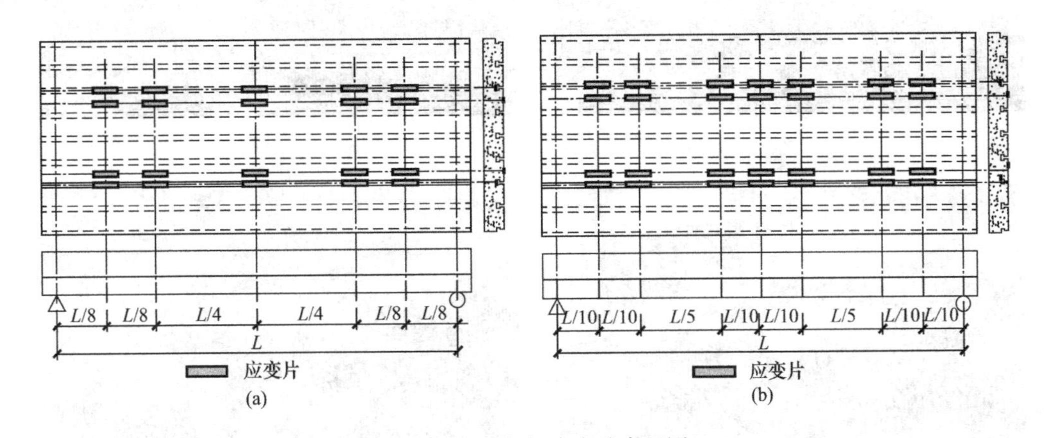

图 5-2　压型钢板应变片布置图

（a）四分点加载装置应变片布置；（b）五分点加载装置应变片布置

5.4　试验现象及破坏形态

5.4.1　端部无栓钉锚固组合板

试验共设计了 3 个缩口型端部无栓钉锚固组合板试件，跨度分别为 2.0m、4.8m 和 6.0m，试件编号分别为 NBⅠ-1、NBⅢ-1 和 NBⅣ-1。

试件 NBⅠ-1 是端部无锚固组合板试件中跨度、跨高比及剪跨比均较小的厚板试件。加载初期，试件 NBⅠ-1 处于弹性变形阶段，跨中挠度随竖向荷载稳步增长；加载到 21.0kN 时，试件发出细微的清脆响声，压型钢板与混凝土界面薄弱部位在外力作用下出现轻微的粘结损伤破坏；加载至 98.0kN 时，加载点下方传出间断清脆的声响，从加载曲线上可以明显地看到跨中挠度的突变，说明试件进入弹塑性变形阶段；持续加载至 141.0kN 时，伴随着连续的脆响，跨中出现第一条竖向裂缝，组合板端部压型钢板与混凝土之间出现细微的相对滑移；随着竖向荷载的继续增大，试件跨中的裂缝宽度也持续扩展并且向混凝土受压区边缘方向发展；加载至 169.4kN 时，跨中加载点靠近跨中一侧陆续出现两条竖向裂缝；加载至 178.3kN 时，跨中挠度达到 4.0mm，试件突然传出连续较大的清脆声响，随之加载点内侧裂缝迅速开展，组合板两侧边缘的压型钢板迅速脱开并向外鼓出，跨中挠度急剧增长，试件端部的压型钢板和混凝土之间出现滑移脱开，竖向荷载迅速降低；当降到 138.0kN 时，曲线稳定下来，再持续加载，荷载虽有所增长，但挠度值、裂缝宽度和滑移量迅速增加，已不适于继续承载，试件发生破坏，并呈现出明显的纵向剪切破坏特性，其极限荷载为 189.0kN，NBⅠ-1 试件破坏形态如图 5-3 所示。

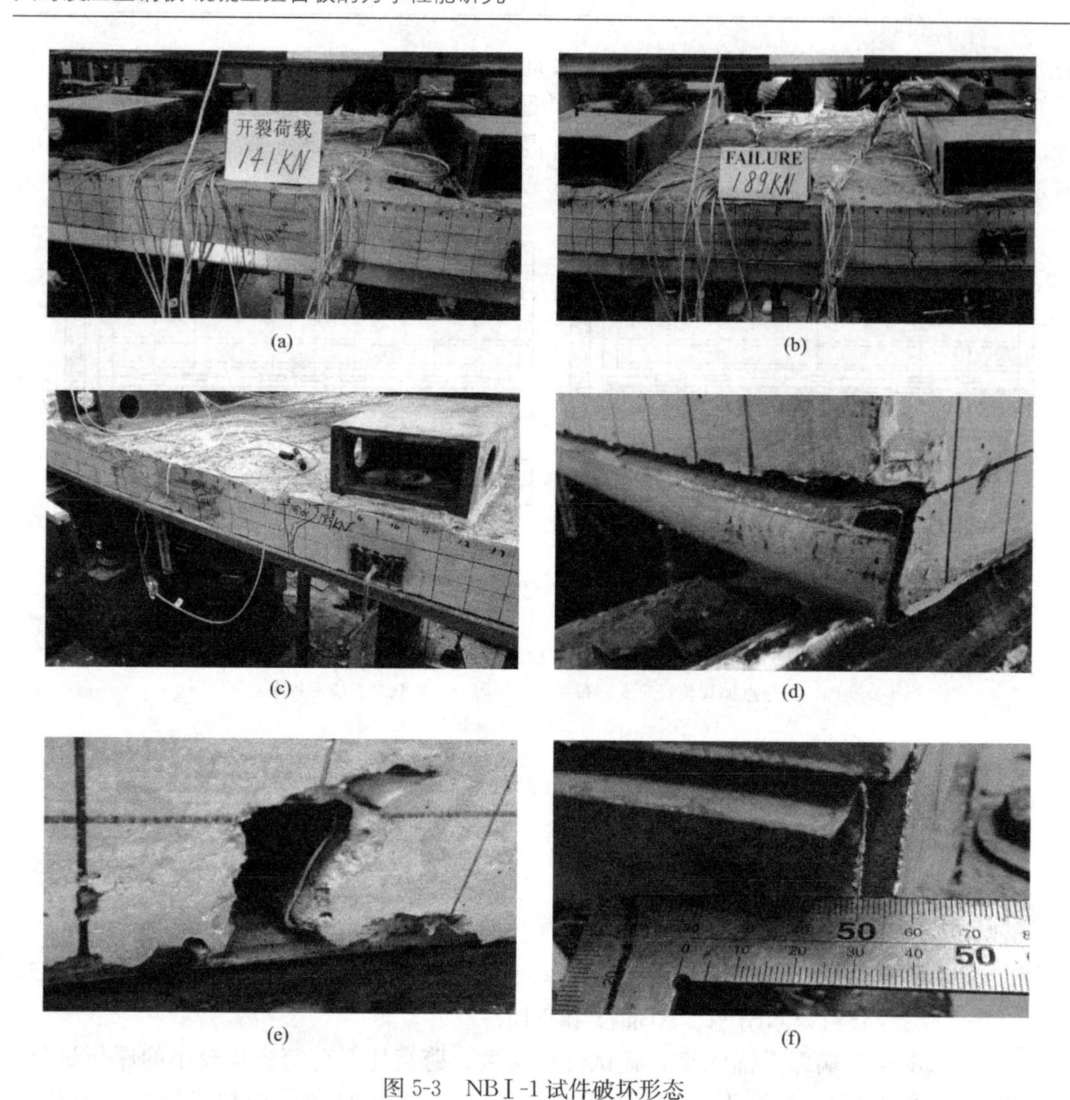

(a) (b) (c) (d) (e) (f)

图 5-3　NBⅠ-1 试件破坏形态

(a) 开裂荷载；(b) 破坏荷载；(c) 纵向开裂外鼓；(d) 端部开裂分离；(e) 端部缩口肋滑移；(f) 端部边缘分离滑移

NBⅢ-1 和 NBⅣ-1 分别为 4.8m 和 6.0m 大跨度组合板端部无锚固试件，均采用五分点加载装置，两个试件的跨高比相同、破坏形态类似，以试件 NBⅣ-1 为例对其试验过程及破坏形态进行描述。按每级 3.0kN 进行加载，加载至 25.0kN 时，试件的压型钢板与混凝土界面发出连续脆响，加载点 1、2 之间和加载点 3、4 之间中间位置混凝土的受拉区出现明显的竖向裂缝，跨中挠度迅速增长，荷载-跨中挠度曲线出现类似于低碳钢拉伸的屈服特征；加载至 31.2kN 时，加载点 2 和跨中下方位置处的混凝土陆续出现新的竖向裂缝，早期开展的裂缝逐渐向受压区边缘发展；加载至 37.2kN 时，伴随着试件的连续脆响，其跨中不断有新的裂缝产生，同时试件剪跨区两侧压型钢板与混凝土的界面均出现纵向裂缝；加载至 42.4kN 时，跨中挠度增长速度加快，未有新裂缝产生，裂缝宽度随着荷载的增加不断扩展，端部压型钢板与混凝土界面出现明显滑移，纵向裂缝发生贯通，同时竖向荷载出现瞬间的卸载现象；加载至 45.4kN 时，跨中挠度达到 60.0mm，且挠度增长速度明显加快，加载曲线出现瞬间卸载；持续加载至 50.8kN 时，竖向荷载再次出现瞬间卸载，跨中挠度达到 98.6mm；加载后期，跨中挠度增长迅速，竖向荷载增长缓慢，加载至 57.0kN，跨中挠度超过 120mm，已超过跨度的 1/50，试件宣告破坏，NBⅣ-1 试件破坏形态如图 5-4 所示。试件破坏时呈现出良好的延性特征，跨中裂缝开展均匀，未发现明显的控制裂缝，试件两侧压型钢板均出现较大的外鼓现象，端部压型钢板与混凝土界面发生较大的滑移。

图 5-4　NBⅣ-1 试件破坏形态

(a) 开裂荷载；(b) 破坏荷载；(c) 端部滑移；(d) 钢板外鼓；(e) 竖向裂缝；(f) 纵向开裂

5.4.2　端部栓钉锚固组合板

NBⅠ-2 和 NBⅠ-3 均为 2.0m 跨度缩口型端部设置栓钉锚固组合板试件，两个试件的各项技术参数均相同，破坏形态类似，以试件 NBⅠ-2 为例说明其试验现象和破坏形态。

初始加载阶段，端部栓钉锚固试件 NBⅠ-2 和无锚固试件 NBⅠ-1 基本类似，试件的跨中挠度随加载点荷载的增大呈线性发展，加载过程中偶尔会从试件中传出轻微的脆响，表明压型钢板与混凝土界面薄弱部位因受力变形而引起局部粘结作用的损伤破坏；加载至 127.0kN 时，试件传来清脆声响，跨中位置下方混凝土出现一条细微的竖向裂缝，跨中挠度瞬间增大，试件进入弹塑性变形阶段；随着荷载的增加，跨中会出现新的裂缝；加载至 185.0kN 时，试件两侧加载点下方的压型钢板与混凝土界面之间出现纵向裂缝，荷载-挠度曲线有明显的抖动现象，说明纵向裂缝的开展使得压型钢板与混凝土界面出现了较大面积的粘结作用破坏；加载至 220.0kN 时，除了跨中裂缝向混凝土受压区边缘发展以外，加载点下方又增加了新的裂缝，此时跨中出现的第一条裂缝已经扩展到板厚的 3/4 位置，但裂缝宽度并未有太大的发展；加载至 240.0kN 时，试件两侧纵向裂缝发生贯通，端部压型钢板与混凝土界面出现明显的滑移现象；持续加载至 280.0kN，试件两侧跨中位置压型钢板自由边出现外鼓现象，跨中挠度持续增长，且增长速度明显加快；加载至 373.0kN 时，跨中挠度达到 44mm，试件端部压型钢板突然出现明显的撕裂现象，加载点下方混凝土裂缝突然增大，形成主裂缝，裂缝下方压型钢板也出现明显的局部屈服外鼓现象，此时端部滑移迅速增加，跨中挠度迅速增大，竖向荷载卸载迹象明显，表明试件已不适于继续承载，最终发生纵向剪切破坏。试件破坏时呈现明显的延性特性，试件两侧压型钢板与混凝土界面发生脱离，端部压型钢板与混凝土界面出现较大的相对滑移变形，同时主裂缝位置处压型钢板出现明显的局部屈服现象，端部压型钢板出现局部撕裂现象，缩口肋板出现明显的翘曲现象，且混凝土受压区并未发生明显的压碎现象，最终极限荷载为 373kN。而试件 NBⅠ-3 的加载及破坏过程与 NBⅠ-2 类似，不同的是，NBⅠ-3 的开裂荷载比 NBⅠ-2 稍高，达到 155.0kN，极限荷载为 360.0kN，破坏时压型钢板与混凝土之间最大滑移达到 24mm，也属于明显的纵向剪切破坏。NBⅠ-2 试件破坏形态如图 5-5 所示。

图 5-5　NBⅠ-2 试件破坏形态

(a) 开裂荷载；(b) 破坏荷载；(c) 压型钢板纵向开裂屈曲外鼓；
(d) 端部压型钢板撕裂；(e) 缩口肋板屈曲；(f) 栓钉附近钢板撕裂

试件 NBⅡ-1 和 NBⅡ-2 的设计参数相同，均为 3.4m 跨度，属于跨高比相对较大的薄板试件，两个试件的破坏形态类似，以 NBⅡ-2 为例描述试件的试验现象及破坏过程。

试件 NBⅡ-2 的初始加载过程和其他试件相同，加载至 48.4kN 时，试件不时传出清脆的声响，未发现有明显混凝土裂缝产生，此时荷载-跨中挠度曲线发生了轻微的波动，表明压型钢板与混凝土界面薄弱部位出现了局部的损伤破坏；持续加载至 76.0kN 时，试件跨中加载点 2 和 3 下方均出现明显的竖向裂缝，跨中加载点 3 和 4 区段试件两侧压型钢板与混凝土界面也出现了纵向裂缝，并且随着荷载的增加向试件支座两端发展，同时跨中挠度增长速度明显加快；加载至 104.7kN 时，跨中区域产生多条新的裂缝，并随荷载的增加稳步向混凝土受压区边缘发展，压型钢板与混凝土界面的纵向裂缝逐渐贯通；加载至 128.0kN 时，试件端部压型钢板与混凝土界面出现明显的相对滑移，试件端部边缘压型钢板与混凝土界面出现明显的分离现象；持续加载，试件两侧钢板发生外鼓，加载点 3 附近主裂缝宽度增大，跨中挠度已经超过 $L/50$，最终极限荷载达到 157.0kN。试件破坏时加载点 1 和 4 之间竖向裂缝分布均匀，端部压型钢板与混凝土界面出现较大的相对滑移，且压型钢板与混凝土界面的纵向裂缝贯通，试件发生明显的滑移弯曲破坏。图 5-6 为 NBⅡ-2 试件破坏形态。

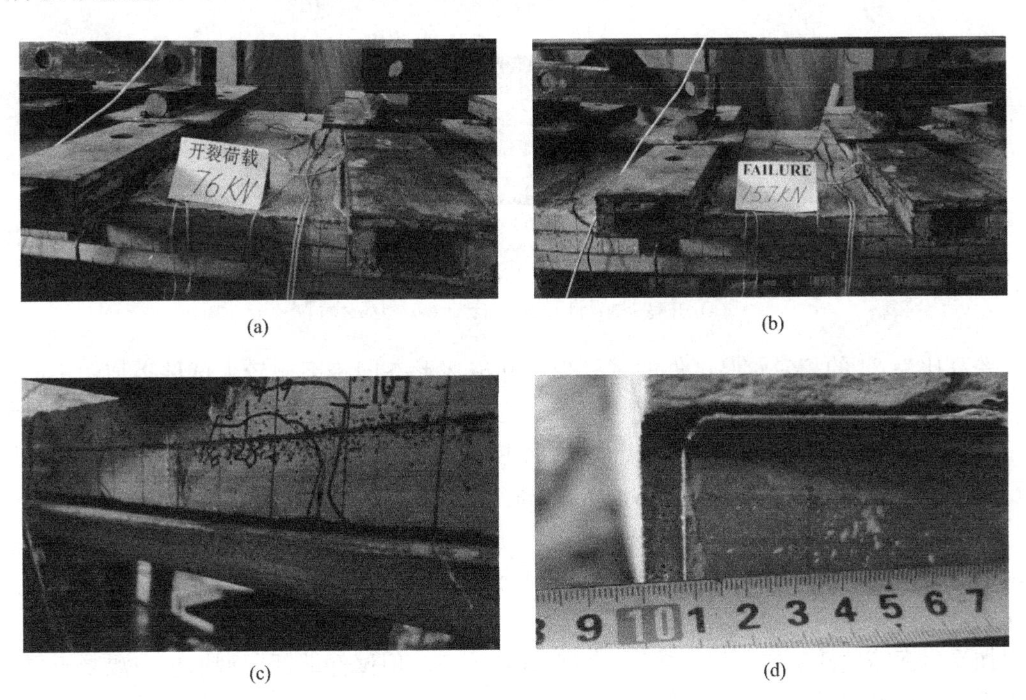

(a)　(b)

(c)　(d)

图 5-6　NBⅡ-2 试件破坏形态

(a) 开裂荷载；(b) 破坏荷载；(c) 压型钢板纵向开裂外鼓；(d) 端部压型钢板滑移

4.8m 和 6.0m 跨度试件的破坏形态相似，以跨度比较大的试件 NBⅣ-2 为例描述大跨度组合板试件的试验过程。试验加载初期，试件 NBⅣ-2 和端部无锚固组合板试件 NBⅣ-1 类似，荷载-挠度曲线呈线性特征，尽管压型钢板与混凝土界面出现轻微的粘结损伤破坏，但并未影响到试件整体良好的弹性变形阶段；加载至 28.0kN 时，试件传出连续脆响，跨中加载点 3 位置靠近跨中一侧的下方出现混凝土开裂现象；加载至 31.7kN 时，跨中挠度突然增加，竖向力卸载，试件出现明显的整体屈服特性；加载至 33.1kN 时，传出连续脆响，跨中出现多条竖向裂缝，早期裂缝向受压区方向发展，试件加载点 1 和加载点 4 位置两侧压型钢板自由边与混凝土界面出现纵向裂缝，并随着荷载的增加向支座方向发展；加载至 50.0kN 时，试件端部压型钢板与混凝土界面出现明显的相对滑移；继续加载至 57.8kN 时，压型钢板与混凝土界面的纵向裂缝贯通；持续加载，外荷载增长缓慢，跨中挠度增长速度加快，待跨中挠度超过跨度的 1/50 时，停止加载，宣告试件破坏，此时极限荷载为 78.0kN。试件破坏时，跨中裂缝分布均匀，未发现明显的主裂缝；压型钢板与混凝土界面纵向裂缝贯通，试件端部出现明显的滑移迹象；试件破坏形态属于跨中挠度过大控制的破坏，其延性性能良好。NBⅣ-2 试件破坏形态如图 5-7 所示。

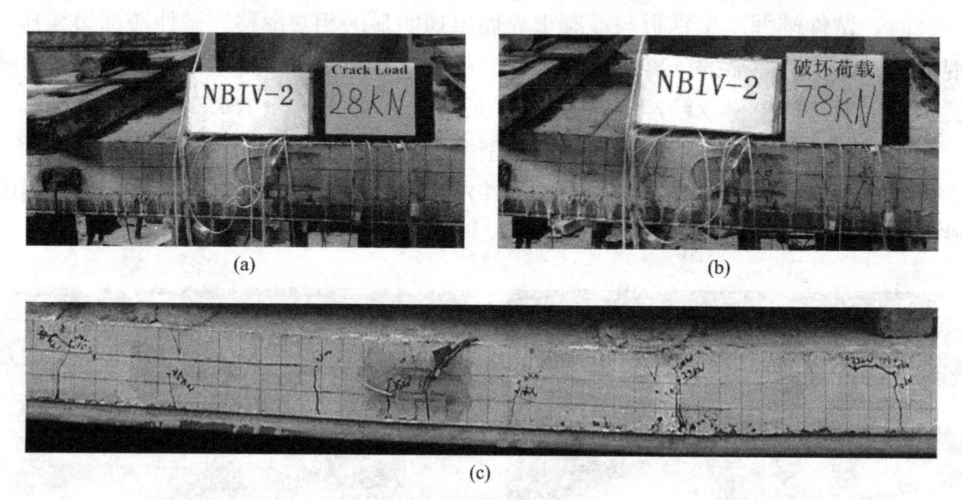

图 5-7　NBⅣ-2 试件破坏形态
(a) 开裂荷载；(b) 破坏荷载；(c) 裂缝分布

跨高比为 24 的相对较厚试件的试验现象和破坏形态同跨高比较大试件类似，不同的是，跨高比较小的厚板试件的初始刚度明显增强，开裂荷载明显滞后，承载能力得到较大幅度的提高。增加压型钢板厚度对试件初始刚度的影响并不明显，但对试件加载后期的刚度影响较大，且对其承载能力具有明显的提高。

对于 6.0m 大跨度配置了板底附加受力钢筋的试件，从加载过程中可以看出，增加板底附加受力钢筋对试件截面初始抗弯刚度影响不大，但对试件加载后期刚度及承载能力影响显著，后期截面刚度得到增强，承载能力得到较大幅度的提高。试件的破坏模式与无板底附加受力钢筋试件基本类似，接近于弯曲破坏形态，但试件端部压型钢板与混凝土界面均出现不同程度的滑移。

5.5 试验结果分析

5.5.1 荷载-跨中挠度及荷载-端部滑移曲线

(1) 普通跨度组合板试件

图 5-8 为 2.0m 跨度试件的荷载-跨中挠度及荷载-端部压型钢板与混凝土界面滑移曲线

图。从图中可以看出，2.0m 跨度组合板初始加载阶段的受力状态与前述板类似，端部锚固条件对试件的初始受力状态影响并不明显；随着荷载的增大，压型钢板与混凝土界面粘结作用逐渐破坏，当界面粘结破坏累积到一定程度时，压型钢板与混凝土界面开始产生滑移。界面滑移的产生使得无端部锚固组合板的承载力突然降低，但由于缩口型压型钢板上翼缘表面的凸起和缩口截面形式与混凝土界面较好的机械咬合等约束作用，限制了压型钢板与混凝土界面的滑移进程，其承载能力仍可以恢复，直到压型钢板与混凝土界面的相互作用不足以抵抗界面的纵向剪切内力时，试件发生破坏，破坏时的端部最大滑移量为 5.57mm 且具有明显的延性特征。而端部锚固组合板由于栓钉的存在，限制了压型钢板与混凝土界面的滑移，提高了压型钢板与混凝土之间的相互作用性能，同时也提高了截面的抗弯承载能力。从图 5-8（a）可以看出，端部锚固试件的变形能力得到有效的发挥，而端部无锚固试件则随着端部滑移的产生，跨中挠度变形加快，承载能力已接近极限荷载。从图 5-8（b）可以看出，端部锚固试件的端部滑移量与外荷载大小有明显关系，滑移的产生并未降低试件的承载能力，相比端部无锚固试件，栓钉锚固的存在不但可以有效提高试件的承载能力，还可在较高荷载水平下持续滑移且表现出良好的延性性能。试件破坏时伴随着端部与栓钉连接的压型钢板发生撕裂，主要原因在于压型钢板与混凝土界面产生了较大的纵向剪力。端部无锚固组合板试件和端部栓钉锚固组合板试件均属于明显的纵向剪切破坏模式，而端部设置栓钉锚固的组合板在发生破坏时显示出更好的延性性能和更高的截面承载能力，端部锚固试件 NBⅠ-2 和 NBⅠ-3 相比端部无锚固试件 NBⅠ-1 的承载力分别提高了 90%和 97%。

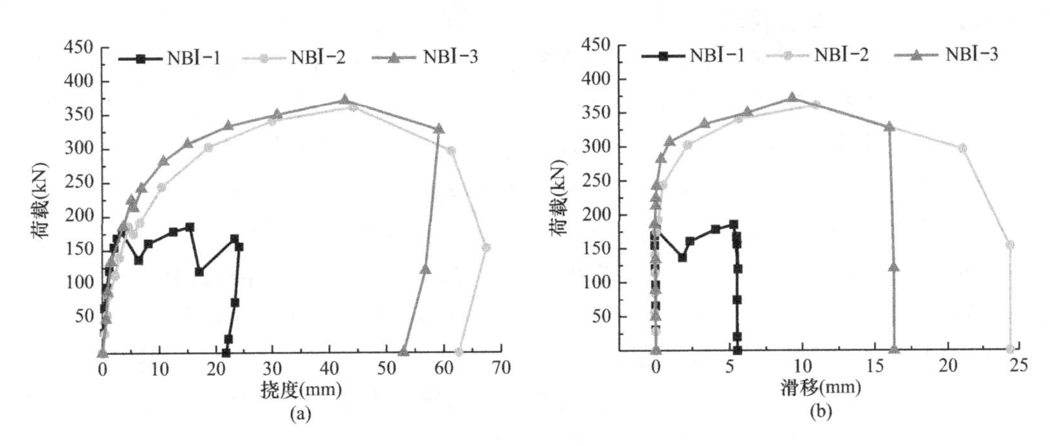

图 5-8　2.0m 跨度试件荷载-跨中挠度及荷载-端部滑移曲线

（a）荷载-跨中挠度曲线；（b）荷载-端部滑移曲线

图 5-9 为 3.4m 跨度薄板试件的荷载-跨中挠度及荷载-端部滑移曲线图。从图中可以看出，由于两个试件参数相同，其荷载-挠度曲线和荷载-滑移曲线基本一致；两个试件的破坏形态相同，均属于跨中挠度控制的延性破坏，且承载能力接近；破坏时试件的端部均出现比较明显的滑移现象，跨中裂缝分布均匀，主裂缝不明显。从图 5-9（a）可以看出，试件在外荷载作用下的整体弹性变形段比较短，弹塑性区段伴随着整个加载过程，以此显示出了缩口型压型钢板与混凝土界面相互作用不够强的特点，但由于端部栓钉的锚固作用，其破坏模式属于因跨中挠度过大而不适于继续承载的类似弯曲破坏模式。从图 5-9（b)可

以看出，端部锚固试件在起始滑移阶段的荷载水平较高，滑移随着竖向荷载的增大而缓慢增加，最终显示出良好的延性特征。

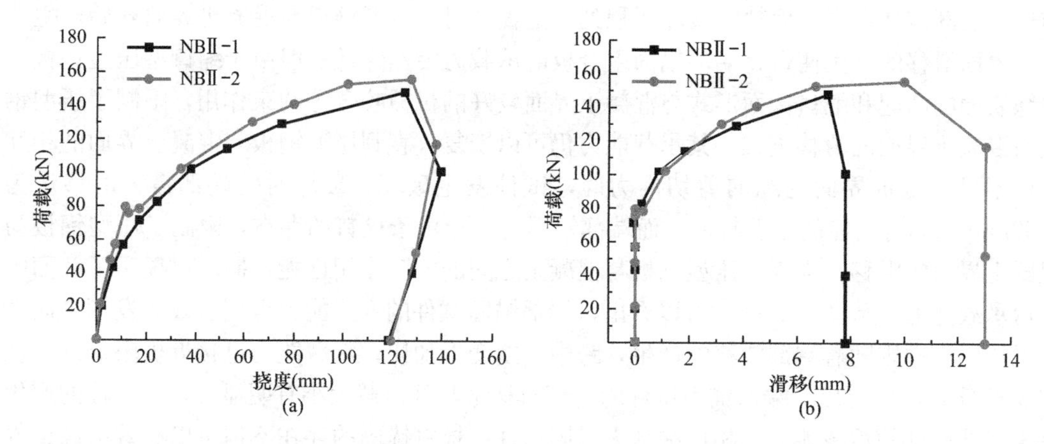

图 5-9　3.4m 跨度试件荷载-跨中挠度及荷载-端部滑移曲线

（a）荷载-跨中挠度曲线；（b）荷载-端部滑移曲线

（2）大跨度组合板试件

4.8m 和 6.0m 大跨度试件除了变换端部锚固条件、跨高比参数外，还考虑了压型钢板厚度及 6.0m 跨度试件增加附加板底受拉钢筋的影响。

4.8m 跨度试件改变了端部锚固条件、组合板截面高度及压型钢板厚度等参数。图 5-10为 4.8m 跨度试件荷载-跨中挠度及荷载-端部滑移曲线。可以看出，厚度为 160mm 试件加载初期截面刚度接近，初始受力状态基本类似；随着荷载的增大，端部无锚固组合板试件 NBⅢ-1 最先出现滑移，同时伴随着荷载的降低，压型钢板与混凝土局部界面发生粘结力破坏；随着界面内力重分布，滑移进程受到抑制，截面承载力得到一定程度的恢复；当外荷载超过压型钢板与混凝土界面相互作用极限时，试件发生纵向剪切破坏，破坏特征呈现出较好的延性性能。端部栓钉锚固试件 NBⅢ-2 的破坏形态明显不同，一方面 NBⅢ-2 的后期承载力增长显著；另一方面试件起始滑移荷载明显比无端部锚固试件大，且破坏时表现出明显的弯曲破坏特征。端部栓钉锚固试件 NBⅢ-2 的极限承载力较无端部锚固试件 NBⅢ-1 提高了 56%。厚度为 1.2mm 的压型钢板组合板试件 NBⅢ-3 相比于厚度为 1.0mm 的压型钢板组合板试件 NBⅢ-2 在试验前期的受力状态基本一致；不同之处主要体现在两个方面，一方面试件 NBⅢ-3 的极限承载力明显提高，另一方面试件 NBⅢ-3 的抗滑移性能明显增强。试件破坏时 NBⅢ-3 的端部滑移量较 NBⅢ-2 有所减小，主要原因：一方面较厚压型钢板的自身平面外刚度明显增大；另一方面较厚压型钢板表面的凸起与混凝土界面的机械咬合力性能更好。试件 NBⅢ-4 的截面厚度为 200mm，由图 5-10 可以看出，其初始刚度明显比其他几个试件大，极限承载力也得到明显提高，且板端最大滑移量明显增大，表明厚板试件的板端剪力较大，使得压型钢板与混凝土界面的纵向剪切内力也比较大，因此对其纵向抗剪要求更高，试件的破坏模式属于跨中挠度控制的弯曲破坏。

图 5-11 为 6.0m 跨度试件荷载-跨中挠度及荷载-端部滑移曲线。6.0m 跨度试件的破坏模式与 4.8m 跨度试件类似。由图 5-11（a）可以看出，端部栓钉锚固试件 NBⅣ-2 的承载力比无端部锚固试件 NBⅣ-1 提高了 36.8%；板底附加受拉钢筋、增加压型钢板的厚度

均能明显提高组合板截面的承载能力和组合板加载后期截面的抗弯刚度；相比于增加压型钢板厚度，增加板底附加钢筋对组合板的后期刚度影响更加明显。由图5-11（b）可以看出，相同荷载条件下厚板比薄板的端部滑移量相对较小，主要原因是同等荷载条件下厚板的截面刚度较大，弯曲变形较小，弯曲曲率较小，因此压型钢板与混凝土的界面更不易产生滑移。增加压型钢板的厚度、增加板底附加受拉钢筋均能增强压型钢板与混凝土界面的抗滑移能力，同等荷载条件下均可以有效地抑制板端滑移；当荷载水平较高时，增加板底附加受拉钢筋对端部最大滑移的影响更加突出。

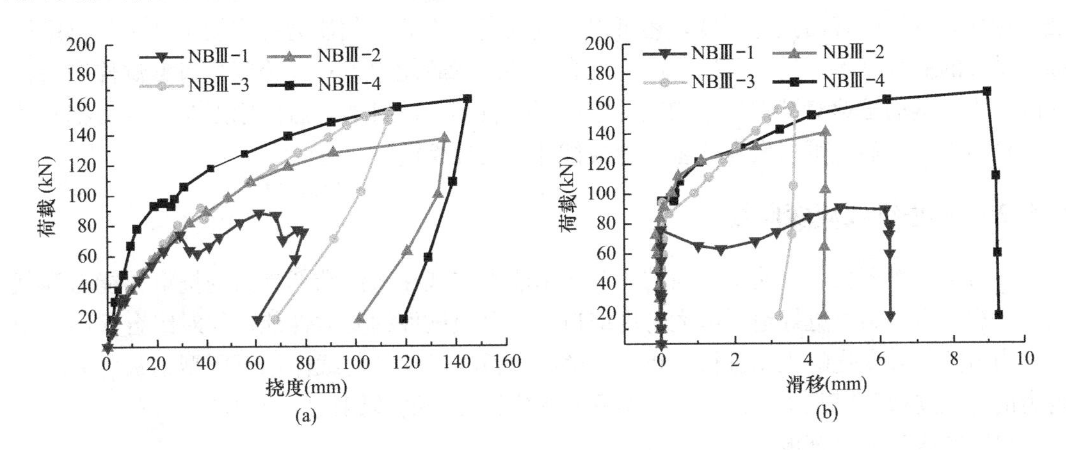

图5-10　4.8m跨度试件荷载-跨中挠度及荷载-端部滑移曲线

（a）荷载-跨中挠度曲线；（b）荷载-端部滑移曲线

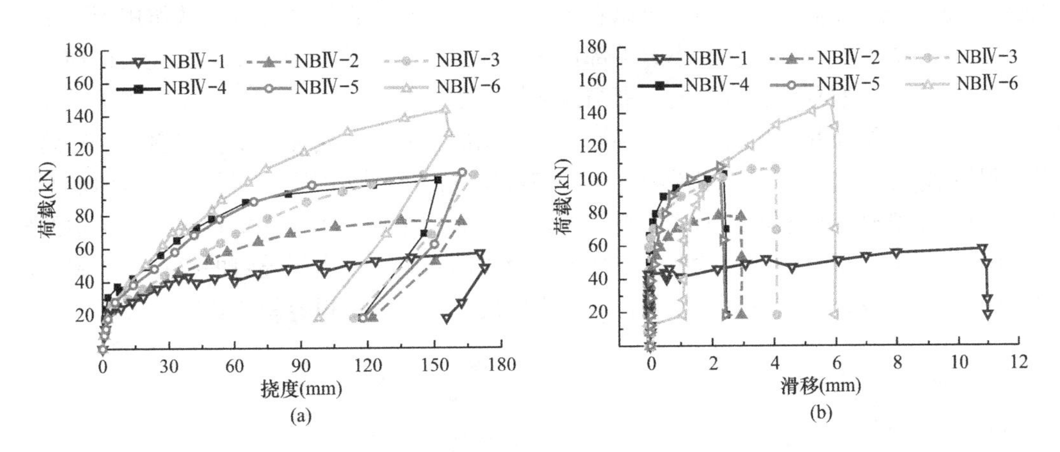

图5-11　6.0m跨度试件荷载-跨中挠度及荷载-端部滑移曲线

（a）荷载-跨中挠度曲线；（b）荷载-端部滑移曲线

综上可知，缩口型组合板试件无论是小跨度还是大跨度组合板，破坏模式均呈现出延性破坏特征，且试件破坏时随着跨高比的增大，其延性性能得到改善。端部无锚固组合板试件破坏时表现出明显的延性纵向剪切破坏特征，而端部锚固组合板试件破坏时不同跨度、不同跨高比试件呈现出不同的破坏模式。从破坏过程来看，端部无锚固组合板试件在发生破坏时，其跨中挠度变化明显，加载点荷载均出现明显的波动现象，主要是因为缩口型压型钢板缩口肋板顶面的凸出装置与混凝土界面的机械咬合作用随着滑移的增加发生突变，进而引起界面纵向抗剪承载力的变化；端部锚固组合板试件则显示出良好的变形能力和抗滑移特性，同时由于端部栓钉的锚固作用，极大地强化了压型钢板与混凝土界面的相互作用能力，承载能力也得到了大幅度提高。从荷载-端部滑移关系曲线可以看出，无论大跨度还是小跨度试件，压型钢板与混凝土界面产生滑移时，试件均处于较高的荷载水平，界面粘结滑移的性能直接影响到试件的变形性能，而且滑移的大小也直接影响到压型钢板与混凝土协同工作的能力。缩口型组合板试件随着跨度的增加，压型钢板与混凝土界面的作用面积增加，纵向抗剪能力增强，端部压型钢板与混凝土界面的滑移随之减小，压型钢板与混凝土界面的相互作用越来越接近完全粘结模式。增加压型钢板厚度不但有效增强试件加载后期的截面抗弯刚度，还可以有效提高试件的承载能力；增加组合板的厚度增强了试件的截面刚度，进而可以大幅度提高构件的承载能力；对大跨度缩口型试件增加板底附加受力钢筋虽然对试件加载初期的刚度影响较小，但对加载后期刚度及承载力都有明显的提高作用，而且可以大大改善组合板试件的延性性能。

5.5.2 荷载-钢板应变曲线

缩口型压型钢板与混凝土界面的相互作用能力体现在试件端部界面的抗滑移能力和截面的承载能力。为了更好地了解大跨度缩口型组合板试件的受力性能，须对组合板中压型钢板内力随荷载变化的规律进行分析，了解组合板试件在外荷载作用下压型钢板与混凝土内力的变化规律，以及试件破坏时压型钢板板底钢板与肋顶钢板应变的发展水平。

(1) 普通跨度组合板

图 5-12 为跨高比较小的 2.0m 跨度试件在外荷载作用下跨中压型钢板板底及缩口肋顶钢板应变随荷载变化曲线。从图中可以看出，缩口型短跨厚板试件在外荷载作用下跨中位置处压型钢板处于全截面受拉状态；端部锚固条件不同的三种板型，压型钢板底板均达到屈服状态，而缩口肋顶钢板应力的发展与端部锚固条件有明显关系，端部无锚固试件缩口肋顶钢板虽处于受拉状态，但并未达到屈服，而端部锚固试件则显示受拉屈服。从短跨厚板试件压型钢板的应力状态可以看出，由于缩口型试件缩口肋高度相对较小，截面形心位置比较低，中性轴距离最远的缩口肋顶较近，在外荷载作用下压型钢板对自身中性轴的弯矩很小，因此会出现试件的全截面受拉现象，而端部锚固试件由于栓钉的存在，限制了压型钢板的纵向滑移，跨中位置处压型钢板应力发展比较充分，很容易达到屈服状态。

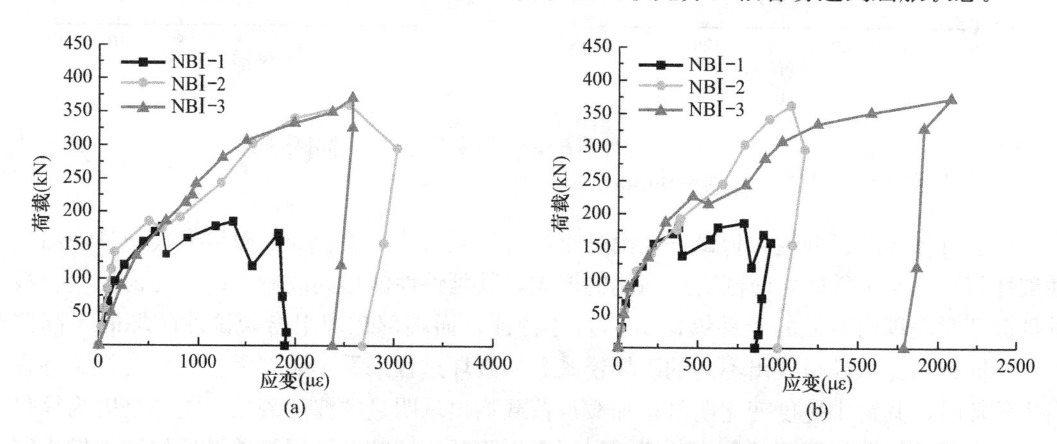

图 5-12　2.0m 跨度试件荷载-应变曲线

(a) 底板应变；(b) 肋顶应变

图 5-13 为 3.4m 跨度薄板在外荷载作用下跨中位置处压型钢板应变随荷载变化曲线。从图中可以看出，普通跨度端部栓钉锚固薄板试件在外荷载作用下跨中位置板底和缩口肋顶钢板均处于明显的受拉状态，且均达到屈服。薄板试件破坏时受跨中挠度控制，由于试件端部均设置栓钉锚固，压型钢板与混凝土界面的滑移受到限制，压型钢板与混凝土界面粘结传力距离增大，有效地增强了压型钢板与混凝土界面的协同工作能力，并且随着荷载的增大，试件的挠度和截面曲率也随之增大，压型钢板底板及肋顶钢板应变随着曲率的增大平稳增长，最终达到全截面屈服。

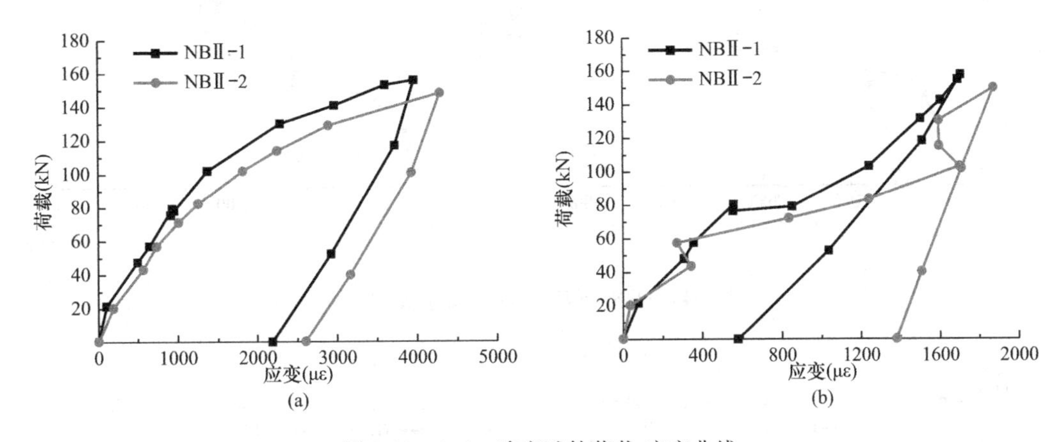

图 5-13　3.4m 跨度试件荷载-应变曲线

(a) 底板应变；(b) 肋顶应变

(2) 大跨度组合板

图 5-14 和图 5-15 分别为 4.8m 和 6.0m 跨度试件在竖向荷载作用下跨中位置处压型钢板应变随荷载变化关系曲线。可以看出，端部无锚固试件 NBⅢ-1 和 NBⅣ-1 的压型钢板在外荷载作用下均处于全截面受拉状态，压型钢板底板在极限荷载作用下均发生屈服，而缩口肋顶钢板在外荷载作用下均接近屈服状态。表明随着组合板跨度的增大，压型钢板与混凝土之间的粘结作用和传递剪切内力面积随之增大，相互作用能力得到明显加强，但由于压型钢板与混凝土界面滑移的影响，远离中性轴的压型钢板缩口肋顶钢板虽然受拉，但同时受绕自身中性轴弯曲的影响，削弱了缩口肋顶钢板的应变发展。端部栓钉锚固的组合板试件在外荷载作用下，压型钢板发生全截面屈服，表明缩口型压型钢板的端部锚固条件对压型钢板的应变发展具有明显影响。端部栓钉锚固措施不但提高了试件的承载能力，改善了试件在外荷载作用下的破坏形态，而且大大增进了压型钢板材料的利用效率。由于栓钉锚固对压型钢板与混凝土界面相互作用的加强，进而增强了压型钢板与混凝土之间的协同工作能力，压型钢板应力的发展随着外荷载的增加平稳增长；随着竖向荷载的增大，钢板达到屈服，竖向荷载增加的幅度明显趋缓，荷载-板底应变关系与荷载-跨中挠度关系曲线走势相同，表明此时试件已进入塑性发展阶段，而试件的整体塑性发展取决于板底钢板的塑性发展能力。

端部锚固组合板试件 NBⅢ-4 和 NBⅣ-4 均增加了组合板截面厚度，可以看出，截面厚度的增加增强了组合板的截面抗弯刚度，同等荷载条件下，钢板应变的发展明显较薄板试件小，表明相同外荷载作用下，钢板应变的发展与试件在竖向荷载作用下的曲率有关，曲率越大，应变发展越快，曲率越小，应变发展越慢。采用同样的压型钢板，厚板试件的承载能力明显增强，类似于普通钢筋混凝土单向板增加截面厚度可以有效增强楼板的承载能力。

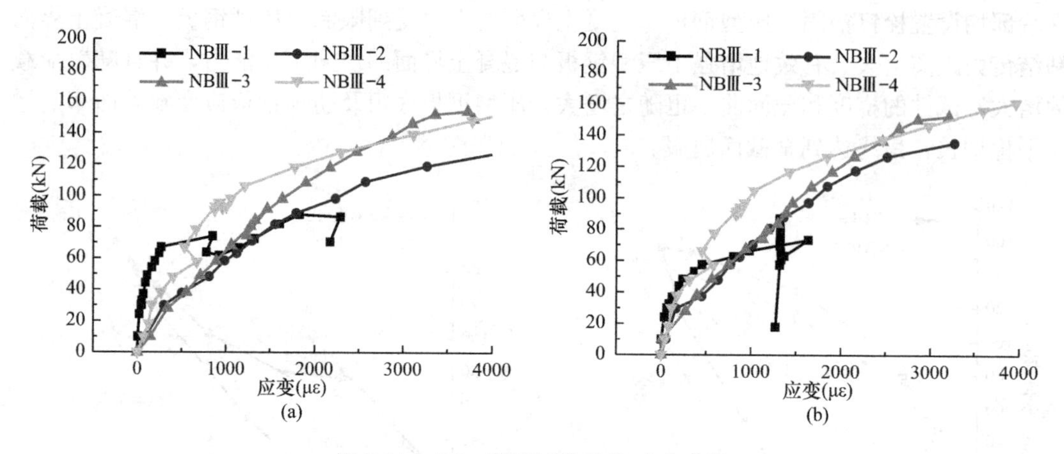

图 5-14　4.8m 跨度试件荷载-应变曲线

(a) 底板应变；(b) 肋顶应变

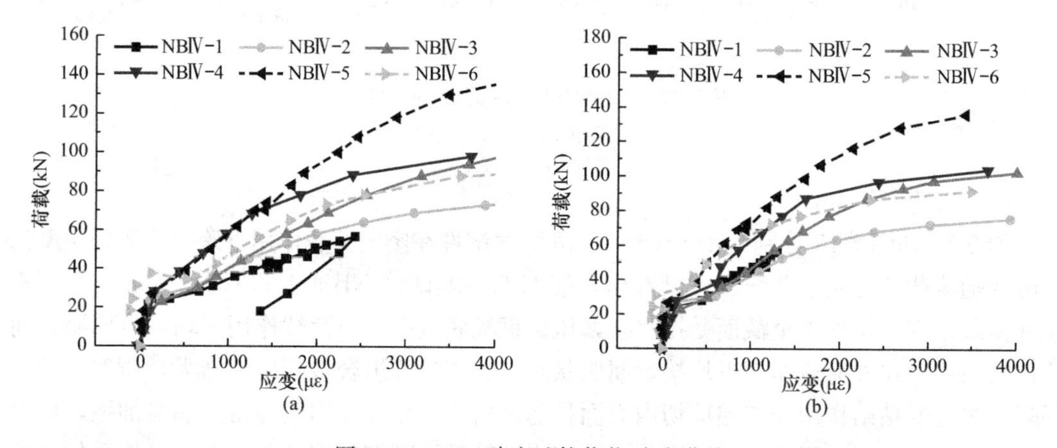

图 5-15　6.0m 跨度试件荷载-应变曲线

(a) 底板应变；(b) 肋顶应变

端部锚固组合板试件 NBⅢ-3 和 NBⅣ-3 相比 NBⅢ-2 和 NBⅣ-2 均增加了压型钢板的厚度。从图中可以看出，试件 NBⅢ-3 和 NBⅣ-3 的应变发展明显趋缓；相同应变条件下，较厚压型钢板的承载能力明显增强；随着竖向荷载的增加，由于栓钉锚固的约束作用，压型钢板全截面达到屈服状态，屈服后期承载力得到显著提高。

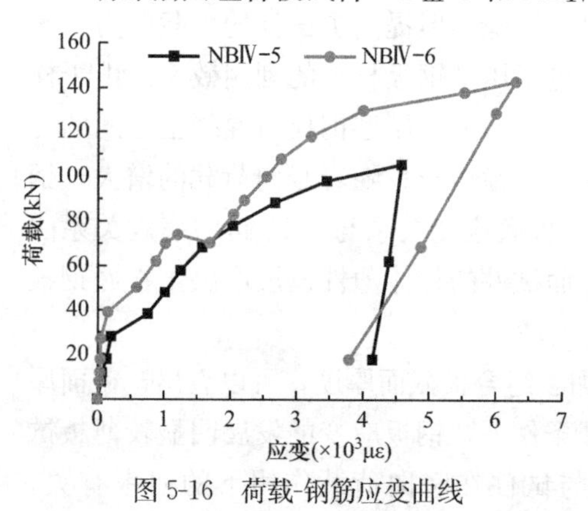

图 5-16　荷载-钢筋应变曲线

6.0m 跨度试件 NBⅣ-5 和 NBⅣ-6 分别在试件 NBⅣ-2 和 NBⅣ-3 的基础上增加板底附加受拉钢筋。可以看出，板底增加附加受拉钢筋不仅提高了组合板试件的承载能力，还改善了构件的延性性能。从图 5-16 可以看出，在外荷载作用下，增加板底附加受拉钢筋的试件均达到屈服状态。对比压型钢板与钢筋随荷载变化的曲线可以看出，钢筋屈服比压型钢板屈服明显滞后，主要是由压型钢板与钢筋处于不同的截面高度所引起。

综上所述，缩口型组合板试件无论是小跨度还是大跨度、无论试件端部有无栓钉锚固措施，在极限荷载作用下，试件跨中位置处的压型钢板均处于全截面受拉状态；端部栓钉锚固的小跨度及大跨度试件在极限荷载作用下，压型钢板全截面应变均超过屈服应变；而端部无栓钉锚固试件除了小跨度厚板试件，达到极限荷载时的压型钢板均达到全截面屈服，端部无栓钉锚固厚板试件缩口肋顶钢板应变未达到屈服，表明大跨度缩口型组合板压型钢板与混凝土界面具有良好的相互作用性能，压型钢板能够得到充分利用。

5.5.3　荷载-混凝土应变曲线

图5-17和图5-18所示分别为2.0m和3.4m普通跨度试件的荷载-跨中受压区混凝土应变关系曲线。从图中可以看出，试件在达到极限荷载时，跨中受压区混凝土的应变均未达到《混凝土结构设计规范》GB 50010—2010非均匀受压时的极限压应变0.0033，而试件在破坏过程中均未出现受压区局部混凝土压碎的现象。普通跨度厚板试件发生破坏时，无论端部有无锚固措施，压型钢板与混凝土界面均出现了明显的滑移现象，且压型钢板与混凝土界面的相互作用能力受滑移的影响明显减弱，造成部分混凝土出现开裂破坏；而薄板试件由于跨中裂缝发展比较充分且分布均匀，压型钢板与混凝土界面产生的滑移引起了压型钢板与混凝土的应力重新分布，使得压型钢板及端部栓钉锚固对混凝土的约束能力减弱，混凝土受压区应力发展不够充分，进而造成了受压区混凝土应变水平较低。

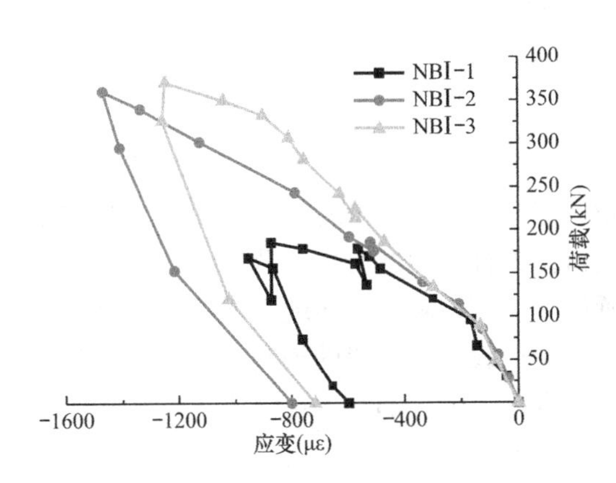

图5-17　2.0m跨度试件荷载-应变曲线

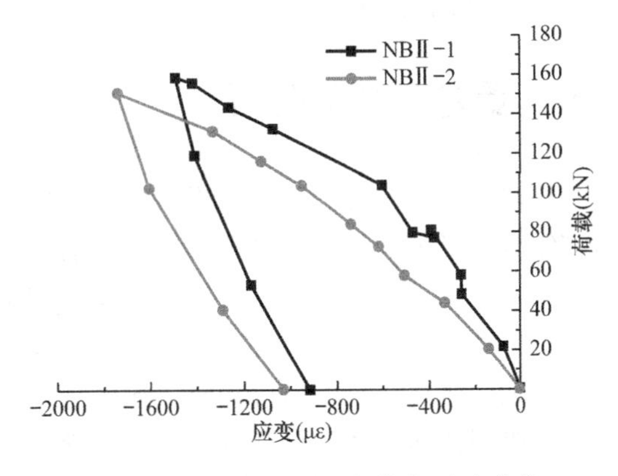

图5-18　3.4m跨度试件荷载-应变曲线

大跨度组合板试件的跨中混凝土受压区边缘应力随荷载的变化情况如图5-19和图5-20所示，由图可以看出，缩口型组合板试件无论端部是否设置栓钉锚固，在外荷载作用下受压区混凝土的应变均未达到非均匀受压时的极限压应变0.0033。大跨度组合板试件在外荷载作用下，跨中位置处混凝土裂缝发展充分，截面刚度降低明显，跨中受压区边缘混凝土应变发展稳步增加，均属于跨中挠度过大引起的破坏模式，且跨中纯弯段的距离增大，混凝土应力重新分布的能力更加明显，混凝土的最大应变不会局限于某个区域，通常情况下也很难发生受压区混凝土压碎的现象。

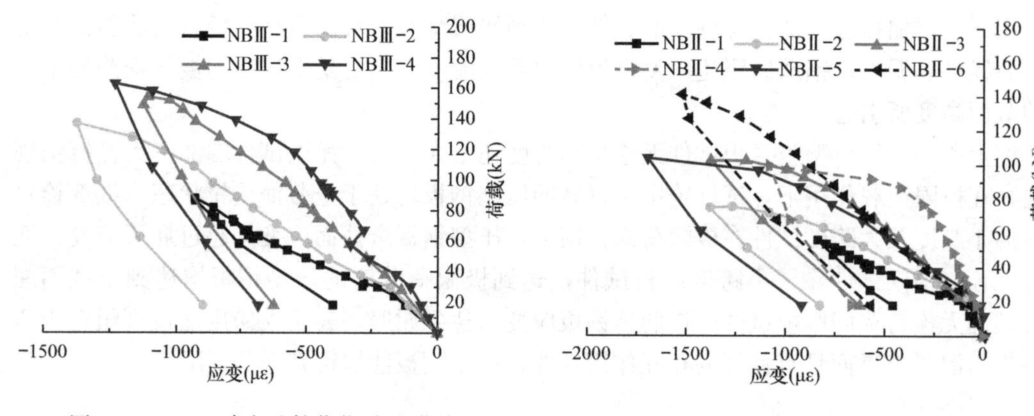

图 5-19　4.8m 跨度试件荷载-应变曲线　　图 5-20　6.0m 跨度试件荷载-应变曲线

从应变发展趋势可以看出，同等荷载条件下，端部无栓钉锚固试件的受压区混凝土应变发展更快，而端部栓钉锚固试件的应变发展相对较慢，主要是因为栓钉的存在限制了压型钢板和混凝土界面的粘结滑移，从而更加有效地约束了组合板的弯曲变形，而无栓钉锚固试件则缺乏锚固约束，挠度变形较快，曲率的增长相比栓钉锚固试件更加明显，因此混凝土应变的增长要更大一些。大跨度栓钉锚固厚板试件破坏时受压区混凝土应变相比薄板试件明显增大，主要是因为厚板试件在达到极限荷载时，同等曲率条件下，厚板受压区混凝土高应力区域明显缩小，间接增加了混凝土的应变发展。增加压型钢板的厚度对混凝土应变发展的影响并不明显；增加板底附加受拉钢筋可有效增大试件的截面含钢率，增强试件的变形能力，对受压区混凝土应变的发展起到明显的促进作用。

5.6　受力全过程分析

选取端部无栓钉锚固组合板 NBⅣ-1 和端部栓钉锚固组合板 NBⅣ-2 分别进行大跨度缩口型组合板受力全过程的机理分析。从前述对缩口型组合板的试验过程及试验结果分析可以看出，端部无锚固小跨度厚板试件发生的是延性纵向剪切破坏，而端部增加栓钉锚固试件则发生延性纵向剪切或弯剪破坏，且其破坏主要受加载点主裂缝的控制。大跨度组合板的破坏模式相比小跨度组合板有明显区别，主要体现在无论端部有无栓钉锚固，试件均发生延性纵向剪切破坏，且其极限承载力受跨中挠度的控制。

图 5-21 为端部无栓钉锚固的大跨度缩口型组合板 NBⅣ-1 受力过程的荷载-跨中挠度及荷载-端部最大滑移曲线。可以看出，加载初期，端部无锚固缩口型组合板的荷载-跨中挠度关系呈现出良好的线弹性变形特征；随着荷载的增加，跨中区域混凝土开裂，组合板呈现出明显的非线性变形特征，主要是因为混凝土截面的开裂降低了混凝土截面的有效截面高度，进而降低了组合板的截面抗弯刚度；继续加载，压型钢板与混凝土界面出现相对滑移，由于缩口型压型钢板特殊的表面特征及与混凝土之间良好的机械咬合作用，其荷载-跨中挠度曲线呈现出明显的锯齿形变化；加载后期，组合板表现出良好的承载性能，最终因跨中挠度过大而宣告破坏。

图 5-22 为端部栓钉锚固的大跨度缩口型组合板 NBⅣ-2 受力过程的荷载-跨中挠度及荷

载-端部最大滑移曲线。从其受力全过程曲线可以看出，试件 NBⅣ-2 和 NBⅣ-1 在加载初期的受力过程基本相同；随着荷载的增加，跨中区域混凝土开裂，荷载-跨中挠度曲线呈现出明显的非线性特征；压型钢板与混凝土界面相对滑移的产生并未对荷载-跨中挠度曲线造成显著的影响，表明缩口型组合板在外荷载作用下，其界面滑移受端部锚固的影响是一个循序渐进的过程；加载后期，组合板跨中挠度随荷载的增长持续增加，最终因跨中挠度过大而宣告破坏。

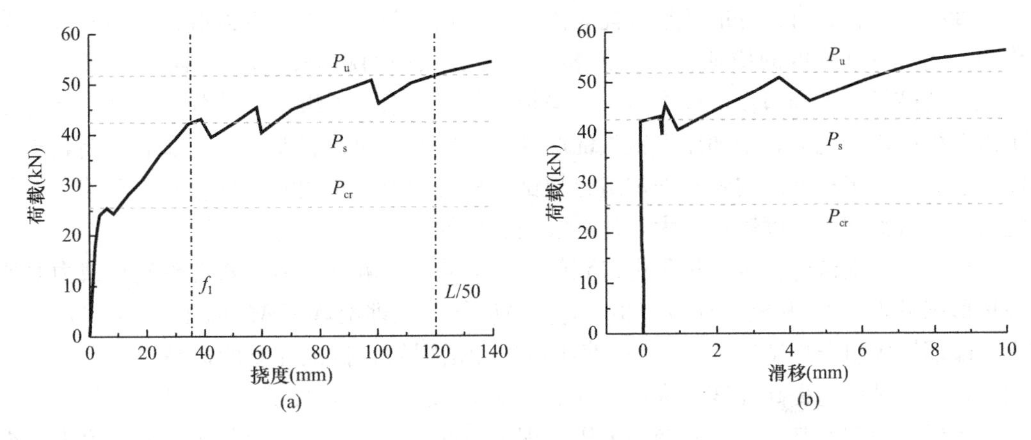

图 5-21　NBⅣ-1 试件受力全过程

（a）荷载-跨中挠度关系；（b）荷载-端部滑移关系

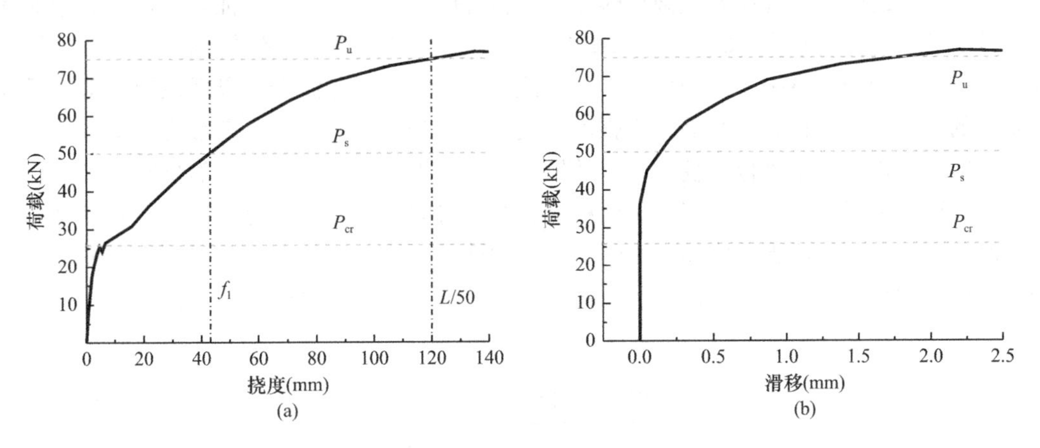

图 5-22　NBⅣ-2 试件受力全过程

（a）荷载-跨中挠度关系；（b）荷载-端部滑移关系

通过对不同端部锚固条件组合板受力全过程的分析可以看出，不同的端部锚固条件对组合板受力性能的影响明显不同。端部无栓钉锚固组合板的受力过程主要表现为跨中区域混凝土开裂前的弹性及弹塑性受力阶段、开裂及端部滑移后的弹塑性变形阶段以及加载后期的破坏阶段；端部锚固组合板则主要表现为开裂前的弹性或弹塑性变形阶段和开裂后弹塑性变形阶段：开裂前，组合板主要呈现为弹性或部分弹塑性变形特征，开裂后主要以弹塑性变形特征为主。端部栓钉锚固增强了压型钢板与混凝土界面的相互作用性能，抑制了界面之间的相互滑移，并且间接提高了组合板的承载能力。

5.7 特征荷载及承载力分析

基于对15个缩口型组合板试件受力性能的分析表明，缩口型压型钢板与混凝土之间具有较好的协同工作性能。小跨度厚板及大跨度端部无锚固试件均发生延性纵向剪切破坏；端部栓钉锚固小跨度薄板及大跨度试件的破坏形态类似于弯曲破坏形态，破坏时均受跨中挠度控制，且具有良好的变形性能，因其压型钢板与混凝土的界面滑移受到极大的抑制作用，随着试件跨度的增加，界面的相对滑移有减小的趋势；增加大跨度组合板的厚度，试件的破坏形态和薄板试件类似，但厚板试件明显增强了组合板的截面刚度，同时提高了组合板的承载能力；增加压型钢板的厚度，试件的截面承载能力得到显著提高，抗滑移能力也有了一定程度的增强；增加组合板试件板底附加受拉钢筋，可有效提高截面的承载能力，对截面初始刚度影响不大，但对加载后期的截面刚度具有增强作用。

缩口型组合板试件在试验过程中得到的特征荷载、实测承载力与塑性理论承载力对比及破坏形态见表5-2。从极限荷载产生的弯矩 M_u 与塑性理论弯矩 M_p 的比值 M_u/M_p 可以看出，端部锚固组合板试件的 M_u/M_p 值明显比无锚固组合板试件有所提高，但提高幅度不同，小跨度试件的提高程度比大跨度试件明显，大跨度组合板试件 M_u/M_p 值的提高程度明显较低，表明大跨度组合板增加了压型钢板与混凝土界面的组合作用面积，增强了界面的抗滑移能力和弯曲变形能力，间接提高了压型钢板与混凝土的协同工作能力；端部栓钉锚固大跨度组合板试件在发生破坏时呈现出良好的滑移弯曲破坏特征，但承载力未能达到全截面塑性理论承载力 M_p 值，主要是因为尽管缩口型组合板试件的端部栓钉锚固作用增强了压型钢板与混凝土界面的协同工作性能，但压型钢板与混凝土界面以及端部还是存在微小的纵向剪切滑移，同时混凝土强度不能得到充分发挥，故在一定程度上降低了试件的承载能力。增加压型钢板厚度可以有效地增强压型钢板与混凝土界面的抗滑移性能，提高构件的截面承载能力，但对组合板两种材料之间协同工作能力的提高并未达到完全粘结的程度。同样的情况体现在增加板底附加受力钢筋的试件，增加板底附加受力钢筋，主要提高了构件的承载能力和延性性能，但对压型钢板与混凝土界面协同工作性能的提高并不明显。

缩口型组合板试件实测值及破坏形态 表5-2

试件编号	P_{cr}(kN)	P_s(kN)	P_u(kN)	M_u(kN·m)	M_p(kN·m)	M_u/M_p	f(mm)	s(mm)	破坏形态
NBⅠ-1	141.0	178.3	189	49.5	105.9	0.47	25.5	5.57	延性纵剪
NBⅠ-2	155.0	185.0	360	92.2	105.9	0.87	66.0	12.62	延性纵剪
NBⅠ-3	127.0	187.3	373	95.5	105.9	0.9	59.2	15.43	延性纵剪
NBⅡ-1	50.0	71.0	149	83.4	83.7	1	137.1	7.79	弯曲
NBⅡ-2	76.0	78.0	157	87.5	83.7	1.05	135.9	13.05	弯曲
NBⅢ-1	58.0	68.1	88	71.3	91.1	0.78	75.7	6.28	延性纵剪
NBⅢ-2	48.0	70.2	137	106.5	91.1	1.17	116.0	2.59	弯曲
NBⅢ-3	63.0	89.4	155	119.5	113.3	1.05	109.6	3.59	弯曲
NBⅢ-4	50.0	90.1	163	127.3	120.6	1.06	142.9	9.23	弯曲
NBⅣ-1	25.6	41.6	57	61.2	120.6	0.51	172.7	12.10	延性纵剪

续表

试件编号	P_{cr}(kN)	P_s(kN)	P_u(kN)	M_u(kN·m)	M_p(kN·m)	M_u/M_p	f(mm)	s(mm)	破坏形态
NBⅣ-2	28.0	49.7	78	80.1	120.6	0.66	161.7	2.92	滑移弯曲
NBⅣ-3	30.0	52.1	108	107.1	151.8	0.71	162.7	2.25	滑移弯曲
NBⅣ-4	35.0	73.1	100	102.4	157.5	0.65	151.8	2.37	滑移弯曲
NBⅣ-5	33.0	75.7	106	105.3	149.6	0.70	167.9	3.17	滑移弯曲
NBⅣ-6	38.0	82.1	152	146.7	186.0	0.79	154.66	1.11	滑移弯曲

注：P_{cr}为开裂荷载；P_s为滑移荷载；P_u为极限荷载；M_u为跨中极限弯矩；M_p为截面塑性抵抗矩；f为跨中最大挠度；s为端部最大滑移。

5.8 本章小结

本章共进行了15个缩口型组合板试件的足尺静载荷弯曲承载性能试验，研究了不同端部锚固条件件、跨度、跨高比、压型钢板厚度以及板底附加受拉钢筋等因素对组合板纵向抗剪性能的影响，得出如下主要结论：

（1）端部无栓钉锚固组合板试件均发生延性纵向剪切破坏，且其延性性能随着跨度的增大得到明显改善；端部栓钉锚固试件破坏时受组合板跨度及跨高比的影响，小跨度厚板试件破坏时呈现明显的延性纵向剪切破坏特征，大跨度试件破坏时呈现弯曲破坏或滑移弯曲破坏特征。

（2）组合板通过增加端部栓钉锚固措施有效地增强了压型钢板与混凝土界面的相互作用能力，进而提高了构件的截面承载能力，且承载力提高的程度与组合板试件的跨高比有直接关系，小跨度厚板试件的承载力提高幅度较大，破坏形态得到明显改善；大跨度组合板试件的承载力也有明显提高，但提高幅度较小跨度厚板试件明显减小。

（3）缩口型截面组合板压型钢板与混凝土界面的抗滑移性能受压型钢板厚度及端部锚固条件影响明显，增加压型钢板厚度可以较好地提高界面的抗滑移能力，增加端部栓钉锚固措施对试件的端部滑移有明显的约束作用。

（4）所有组合板试件在试验过程中均为全截面受拉，破坏时压型钢板底板均发生屈服；除了小跨度端部无栓钉锚固厚板，其他试件的缩口肋顶钢板均达到屈服状态，显示出缩口型压型钢板与混凝土界面良好的协同工作性能。

（5）缩口型组合板试件发生破坏时受压区边缘混凝土均处于较低的应力水平，均未达到混凝土非均匀受力的极限压应变0.0033，且试验过程中也未发现受压区边缘混凝土压碎现象。

（6）由大跨度缩口型组合板受力全过程分析可以看出，端部无栓钉锚固组合板的受力过程包括开裂前的弹性或弹塑性受力阶段、开裂后的弹塑性变形阶段以及破坏阶段；而端部栓钉锚固组合板的受力过程主要表现为混凝土开裂前的弹性或弹塑性受力阶段以及开裂后的弹塑性受力阶段；大跨度缩口型组合板均发生由跨中挠度控制的破坏。

（7）组合板试件M_u/M_p值的大小与端部锚固条件有明显关系，小跨度端部栓钉锚固试件的M_u/M_p值比大跨度试件的提高幅度更加显著，随着跨度的增大，栓钉锚固作用对承载力的提高幅度有减小趋势。

（8）大跨度组合板通过增加板底附加受力钢筋可以显著地提高构件的承载能力和延性性能，但对压型钢板与混凝土界面的抗滑移能力影响并不明显。

第6章 大跨度组合板纵向抗剪性能有限元分析

6.1 引言

通过第2章对组合板界面剪切粘结-滑移试验的研究可以看出，压型钢板与混凝土界面的剪切粘结性能主要受压型钢板截面形状、压型钢板厚度及表面特征的影响。通过第3～5章对组合板承载力试验的研究可以看出，不同截面形式的压型钢板-混凝土组合板的受力过程、破坏形态及承载能力存在着较大差异。组合板的破坏形态及承载能力受诸多因素影响，除了压型钢板本身的截面特征外，还与组合板的端部锚固条件、跨度、跨高比、压型钢板厚度等因素有关。通过简单的承载力对比分析可以看出，不同条件下组合板的实际承载力 M_u 与塑性理论承载力 M_p 存在不同程度的差异，主要表现在压型钢板与混凝土界面组合作用的大小。为了深入探究大跨度压型钢板-混凝土组合板的承载能力，须在模型试验的基础上扩大样本空间，系统地研究组合板在受力过程中压型钢板与混凝土界面剪切粘结应力的分布和发展情况以及影响组合板破坏形态和承载能力的重要因素。由于组合板在外荷载作用下的受力过程相对复杂，影响因素较多、混凝土材料具有明显的非线性特征以及压型钢板与混凝土界面接触的复杂性等，采用解析方法很难对组合板的受力性能进行深入分析和总结。若想通过试验对组合板的受力性能做出详细的评价，除了试验周期长之外，还需要投入大量的人力、物力，并且数据具有一定的离散性。故结合试验结果，利用有限单元法可以更全面地分析所研究对象在各种条件下的受力性能，从而获得更多的数据用于发现各种变化规律，还可以回避试验过程中难以避免的缺陷问题以及进行常规试验时所达不到的局部微观复杂受力状态分析，进而节约大量的资源投入、提升研究工作的效率。

为了更好地研究大跨度组合板界面的剪切粘结性能及承载能力，本章采用 Abaqus 有限元分析软件，建立不同截面形式、不同跨度、不同跨高比、不同压型钢板厚度及端部锚固条件的三维有限元模型，采用第2～5章的试验数据进行模型准确性的验证，并且着重研究大跨度组合板压型钢板与混凝土界面的剪应力分布及发展情况，针对开口型、缩口型及闭口型截面的大跨度组合板的承载能力及影响因素进行深入分析。

6.2 有限元模型的建立

Abaqus 有限元分析软件常用的求解方法主要包括 Abaqus/Explicit 和 Abaqus/Standard 两种，前者主要用于分析结构或构件复杂非线性动力或准静态问题；后者应用更加广泛，不但可以应用于动态分析，还可以应用于静态的线性或非线性分析及复杂的非线性耦合问题分析，本章采用后者作为有限元分析的求解方法。

6.2.1 单元类型及网格划分

简支组合板的模型主要由混凝土、压型钢板、栓钉、接触及加载装置等构成，因此单元的选取主要围绕模型的构成进行。本书有限元模型选用了实体、壳、梁及桁架四种单元类型，其中混凝土的三维尺度较大，采用 8 节点六面体实体单元（C3D8R）；压型钢板由于其厚度方向的尺寸相比其他两个方向的尺寸相差较大，故采用 4 节点壳单元（SR4）；由于栓钉处于弯剪受力状态，故采用梁单元（B31）；板底受拉钢筋采用桁架单元（T3D2）；压型钢板与混凝土的界面采用三向 2 节点弹簧单元（Spring 2）。

鉴于压型钢板及混凝土界面的不规则性，模型单元在进行网格划分时，首先采用基准面（Datum）将不规则的平面或实体切割成若干规则的面或者体，然后通过布置等分边线种子（Edge seed），采用结构化网格控制方式（Structure），将压型钢板和混凝土划分成较为规则且统一的单元网格。由于压型钢板与混凝土界面采用三向 2 节点弹簧单元进行分析，为了统一弹簧组的本构模型，划分压型钢板和混凝土的单元网格时，保持网格尺寸均匀分布，且节点重合。为了防止由于网格过疏而出现“沙漏问题”，混凝土沿模型厚度方向至少划分四个单元，同时要避免窄长条或薄片等畸形单元。辅助加载垫块及支座垫块的网格划分参照混凝土单元划分，尽量保持网格节点和混凝土或压型钢板节点一致。栓钉及钢筋单元的划分相对比较简单，直接按常规划分即可满足模型需求。由于模型的加载方式及边界条件沿跨中对称，为了节约计算成本，提高计算效率，本章均在跨中位置处选取对称的半跨模型进行计算。

6.2.2　材料本构模型选取

（1）混凝土的本构模型

本书选用塑性损伤模型来模拟混凝土材料的本构关系，Abaqus 软件可将损伤融入混凝土模型中，对混凝土材料的弹性刚度矩阵进行折减，进而模拟混凝土的卸载刚度随损伤增大而降低的特点。塑性损伤模型采用各向同性的弹性损伤结合拉伸及压缩塑性理论来体现混凝土受力过程中的非弹性特征；采用非关联多重硬化塑性的受压塑性行为来模拟混凝土压碎过程中不可逆的损伤，使得损伤模型的收敛性更好。

依据 Abaqus 软件提供的混凝土损伤模型，采用《混凝土结构设计规范》GB 50010—2010 附录 C 建议的混凝土单轴方向的应力-应变关系曲线，来确定本章模型的混凝土本构关系，具体表达式如下。

混凝土单轴方向受压应力-应变曲线方程为：

$$d_c = \begin{cases} 1-\dfrac{\rho_c n}{n-1+x^n} & x \leqslant 1 \\ 1-\dfrac{\rho_c}{\alpha_c(x-1)^2+x} & x > 1 \end{cases} \tag{6-1}$$

$$\sigma = (1-d_c)E_c\varepsilon \tag{6-2}$$

$$\rho_c = \frac{f_{c,r}}{E_c\varepsilon_{c,r}} \tag{6-3}$$

$$n = \frac{E_c\varepsilon_{c,r}}{E_c\varepsilon_{c,r} - f_{c,r}} \tag{6-4}$$

$$x = \frac{\varepsilon}{\varepsilon_{c,r}} \tag{6-5}$$

式中：α_c——混凝土单轴方向受压应力-应变曲线下降段的参数值；

$f_{c,r}$——混凝土单轴方向抗压强度代表值，本模型选取 $f_{c,r}=f_{ck}$；

$\varepsilon_{c,r}$——单轴方向抗压强度 $f_{c,r}$所对应的混凝土峰值压应变；

d_c——混凝土单轴受压损伤系数。

混凝土单轴方向受拉应力-应变曲线方程为：

$$\sigma=(1-d_t)E_c\varepsilon \tag{6-6}$$

$$d_t=\begin{cases}1-\rho_t[1.2-0.2x^5] & x\leqslant 1\\ 1-\dfrac{\rho_t}{\alpha_t(x-1)^{1.7}+x} & x>1\end{cases} \tag{6-7}$$

$$\rho_t=\frac{f_{t,r}}{E_c\varepsilon_{t,r}} \tag{6-8}$$

$$x=\frac{\varepsilon}{\varepsilon_{t,r}} \tag{6-9}$$

式中：α_t——混凝土单轴方向受拉应力-应变曲线下降段的参数值；

$f_{t,r}$——混凝土单轴方向抗拉强度代表值，本模型选取 $f_{t,r}=f_{tk}$；

$\varepsilon_{t,r}$——单轴方向抗拉强度 $f_{t,r}$所对应的混凝土极限拉应变；

d_t——混凝土单轴受拉损伤系数。

以上公式中未列出的符号释义参见《混凝土结构设计规范》GB 50010—2010。

文中所建模型的混凝土本构关系曲线如图 6-1、图 6-2 所示，混凝土的塑性损伤模型参数见表 6-1。

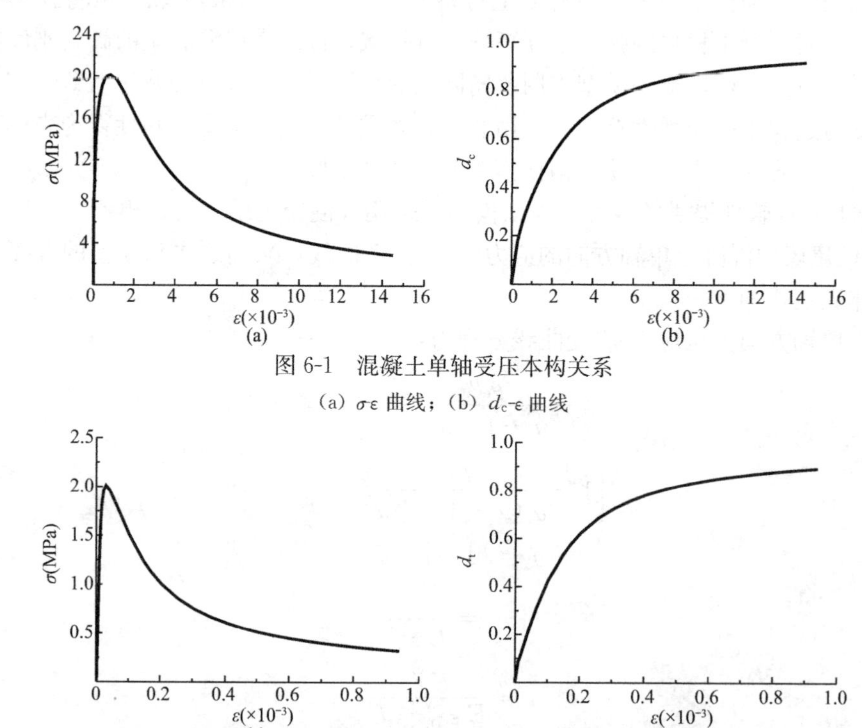

图 6-1 混凝土单轴受压本构关系

(a) σ-ε 曲线；(b) d_c-ε 曲线

图 6-2 混凝土单轴受拉本构关系

(a) σ-ε 曲线；(b) d_c-ε 曲线

混凝土塑性损伤模型参数　　**表 6-1**

膨胀角	偏心率	f_{b0}/f_{c0}	K	黏性参数
30°	0.1	1.16	0.667	0.0005

（2）压型钢板、栓钉及钢筋的本构模型

压型钢板属于无明显屈服点的材料，采用典型的二折线强化模型，板底受拉钢筋及栓钉则采用理想弹塑性模型，压型钢板、栓钉及钢筋的本构关系如图 6-3 所示。其中，压型钢板和钢筋的屈服点标准值及弹性模量按第 2～5 章实测强度计算，压型钢板强化段的弹性模量取 0.01E_s，E_s 为压型钢板实测的弹性模量。

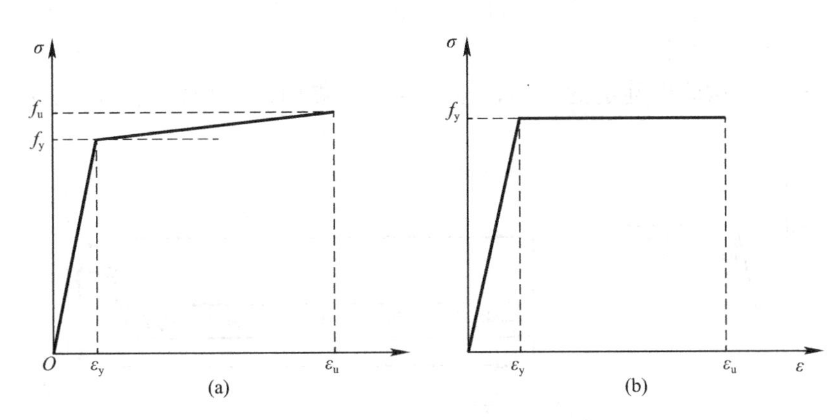

图 6-3　压型钢板、栓钉及钢筋的本构关系
（a）压型钢板的本构模型；（b）栓钉和钢筋的本构模型

6.2.3　界面剪切滑移本构模型

组合板建模过程中最难确定的是混凝土与压型钢板之间界面的相互作用模型。国内外学者在研究组合板时采用的界面相互作用本构关系主要集中于两个方面：一方面以 Abaqus 软件自带的硬接触（Hard Contact）并辅以库伦摩擦方法进行模拟，该方法最大的优点是可以较好地模拟压型钢板与混凝土界面的接触问题，但收敛难度较大，占用计算资源较多；另一方面以连接单元形式（Connector）来模拟压型钢板与混凝土界面的接触问题，连接单元可以较好地模拟压型钢板与混凝土界面的粘结滑移性能，收敛性较好，占用计算资源较少，被很多国内外学者广泛采用。组合板界面连接单元采用 Radial-Thrust（简称 R-T 单元），其示意图如图 6-4（a）所示。每个 R-T 单元相当于两个互相垂直的弹簧单元，Radial 的方向代表径向方向弹簧，而 Thrust 的方向代表法向方向弹簧，通过定义径向和法向弹簧的刚度或非线性特征值，即可定义 R-T 单元的属性。

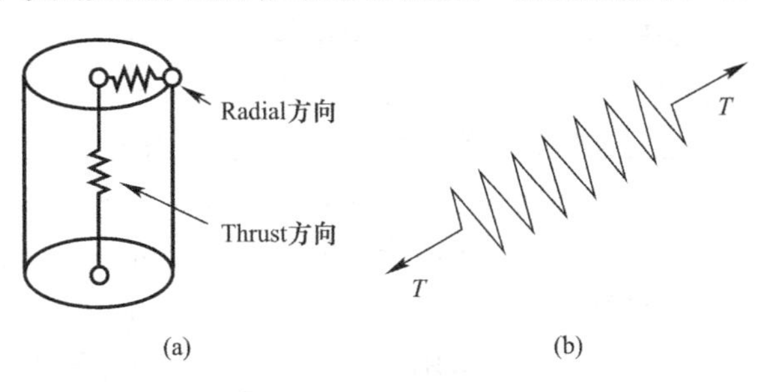

图 6-4　界面连接单元
（a）Radial-Thrust；（b）Spring 2

由于 R-T 单元径向属性定义唯一，很难对径向属性不同的受力特征进行定义，尤其是自由边的压型钢板与混凝土界面的相互作用。本章采用正交的两个弹簧来代替 R-T 模型中

的径向特征，Thrust 方向采用法向弹簧，并且通过定义不同方向弹簧的应力-应变关系来描述不同方向上压型钢板与混凝土界面的相互作用特征。已有文献表明，采用三维弹簧模型可以很好地模拟压型钢板与混凝土界面的相互作用性能，本书所建模型采用图 6-4（b）所示的弹簧单元（Spring 2），分别在 x、y 和 z 三个维度上定义压型钢板与混凝土界面的接触特性。弹簧单元沿压型钢板的剪切滑移本构根据第 2 章推出试验得到的横向荷载和切线荷载的对比关系来定义弹簧的非线性特征，如图 6-5（a）所示；其他两个方向根据压型钢板不同位置的受力特点分别定义不同的刚度。每个弹簧沿剪切滑移方向承担的轴向力 T 的计算表达式为：

$$T = A_{\text{net}}\tau_{\text{u,t}} \tag{6-10}$$

式中：A_{net}——网格的面积；

$\tau_{\text{u,t}}$——推出试验中确定的压型钢板与混凝土界面的平均剪应力，见式（2-10）～式(2-12)。

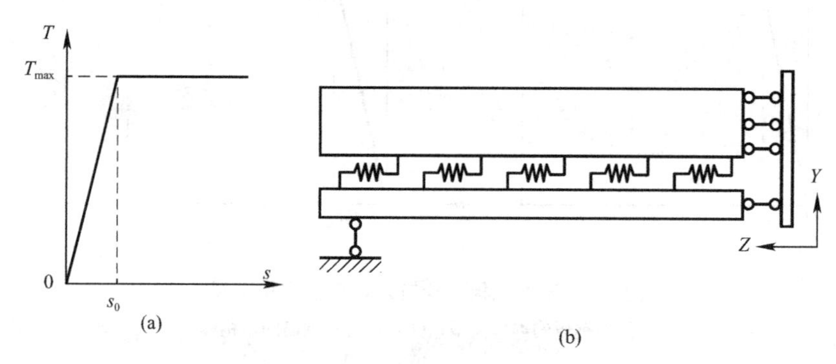

图 6-5　Spring 2 单元连接及本构模型

（a）Spring 2 单元本构模型；（b）Spring 2 单元连接

6.2.4　相互作用及边界条件设置

有限元分析模型的建立及边界条件的设置应尽可能反映实际构件的受力状态。前文已讲到压型钢板与混凝土的界面采用弹簧单元连接，如图 6-5（b）所示，为了更好地反映压型钢板与混凝土界面的相互作用，划分网格时保证压型钢板节点与混凝土节点重合，并分别在压型钢板与混凝土节点间布置弹簧连接。端部栓钉锚固试件为了防止点对点连接出现应力集中问题，事先对压型钢板及支座垫板与栓钉连接的区域进行切割，切割面的大小相当于栓钉焊脚的面积，并采用耦合（Coupling）的方式将栓钉底部分别与压型钢板和支座垫板进行连接；栓钉与混凝土之间采用嵌入（Embedded）连接方式。支座垫板与压型钢板之间采用硬接触连接；加载板与混凝土之间采用约束绑定连接（Tie）。

为了更好地体现组合板的整个受力过程，包括加载后期的下降段曲线，本书所建模型均采用位移加载模式。因组合板试验采用的是两种加载模式，故有限元模型也应该按照模型跨度的不同分别采用两点对称加载及四点等距加载模式。前述已经讲到本章模型均采用对称半模型，因此跨中对称位置的边界约束设定为 ZSYMM（U3＝UR1＝UR2＝0）对称约束形式，简支边支座约束解除 U3 和 UR1，保证支座绕 x 轴自由转动。对于板底附加受拉钢筋组合板模型，板底附加钢筋与混凝土之间采用嵌入连接，对称边的钢筋边界仅约束沿跨度方向的位移。

6.3　模型验证

依照本书三种板型组合板分别建立有限元分析模型，通过与试验结果的对比来验证有限元分析模型的有效性，为后续的参数分析和理论研究提供可靠保障。

6.3.1　开口型组合板有限元模型

（1）模型建立

开口型组合板建立数值模型的基本参数及加载模式参见第3章内容，由于试件数量较多，分别选取较小跨度组合板模型OBⅠ-2和大跨度组合板模型OBⅣ-2来展示模型的建立，如图6-6、图6-7所示。

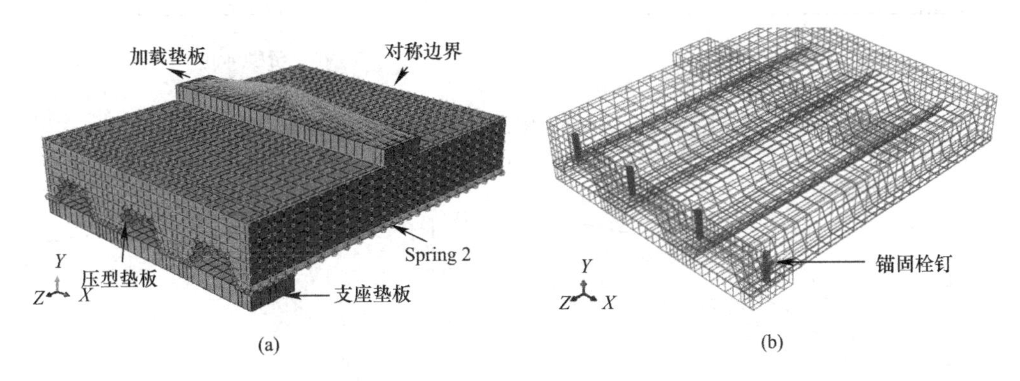

图6-6　OBⅠ-2有限元模型

（a）有限元模型；（b）栓钉布置

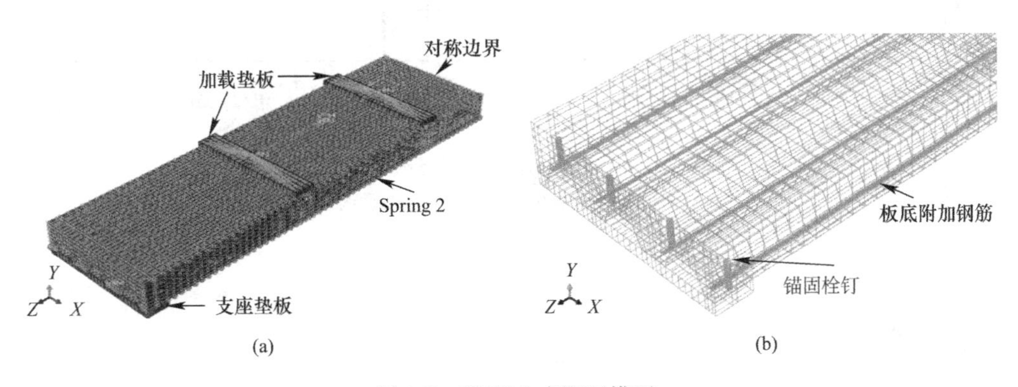

图6-7　OBⅣ-2有限元模型

（a）有限元模型；（b）栓钉及附加钢筋布置

（2）有限元模型结果验证

开口型组合板主要对组合板足尺试验的试件进行有限元分析结果的验证，验证内容包括荷载-跨中挠度及荷载-端部滑移等影响组合板受力性能及破坏形态的典型曲线与数值计算结果的吻合程度，还需验证有限元模型参数选取及压型钢板与混凝土界面接触本构模型的准确性，用以保证影响组合板承载性能参数分析的合理性。考虑到试验的试件数量较多，以图示方式仅显示小跨度端部无栓钉锚固组合板模型OBⅠ-1和端部栓钉锚固组合板模型 OBⅠ-2 以及大跨度组合板模型 OBⅣ-1 和 OBⅣ-2 的数值计算结果与试验结果的对比情况，如图 6-8～图 6-11 所示，其余对比结果以列表形式给出，见表 6-2，图表中的试件编号详见表 3-1。

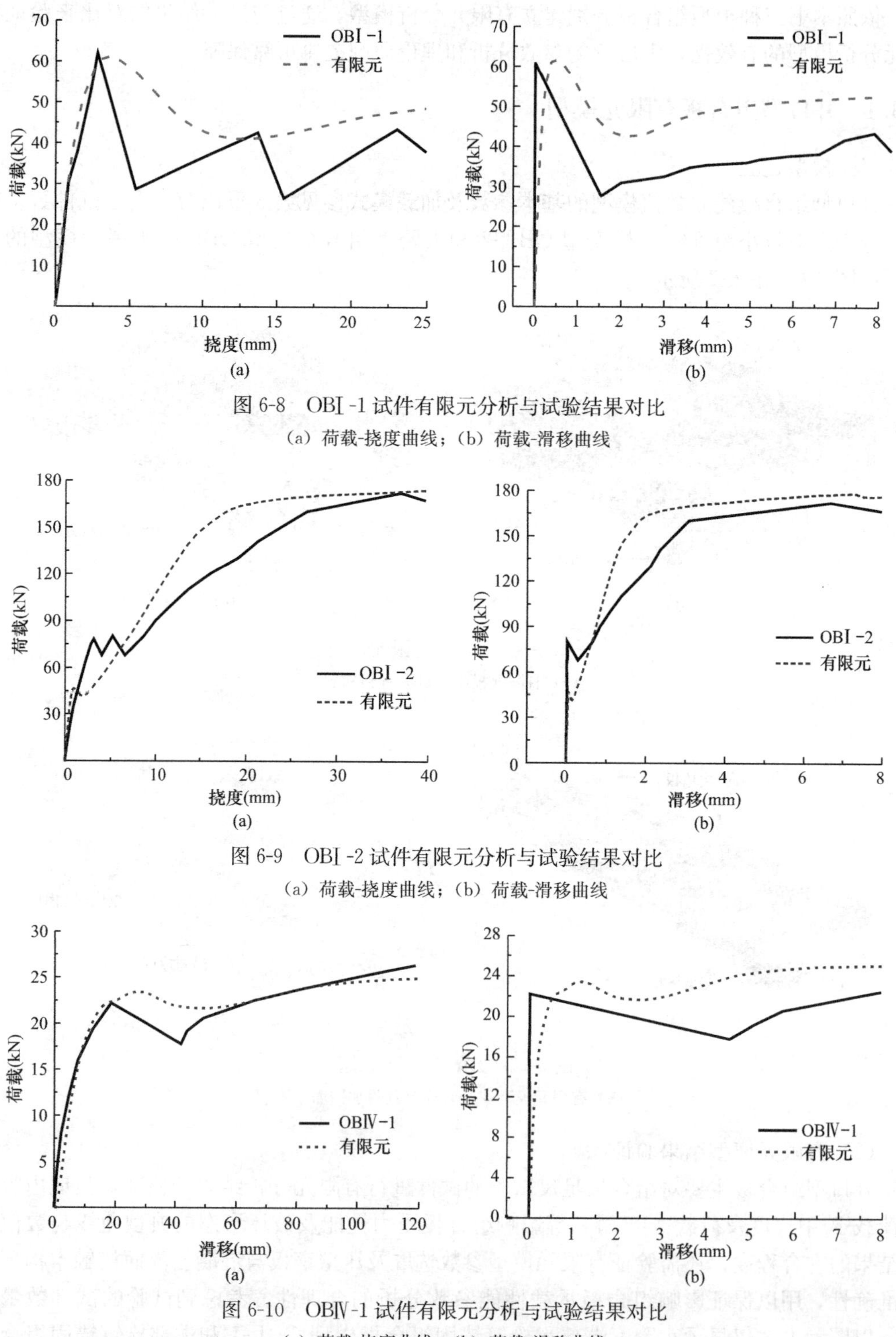

图 6-8　OBⅠ-1 试件有限元分析与试验结果对比

（a）荷载-挠度曲线；（b）荷载-滑移曲线

图 6-9　OBⅠ-2 试件有限元分析与试验结果对比

（a）荷载-挠度曲线；（b）荷载-滑移曲线

图 6-10　OBⅣ-1 试件有限元分析与试验结果对比

（a）荷载-挠度曲线；（b）荷载-滑移曲线

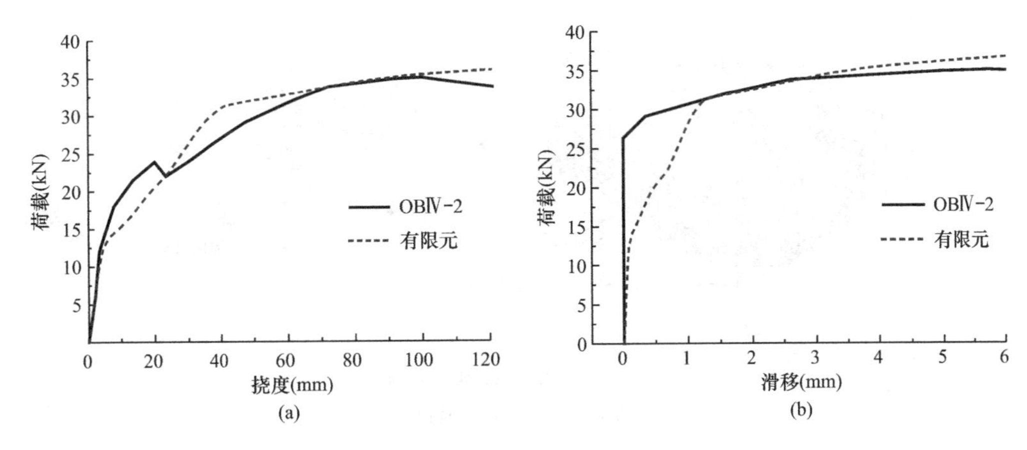

图 6-11　CBⅣ-2 试件有限元分析与试验结果对比

(a) 荷载-挠度曲线；(b) 荷载-滑移曲线

从图示荷载-挠度曲线及表 6-2 所列极限荷载可以看出，无论是小跨度还是大跨度组合板模型，以开口型组合板有限元分析结果与试验结果的对比情况来看，两者的吻合程度较好，表明有限元分析所选取的参数及本构模型均能很好地体现组合板的受力过程及承载能力；从图示荷载-端部滑移曲线及表 6-2 所列滑移荷载来看，数值计算结果显示的压型钢板与混凝土的界面滑移伴随了整个加载过程，而试验结果显示的组合板在加载初期并无明显滑移产生，而是在竖向荷载达到一定程度时才发生界面滑移。从极限荷载与界面滑移的对应关系可以看出，有限元分析得到的极限荷载所对应的界面滑移与试验结果吻合良好，表明有限元模型参数及本构关系的选取具有较高的可信度和准确性。

开口型组合板特征荷载有限元分析与试验结果对比　　　　**表 6-2**

试件编号	$P_{s,t}$(kN)	$P_{s,F}$(kN)	$\frac{P_{s,t}-P_{s,F}}{P_{s,t}}$	$P_{u,t}$(kN)	$P_{u,F}$(kN)	$\frac{P_{u,t}-P_{u,F}}{P_{u,t}}$
OBⅠ-1	57.5	36.8	0.36	62.2	67.4	−0.08
OBⅠ-2	74.8	44.7	0.40	171.8	165.3	0.04
OBⅡ-1	35.1	23.4	0.33	65.4	67.6	−0.03
OBⅢ-1	15.0	9.7	0.35	16.3	17.0	−0.04
OBⅢ-2	18.0	13.8	0.23	23.1	22.9	0.01
OBⅢ-3	22.0	14.6	0.34	30.5	32.1	−0.05
OBⅣ-1	19.5	8.9	0.54	26.8	24.7	0.08
OBⅣ-2	27.5	12.8	0.53	35.2	36.8	−0.05
OBⅣ-3	19.0	14.7	0.23	41.0	43.4	−0.06

注：$P_{s,t}$为实测滑移荷载；$P_{s,F}$为模型计算滑移荷载；$P_{u,t}$为实测极限荷载；$P_{u,F}$为模型计算极限荷载。

6.3.2　闭口型组合板有限元模型

(1) 模型建立

闭口型组合板建立模型的基本参数及加载模式参见第 4 章内容，分别选取较小跨度端部栓钉锚固组合板模型 CBⅠ-2 和大跨度端部栓钉锚固组合板模型 CBⅣ-2 来展示有限元模型的建立，如图 6-12、图 6-13 所示。

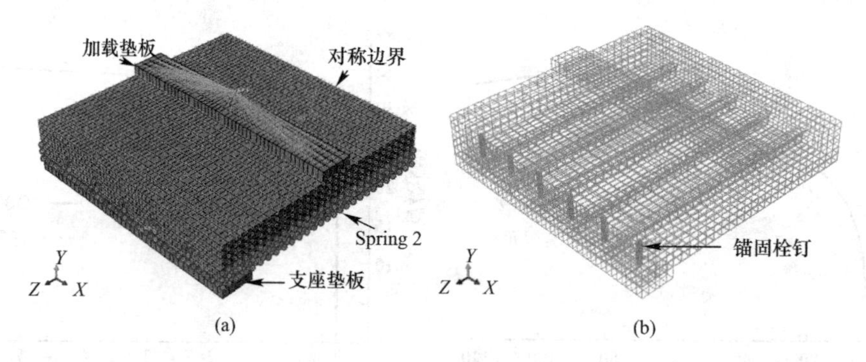

图 6-12　CBⅠ-2 有限元模型
（a）有限元模型；（b）栓钉布置

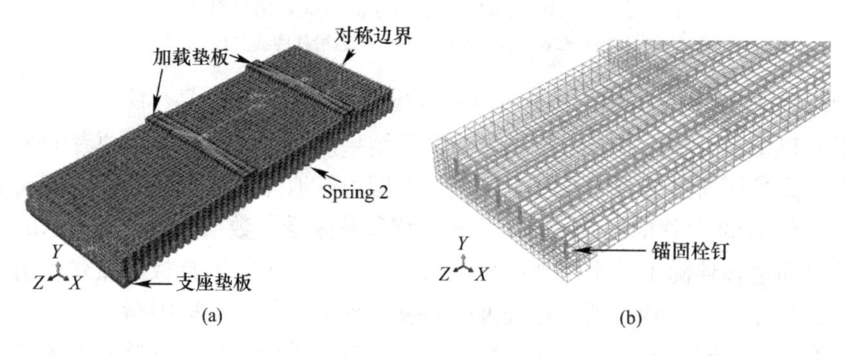

图 6-13　CBⅣ-2 有限元模型
（a）有限元模型；（b）栓钉布置

（2）有限元模型验证

闭口型组合板主要对数值模型和试验所得到的荷载-跨中挠度及荷载-端部滑移曲线进行验证，因试件数量较多文中仅展示了小跨度端部无栓钉锚固组合板模型 CBⅠ-1 和端部栓钉锚固组合板模型 CBⅠ-2 以及大跨度组合板模型 CBⅣ-1 和 CBⅣ-2 的对比情况，如图 6-14～图 6-17 所示，其余模型的对比结果以列表形式给出，见表 6-3，图表中的试件编号详见表 4-1。

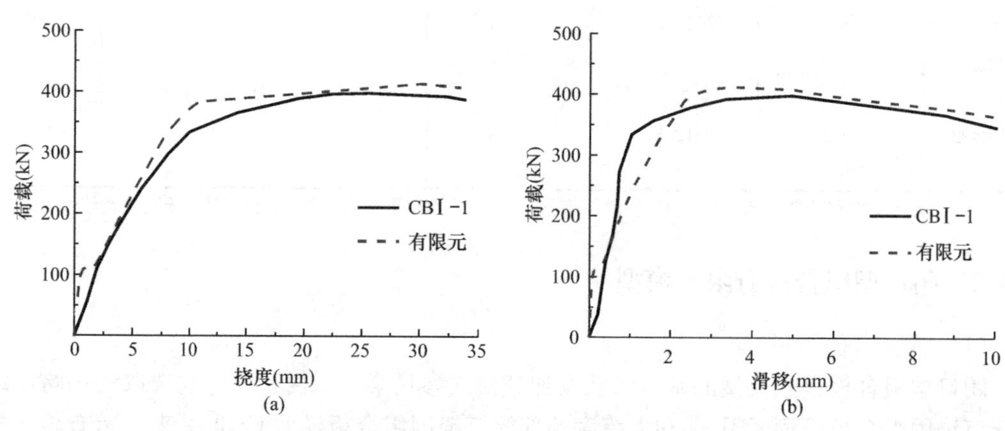

图 6-14　CBⅠ-1 试件有限元分析与试验结果对比
（a）荷载-挠度曲线；（b）荷载-滑移曲线

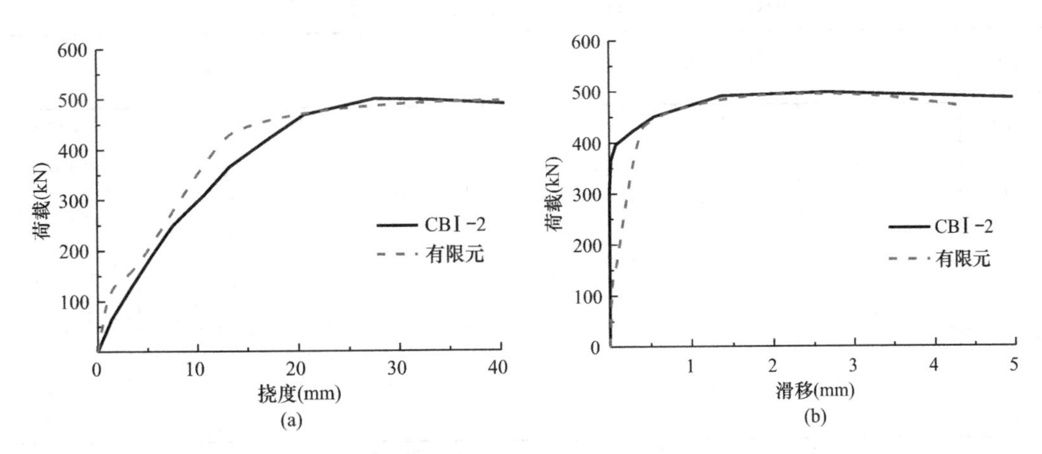

图 6-15　CBⅠ-2 试件有限元分析与试验结果对比

(a) 荷载-挠度曲线；(b) 荷载-滑移曲线

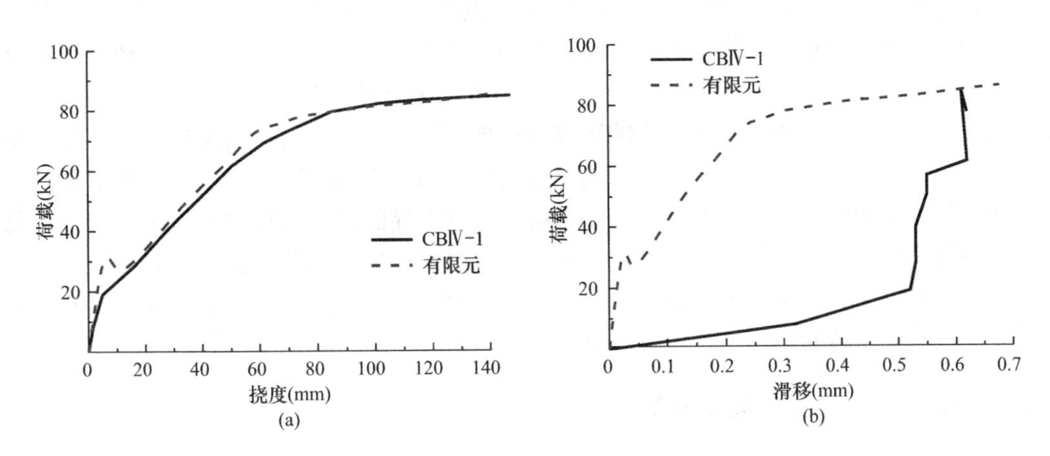

图 6-16　CBⅣ-1 试件有限元分析与试验结果对比

(a) 荷载-挠度曲线；(b) 荷载-滑移曲线

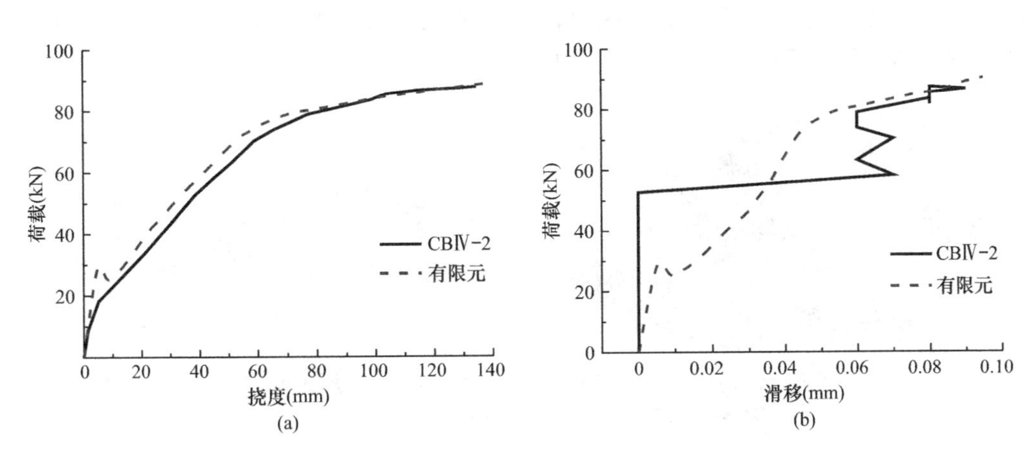

图 6-17　CBⅣ-2 试件有限元分析与试验结果对比

(a) 荷载-挠度曲线；(b) 荷载-滑移曲线

闭口型组合板特征荷载有限元分析与试验结果对比　　表 6-3

试件编号	$P_{s,t}$(kN)	$P_{s,F}$(kN)	$\frac{P_{s,t}-P_{s,F}}{P_{s,t}}$	$P_{u,t}$(kN)	$P_{u,F}$(kN)	$\frac{P_{u,t}-P_{u,F}}{P_{u,t}}$
CBⅠ-1	333.7	237.8	0.287	399.2	412.5	−0.033
CBⅠ-2	330.1	284.6	0.138	502.7	494.9	0.016
CBⅡ-1	46.1	66.3	−0.438	199.3	206.3	−0.035
CBⅢ-1	41.9	31.5	0.248	90.1	92.8	−0.03
CBⅢ-2	37.7	49.4	−0.310	94.5	96.8	−0.024
CBⅢ-3	39.8	47.8	−0.201	121.5	128.7	−0.059
CBⅣ-1	26.0	78.9	−2.035	85.3	86.1	−0.009
CBⅣ-2	30.0	27.4	0.087	88.8	95.7	−0.078
CBⅣ-3	36.9	31.6	0.144	108.1	112.6	−0.042

注：$P_{s,t}$为实测滑移荷载；$P_{s,F}$为模型计算滑移荷载；$P_{u,t}$为实测极限荷载；$P_{u,F}$为模型计算极限荷载。

对比闭口型组合板的有限元分析结果与对应的试验结果可以得到：荷载-挠度曲线吻合程度较好；荷载-滑移曲线存在一定的偏差，尤其是大跨度试件 CBⅣ-1 和 CBⅣ-2。对比组合板受力过程中的荷载特征值可以看出：极限承载力 $P_{u,t}$与 $P_{u,F}$吻合良好，最大误差为 7.8%；而 $P_{s,t}$与 $P_{s,F}$的吻合程度较差，差异性较大，主要原因在于组合板试件在制作及试验过程中存在安装等误差，极可能影响到界面局部应力分布不均匀，以及压型钢板与混凝土界面存在的薄弱环节会造成局部滑移的不确定性；另一方面原因在于试验过程中量测位置的界面滑移难以完全体现整个试件压型钢板与混凝土界面的滑移特性。从整体受力情况来看，有限元分析模型较好地反映了组合板的整个受力过程及承载性能，表明文中所建模型选用的参数及本构关系能够很好地体现组合板的实际受力状态，验证了有限元模型的正确性，为进一步的参数分析奠定了良好基础。

6.3.3 缩口型组合板有限元模型

（1）模型建立

缩口型组合板建立模型的基本参数及加载模式参见第 5 章内容，模型的验证内容同前两种板型。选取较小跨度端部栓钉锚固组合板模型 NBⅠ-2 和大跨度端部栓钉锚固组合板模型 NBⅣ-2 来展示有限元模型的建立，如图 6-18、图 6-19 所示。

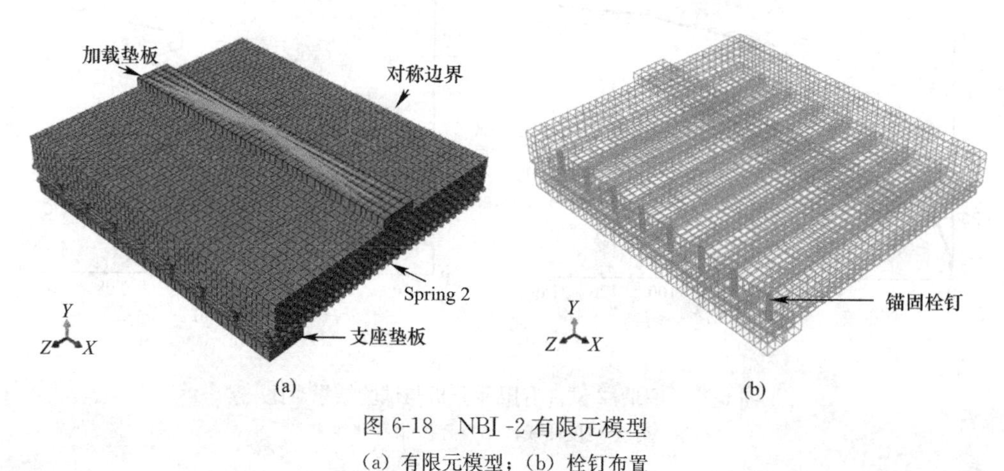

图 6-18　NBⅠ-2 有限元模型

(a) 有限元模型；(b) 栓钉布置

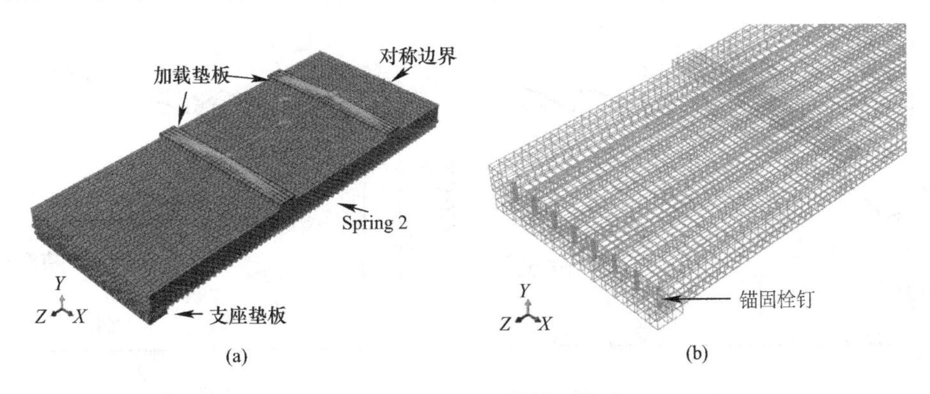

图 6-19　NBⅣ-2 有限元模型

（a）有限元模型；（b）栓钉布置

（2）有限元模型验证

缩口型组合板有限元分析结果的验证内容同前两种模型，验证曲线仅展示小跨度端部无锚固模型 NBⅠ-1 和端部栓钉锚固模型 NBⅠ-2，以及大跨度端部无锚固模型 NBⅣ-1、端部栓钉锚固模型 NBⅣ-2 和增加压型钢板厚度组合板模型 NBⅣ-3 的对比情况，如图 6-20～图 6-24 所示，其余模型的对比结果以列表形式给出，见表 6-4，图表中的试件编号详见表 5-1。

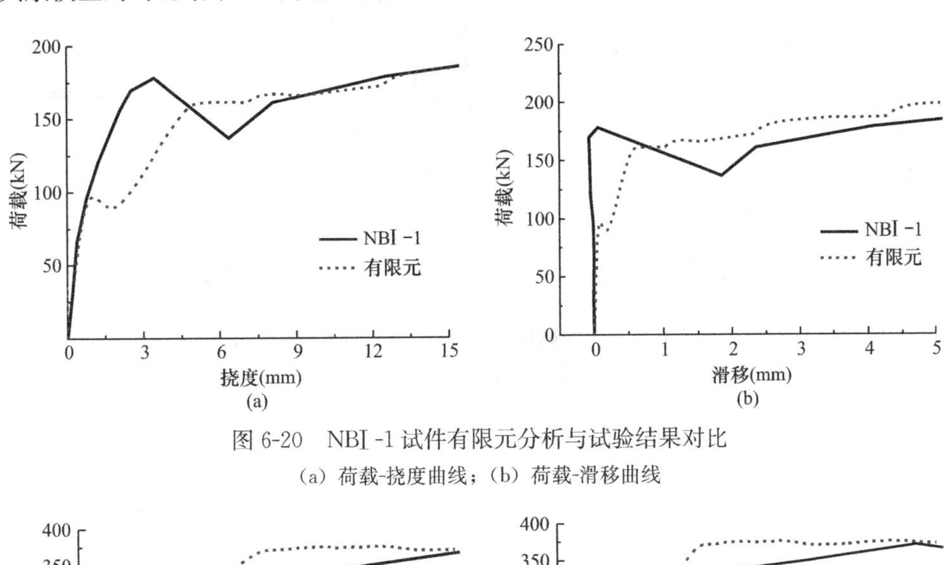

图 6-20　NBⅠ-1 试件有限元分析与试验结果对比

（a）荷载-挠度曲线；（b）荷载-滑移曲线

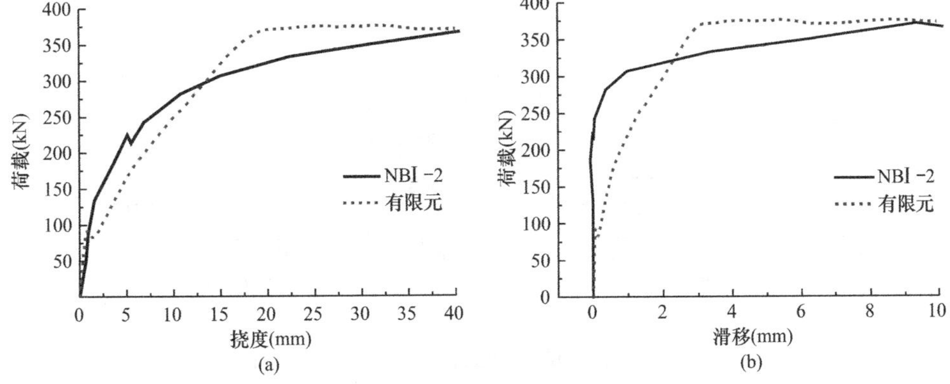

图 6-21　NBⅠ-2 试件有限元分析与试验结果对比

（a）荷载-挠度曲线；（b）荷载-滑移曲线

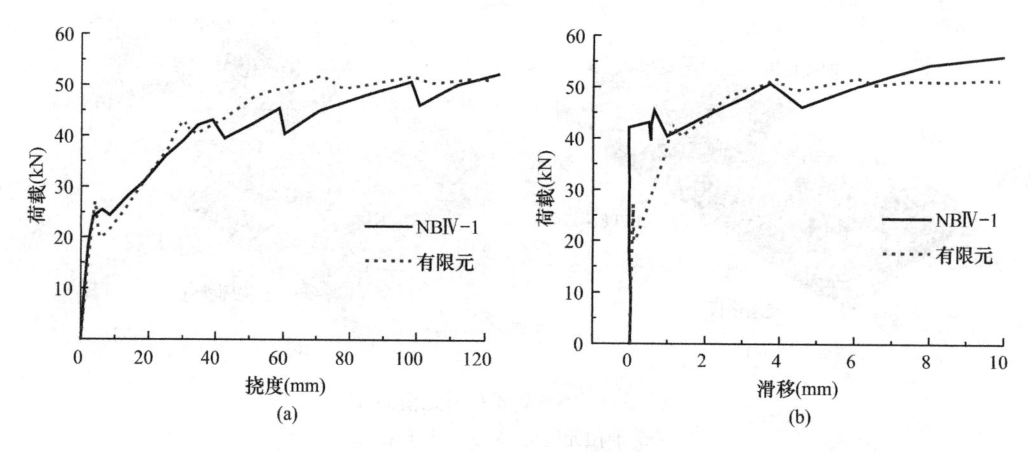

图 6-22　NBⅣ-1 试件有限元分析与试验结果对比

（a）荷载-挠度曲线；（b）荷载-滑移曲线

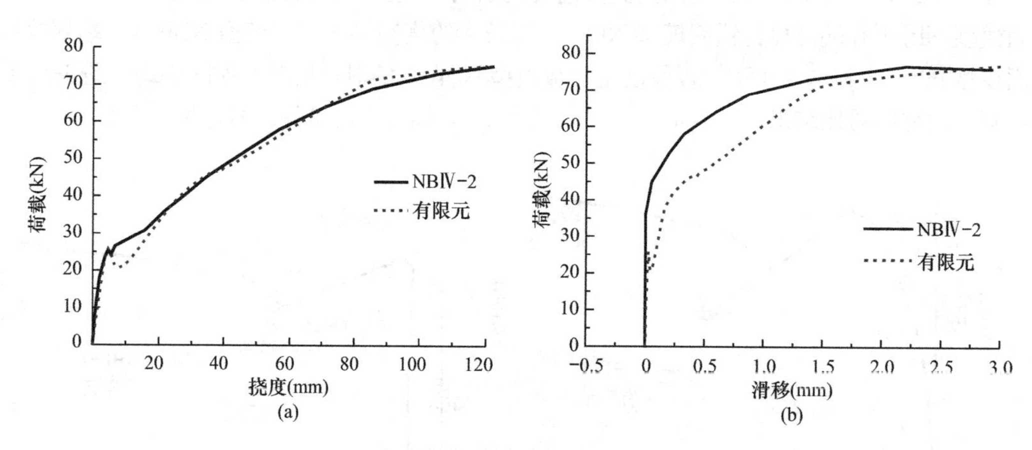

图 6-23　NBⅣ-2 试件有限元分析与试验结果对比

（a）荷载-挠度曲线；（b）荷载-滑移曲线

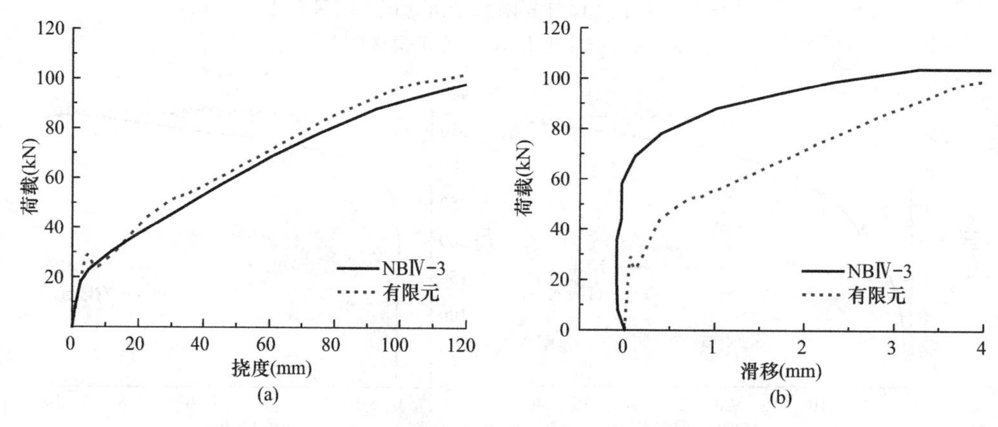

图 6-24　NBⅣ-3 试件有限元分析与试验结果对比

（a）荷载-挠度曲线；（b）荷载-滑移曲线

缩口型组合板特征荷载有限元分析与试验结果对比　　表 6-4

试件编号	$P_{s,t}$(kN)	$P_{s,F}$(kN)	$\frac{P_{s,t}-P_{s,F}}{P_{s,t}}$	$P_{u,t}$(kN)	$P_{u,F}$(kN)	$\frac{P_{u,t}-P_{u,F}}{P_{u,t}}$
NBⅠ-1	178.3	95.4	0.46	189	192.0	−0.02
NBⅠ-2	185.0	97.5	0.47	360	382.4	−0.06
NBⅡ-1	71.0	42.8	0.40	149	152.2	−0.02
NBⅢ-1	68.1	37.6	0.45	88	89.2	−0.01
NBⅢ-2	70.2	42.8	0.39	137	138.5	−0.01
NBⅢ-3	89.4	58.6	0.34	155	162.0	−0.05
NBⅢ-4	90.1	56.4	0.37	163	170.8	−0.05
NBⅣ-1	41.6	28.6	0.31	57	54.8	0.04
NBⅣ-2	49.7	26.9	0.46	78	77.4	0.01
NBⅣ-3	52.1	35.2	0.32	108	110.6	−0.02
NBⅣ-4	73.1	45.4	0.38	100	103.9	−0.04
NBⅣ-5	75.7	36.8	0.51	106	108.7	−0.03
NBⅣ-6	82.1	38.7	0.53	152	160.4	−0.06

注：$P_{s,t}$为实测滑移荷载；$P_{s,F}$为模型计算滑移荷载；$P_{u,t}$为实测极限荷载；$P_{u,F}$为模型计算极限荷载。

对比表 6-4 中给出的缩口型组合板有限元分析结果与对应的试验结果可以得出，两者吻合程度较好。对比组合板受力过程中的荷载特征值可以看出，极限承载力 $P_{u,t}$与 $P_{u,F}$吻合良好，最大误差为 6.0%；而 $P_{s,t}$与 $P_{s,F}$的吻合程度较差，差异性较大，主要原因与前两种板型类似。同样从整体受力来看，缩口型组合板的有限元分析模型能够很好的体现组合板的整个受力过程及承载性能，表明所建模型具有较高的可信度，可进一步进行参数分析的研究。

6.4　受力全过程分析

为了更好地体现组合板在弯曲荷载作用下的受力性能及破坏形态，有必要对有限元分析的过程进行分解，以破坏形态比较典型的闭口型组合板模型 CBⅣ-2 为例来说明组合板破坏的全过程。图 6-25 为 CBⅣ-2 模型的荷载-挠度及荷载-滑移曲线图，可以看出，随着

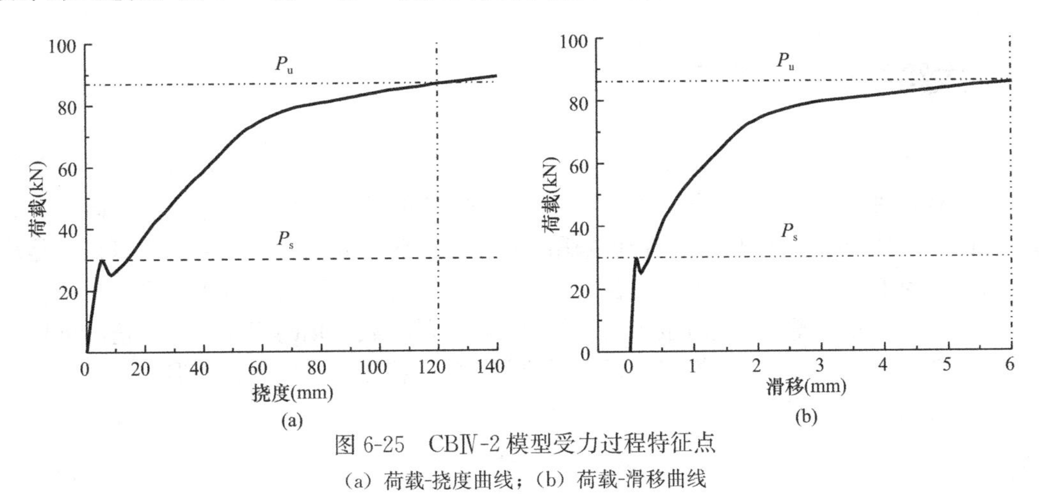

图 6-25　CBⅣ-2 模型受力过程特征点

(a) 荷载-挠度曲线；(b) 荷载-滑移曲线

竖向荷载的增加，组合板端部压型钢板与混凝土界面产生滑移，从荷载-挠度曲线也可以明显看出此时跨中挠度发生突变，竖向荷载突然降低，符合组合板受力的基本特征。图 6-26 和图 6-27 分别为压型钢板的 Mises 应力云图及混凝土纵向应变云图，由图可见，在发生起始滑移时，压型钢板与混凝土均处于较低的应力或应变水平；随着荷载的增加，达到极限荷载时，压型钢板的上下钢板均发生屈服，而混凝土应变仍处于较低水平。综上可以看出，闭口型大跨度组合板在发生破坏时，压型钢板的上下翼缘均发生屈服，但混凝土受压区的应力水平较低，且组合板的破坏均由跨中挠度控制。

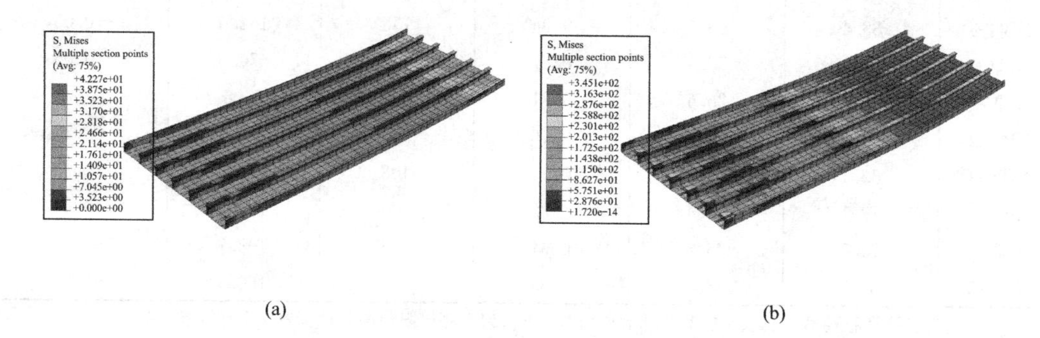

图 6-26　CBⅣ-2 模型受力过程特征点压型钢板 Mises 应力云图

（a）起始滑移时压型钢板 Mises 云图；（b）极限荷载时压型钢板 Mises 云图

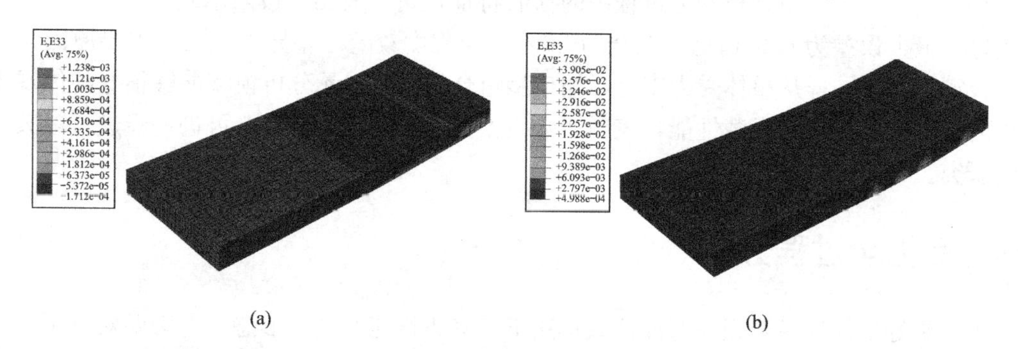

图 6-27　CBⅣ-2 模型受力过程特征点混凝土纵向应变云图

（a）起始滑移时混凝土纵向应变云图；（b）极限荷载时混凝土纵向应变云图

6.5　大跨度组合板界面机理分析

通过第 3 章对组合板界面机理试验的研究可以看出，不同截面形式组合板的界面剪切粘结性能有着明显的不同，为了方便研究，通常假定界面剪应力沿试件长度方向均匀分布。且已有文献表明，普通跨度组合板采用四分点加载时，其剪跨区的剪应力可认为是均匀分布的。为了更好地研究大跨度组合板的受力性能、完善大跨度组合板的设计理论，有必要对大跨度五分点等距加载时组合板的界面剪应力随荷载变化的规律及分布情况进行深入分析。文中采用弹簧单元模拟组合板界面的剪切粘结特征，压型钢板与混凝土界面的剪应力大小按式（6-11）计算。

$$\tau_s = \frac{N_s}{A_{net}} \tag{6-11}$$

式中：τ_s——界面的剪应力；

N_s——单个弹簧的内力；

A_{net}——网格面积。

6.5.1 开口型组合板

开口型组合板以试件 OBⅣ-1 和 OBⅣ-2 为例分别分析大跨度开口型压型钢板与混凝土界面的剪应力随荷载增长的变化规律及界面剪应力沿跨度分布的规律。图 6-28 为端部无栓钉锚固组合板 OBⅣ-1 模型压型钢板板底和板顶界面剪应力的发展规律及剪应力沿跨度分布图。可以看出，随着荷载的增大，压型钢板板底和板顶界面剪应力随之增大；当外荷载达到极限荷载时，板底和板顶界面剪应力达到最大值，且沿组合板跨度向跨中区域发展，支座至跨中加载点处的剪应力接近均匀分布。

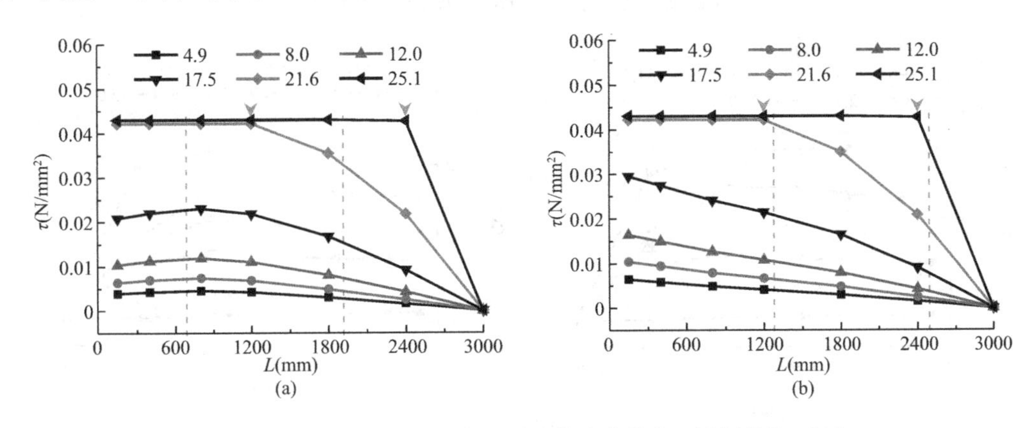

图 6-28 OBⅣ-1 钢板与混凝土界面剪应力分布（图例单位：kN）

（a）板底剪应力分布；（b）板顶剪应力分布

图 6-29 为端部栓钉锚固组合板 OBⅣ-2 模型压型钢板板底和板顶界面剪应力的发展规律及沿跨度分布图。可以看出，端部栓钉锚固组合板压型钢板与混凝土界面剪应力的发展规律及沿跨度分布的情况受端部栓钉锚固的作用影响并不明显。栓钉的存在虽然可以限制压型钢板与混凝土界面的相对滑移，但随着荷载的增大，组合板的弯曲曲率随之增大，压型钢板与混凝土之间的相互作用明显增强，相同的竖向荷载所对应的界面剪应力明显降低。从界面剪应力分布情况可以看出，由于栓钉的锚固作用，加载初期支座端部剪应力明显大于跨中方向剪应力，但随着荷载的增大，栓钉锚固作用的显现，跨中方向界面剪应力的增加明显增强；在达到极限荷载时，剪跨区剪应力的发展趋于均匀分布。

6.5.2 闭口型组合板

图 6-30 为闭口型端部无栓钉锚固组合板 CBⅣ-1 模型压型钢板板底和板顶界面剪应力的发展规律及剪应力沿跨度分布图。可以看出，闭口型压型钢板与混凝土之间具有良好的相互作用性能，在外荷载作用下，随着组合板弯曲变形曲率的不断增大，两个加载点下方界面剪应力的发展相对更加充分；随着荷载的持续增加，界面剪应力随之增大，最终整个剪跨区的压型钢板板底和板顶界面剪应力均得到充分发展；达到极限荷载时，界面剪应力趋于均匀分布。

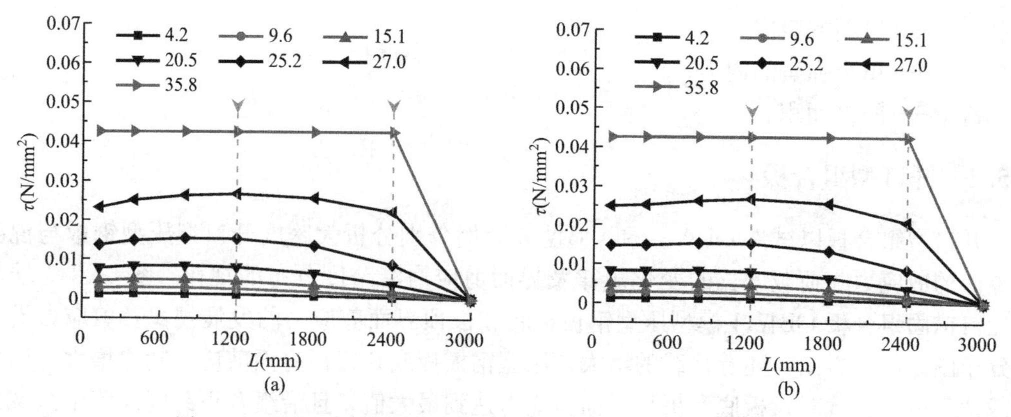

图 6-29 OBⅣ-2 钢板与混凝土界面剪应力分布（图例单位：kN）

（a）板底剪应力分布；（b）板顶剪应力分布

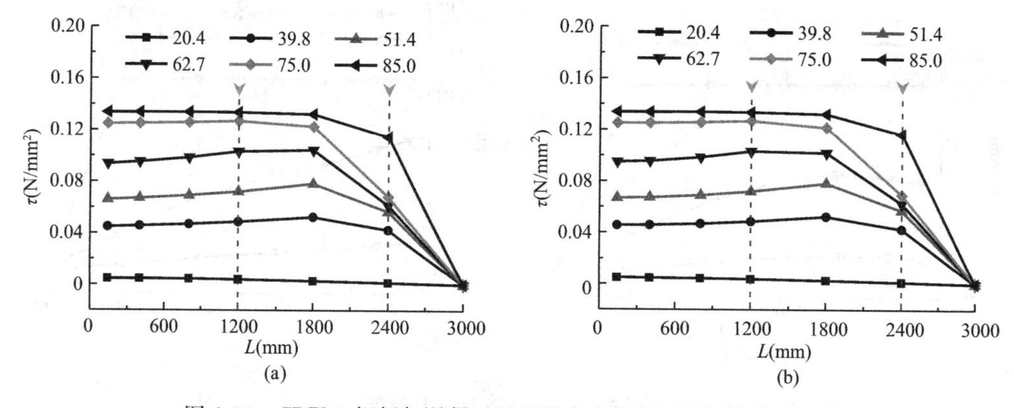

图 6-30 CBⅣ-1 钢板与混凝土界面剪应力分布（图例单位：kN）

（a）板底剪应力分布；（b）板顶剪应力分布

图 6-31 为闭口型端部栓钉锚固组合板 CBⅣ-2 模型压型钢板板底和板顶界面剪应力的发展规律及剪应力沿跨度分布图。可以看出，端部栓钉锚固对组合板的承载能力有了明显的增强作用，但对界面剪应力的影响仅限于加载初期，加载后期压型钢板板底和板顶界面剪应力沿剪跨区趋于均匀分布。

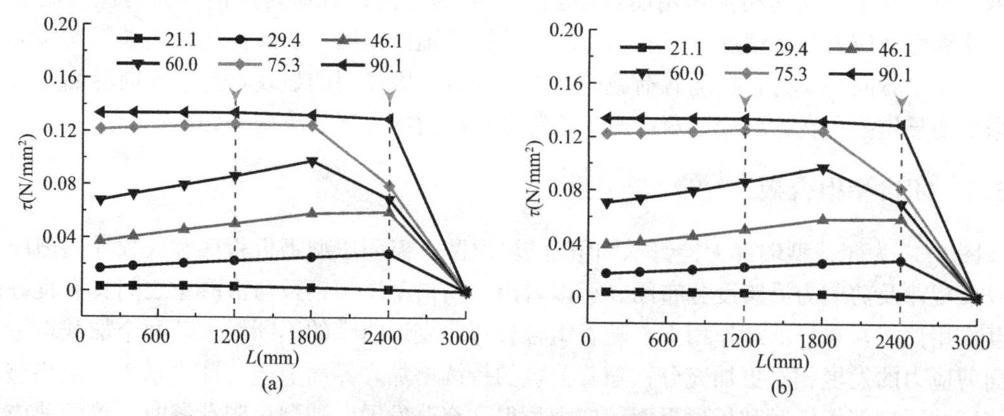

图 6-31 CBⅣ-2 钢板与混凝土界面剪应力分布（图例单位：kN）

（a）板底剪应力分布；（b）板顶剪应力分布

6.5.3 缩口型组合板

图6-32为缩口型端部无锚固组合板的板底和板顶与混凝土接触界面的剪应力分布图。可以看出，组合板界面剪应力随外荷载的增加而增大；加载初期，界面剪应力沿跨度分布偏差较小；随着组合板在外荷载作用下弯曲曲率的增大，两个加载点区域的界面剪应力明显增大；加载后期，压型钢板板底和板顶的界面剪应力沿剪跨区趋于均匀分布。

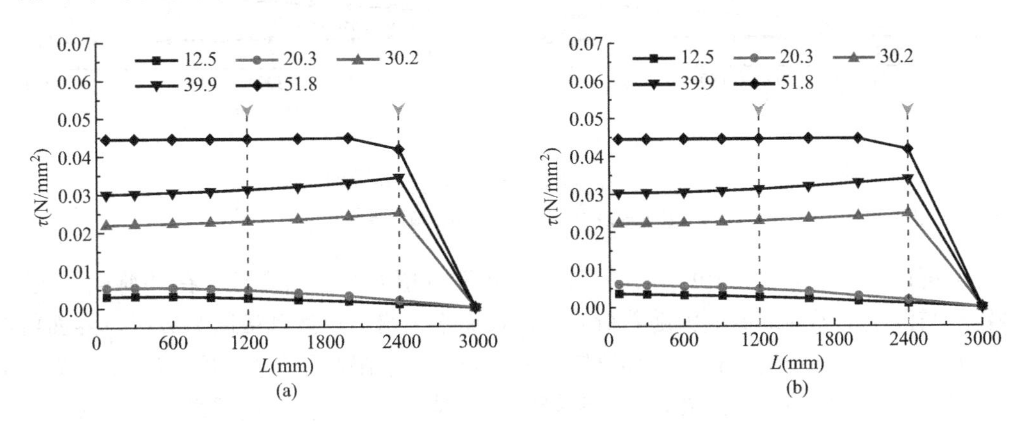

图6-32 NBⅣ-1钢板与混凝土界面剪应力分布（图例单位：kN）
（a）板底剪应力分布；（b）板顶剪应力分布

缩口型端部栓钉锚固组合板由于采用了两种厚度的压型钢板，因此针对不同的压型钢板分别进行分析。图6-33和图6-34分别为1.0mm和1.2mm厚度压型钢板与混凝土界面的剪应力随荷载增大的发展规律及沿跨度分布图。可以看出，同开口型和闭口型组合板一样，端部栓钉锚固作用对压型钢板界面剪应力的影响仅限于加载初期；随着荷载的增加，组合板的弯曲曲率增大，界面剪应力的分布沿剪跨区逐渐趋于均匀分布。压型钢板板底和板顶界面剪应力的分布基本类似，表明随着荷载的不断增加，界面剪应力随之增长，由于界面滑移的影响，板底和板顶界面剪应力均趋于最大剪应力，故板底和板顶界面剪应力表现出良好的同步性。

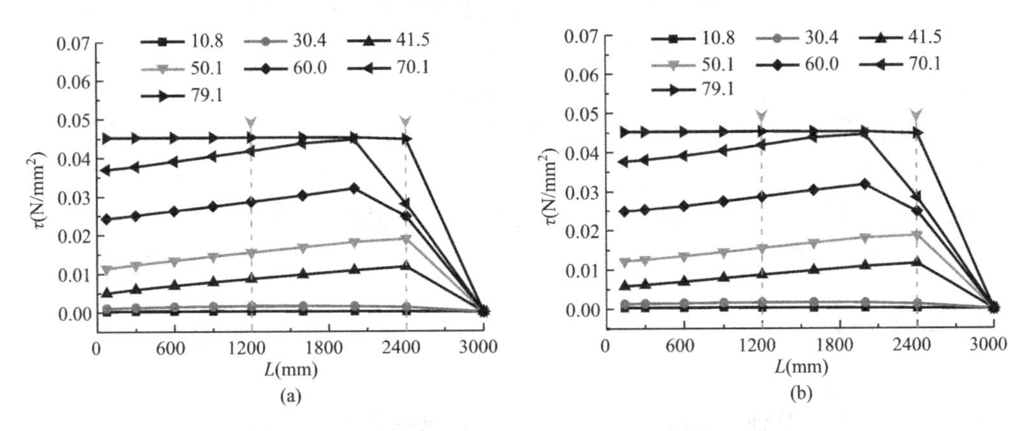

图6-33 NBⅣ-2钢板与混凝土界面剪应力分布（图例单位：kN）
（a）板底剪应力分布；（b）板顶剪应力分布

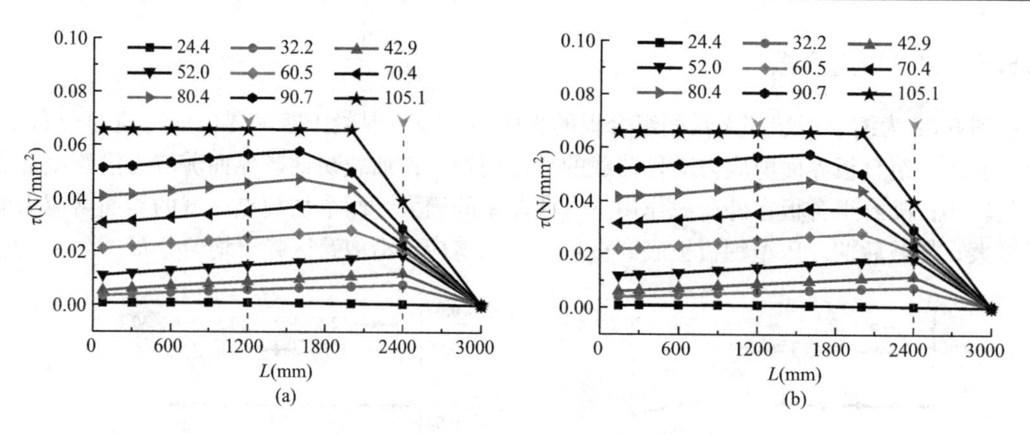

图 6-34 NBⅣ-3 钢板与混凝土界面剪应力分布（图例单位：kN）

(a) 板底剪应力分布；(b) 板顶剪应力分布

综上可以看出，无论是开口型、闭口型还是缩口型大跨度组合板，在外荷载作用下，压型钢板与混凝土界面的剪应力随着荷载的增长而平稳增大；达到极限荷载时，界面剪应力的分布沿剪跨趋于均匀分布。端部栓钉锚固组合板虽然限制了压型钢板与混凝土界面的滑移，影响了界面的剪应力发展，但达到极限荷载时，端部无栓钉锚固组合板同端部栓钉锚固组合板的界面剪应力分布基本类似；端部栓钉锚固作用对组合板界面剪应力的影响仅限于加载初期，对加载后期界面剪应力的影响并不明显，表明栓钉的存在并不是影响压型钢板界面相互作用的决定因素。

6.6 影响因素分析

6.6.1 参数选取

基于前述对组合板进行的试验研究及理论分析，大跨度组合板的破坏形态主要表现为跨中挠度控制的延性纵向剪切或弯曲破坏，其主要原因在于大跨度组合板相比一般跨度组合板，压型钢板与混凝土界面的抗剪作用得到一定程度的增强，受力过程中的内力重分布也更加充分，两者之间的相互作用更加协调。为了更好地配合大跨度组合板的理论分析，完善大跨度组合板的设计方法，文中基于对大跨度组合板的试验研究，采用有限元分析方法对端部栓钉锚固的 6.0m 跨度组合板进行参数分析研究，分别对不同截面形式及跨高比等参数的组合板进行建模，用以评价不同截面形式压型钢板应用于大跨度组合板的适用性，并通过研究组合板厚度对其承载力的影响来研究大跨度组合板所适用的跨高比，且进一步通过改变缩口型组合板中压型钢板的厚度来研究压型钢板厚度对组合板性能的影响。

6.6.2 参数分析

(1) 截面形式的影响

图 6-35～图 6-37 分别为开口型、闭口型及缩口型组合板的荷载-挠度曲线图。可以看出，同样跨高比的组合板，开口型组合板的承载力明显低于缩口型和闭口型组合板，主要原因在于开口型压型钢板与混凝土界面的横向约束能力及机械咬合作用较为薄弱。开口型

压型钢板在组合板受弯过程中的内弯矩相对较大，上下翼缘内力分布不均匀，引起压型钢板与混凝土界面抗剪切应力分布不均匀，从而影响到压型钢板与混凝土界面的抗剪粘结性能。缩口型及闭口型压型钢板与混凝土界面具有较强的横向约束作用，使两者之间的相互作用性能得到明显增强，且缩口型及闭口型压型钢板的中性轴较低，弯曲作用下的内弯矩较小，压型钢板与混凝土之间较大的横向约束作用增强了界面的横向压力，间接提升了界面的纵向抗剪能力。同缩口型压型钢板相比，闭口型竖向肋板之间间隔的切口在混凝土成型过程中形成一个个微小的混凝土抗剪键，大大增强了压型钢板与混凝土之间的约束作用，同时也增强了压型钢板与混凝土之间协同工作的能力，显著提升了组合板的抗剪承载力。

(2) 组合板厚度的影响

大跨度组合板的板厚对承载力具有明显影响。由图6-35～图6-37可见，三种板型大跨度组合板不同截面厚度对其承载能力的影响，随着组合板截面厚度的增加，初始刚度有了明显增强，承载能力也得到进一步提高；但继续加载，随着板厚的增加，组合板承载力的增长有所减缓，主要原因在于，增加组合板的厚度使得压型钢板与混凝土界面的纵向剪切应力随之增大，出现的剪切滑移使得界面的相互作用得到一定的释放，其承载能力的提升受到一定的遏制。

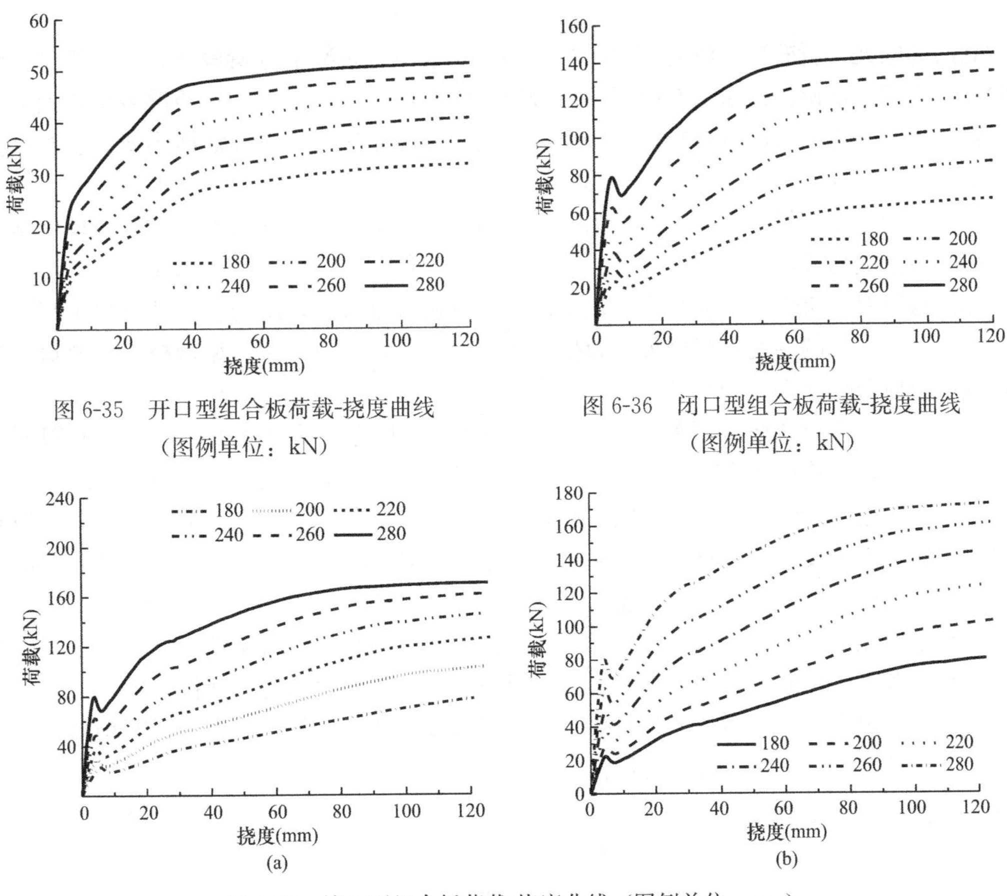

图6-35 开口型组合板荷载-挠度曲线（图例单位：kN）

图6-36 闭口型组合板荷载-挠度曲线（图例单位：kN）

图6-37 缩口型组合板荷载-挠度曲线（图例单位：mm）

(a) 1.0mm厚度钢板；(b) 1.2mm厚度钢板

（3）压型钢板厚度的影响

由图 6-37 的缩口型不同压型钢板厚度的组合板荷载-挠度曲线可以看出，压型钢板的厚度对组合板的承载能力有明显影响，增加压型钢板的厚度可显著增强组合板的承载能力。

综上所述，对比三种板型组合板的承载性能可以看出，开口型压型钢板与混凝土界面薄弱的相互作用能力限制了组合板承载力的提升，而闭口型和缩口型压型钢板均因其独特的截面形状及表面特征，大大增强了与混凝土界面的相互作用能力，承载力也得到较大提升。开口型组合板由于较大的凹槽设计，既节省了部分混凝土，又减轻了楼板自重，但其薄弱的界面抗剪性能限制了开口型压型钢板在大跨度组合板中的应用，而闭口型和缩口型压型钢板具有较好的截面设计和良好的建筑功能设计，又与混凝土界面具有良好的协同工作性能，故均可以应用于大跨度组合板。从图示组合板的厚度对承载力的影响来看，选用经济合理的跨高比是组合板设计的必要内容，当跨高比较小时，组合板的承载能力虽有所提高，但无疑也增加了楼板的自重；当跨高比较大时，组合板的承载能力受到限制，且跨高比的选择与组合板上荷载的作用方式及大小有关。

6.7 本章小结

利用有限元分析软件，建立了三种板型的大跨度组合板数值分析模型，并基于试验结果验证了模型的准确性。通过有限元模型分析了大跨度组合板压型钢板与混凝土界面剪应力的发展规律及沿跨度的分布规律，研究了不同影响参数作用下三种截面形式组合板的受力性能，并得出如下结论：

（1）基于压型钢板与混凝土界面纵向剪切滑移本构关系所建立的有限元模型较好地反映了组合板的受力性能，并且数值分析与试验得到的荷载-挠度曲线吻合良好。

（2）通过对大跨度组合板受力全过程的模拟分析可以看出，组合板端部产生滑移的同时伴随着跨中挠度的突变；组合板均为挠度控制的破坏，且破坏时压型钢板发生全截面屈服，混凝土应变仍处于较低水平。

（3）对大跨度组合板压型钢板与混凝土界面剪应力的发展及分布规律进行有限元分析，可以看出，剪跨区界面剪应力随外荷载的增长而增大，达到极限荷载时，剪跨区界面剪应力的分布趋于均匀；端部栓钉锚固措施对组合板的承载力具有明显的提高作用，但对最终界面的剪应力发展及分布并无明显影响；组合板界面剪切粘结性能的优劣主要取决于压型钢板与混凝土界面的相互作用能力。

（4）基于大量参数分析的结果显示，组合板的截面形状、截面厚度以及压型钢板的厚度均对其承载力有明显影响，开口型压型钢板与混凝土界面薄弱的相互作用能力是阻碍其应用于大跨度组合板的核心问题，而缩口型和闭口型压型钢板与混凝土的界面均具有较好的协同工作性能，可应用于大跨度组合板。

第7章　大跨度组合板承载力理论研究

7.1 引言

通过对三种常用板型大跨度组合板的界面机理、承载力及影响因素的分析，深入探讨了不同截面形式压型钢板与混凝土界面的协同工作能力及组合板在外荷载作用下的破坏形态和受力性能。开口型、闭口型及缩口型压型钢板-混凝土组合板在外荷载作用下的承载能力各不相同，组合板承载能力的大小与压型钢板的截面形式密切相关，且不同截面形式组合板的承载能力完全取决于压型钢板与混凝土界面的协同工作能力。

大跨度压型钢板-混凝土组合板极限状态下的承载力计算包括正截面抗弯承载力计算、纵向剪切承载力计算、斜截面抗剪承载力计算及局部荷载作用下的抗冲切验算等。在进行组合板沿斜截面抗剪承载力计算和局部荷载作用下的抗冲切验算中，压型钢板和混凝土的组合作用并不明显，主要是依靠混凝土本身的抗剪承载能力；而在进行组合板正截面抗弯承载力和纵向剪切承载力计算时，则需要充分考虑压型钢板与混凝土之间的组合作用，因此组合板的破坏也主要由纵向剪切承载力和正截面抗弯承载力两部分来进行控制。下面分别对组合板正截面抗弯承载力和纵向剪切承载力进行破坏模式的研究，建立适用于不同截面形式压型钢板-混凝土组合板的承载力计算模型。

7.2 正截面抗弯承载力

组合板的正截面抗弯承载力极限状态可定义为：压型钢板在达到屈服强度之后，受压区边缘混凝土达到极限压应变。通常情况下，为了满足组合板的使用舒适度和变形要求，组合板截面厚度的选取除了要通过限制组合板中混凝土的受压区高度来调整结构的破坏模式，还要保证组合板具有足够的承载能力。同时大跨度组合板的厚度又决定了截面的配筋要求，跨度越大，组合板越厚，含钢率就越大。因此，不能单纯依靠增加压型钢板的厚度来满足组合板正截面的承载力要求，而是采用压型钢板和普通钢筋混合配筋的方式进行组合板的设计。

关于组合板的抗弯承载力计算，不同国家规范的计算方法不同，但基本假定趋于一致。基本假定包括：压型钢板与混凝土界面完全粘结；符合平截面假定；忽略受拉区混凝土受拉作用对组合板承载力的贡献；压型钢板全截面屈服；在截面等效受压区高度范围内，混凝土强度采用 $0.85f_{cd}$等。Eurocode 4 采用完全粘结作用下的塑性理论来确定组合板的抗弯承载力，考虑了压型钢板全截面屈服和混凝土达到极限抗压强度。

中性轴在混凝土面层内的极限受力状态如图 7-1 所示。

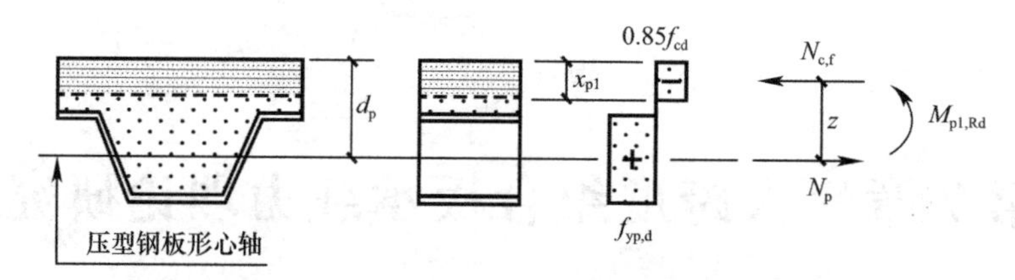

图 7-1　中性轴在混凝土面层内的极限受力状态

d_p—压型钢板形心轴至组合板受压区外边缘的距离；$N_{c,f}$—全剪切连接的混凝土翼缘中法向压力设计值；

N_p—压型钢板对法向力的塑性承载力设计值；$M_{pl,Rd}$—全剪切连接的组合截面塑性弯矩设计值

其塑性抗弯承载力：

$$N_{c,f}=N_p=A_{pe}f_{yp,d}=0.85f_{cd}bx_{pl} \tag{7-1}$$

$$x_{pl}=\frac{A_{pe}f_{yp,d}}{0.85f_{cd}b} \tag{7-2}$$

$$M_{pl,Rd}=0.85f_{cd}bx_{pl}\left(h_p-\frac{x_{pl}}{2}\right) \tag{7-3}$$

中性轴在压型钢板面层内的极限受力状态如图 7-2 所示。

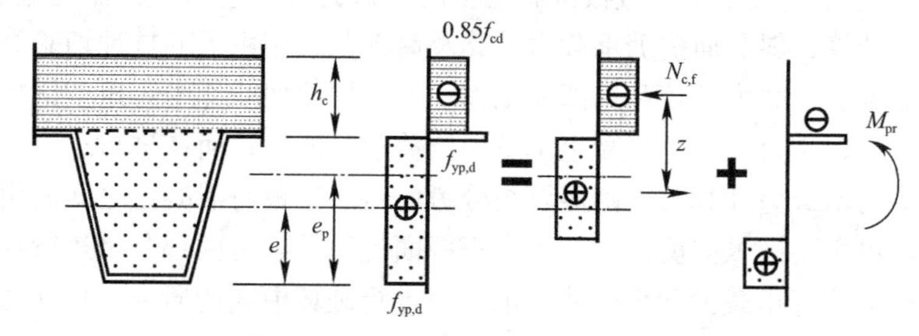

图 7-2　中性轴在压型钢板面层内的极限受力状态

$$z=h-0.5h_c-e_p+(e_p-e)\frac{N_{c,f}}{A_{pe}f_{yp,d}} \tag{7-4}$$

$$M_{pr}=1.25M_{pa}\left(1-\frac{N_{cf}}{A_{pe}f_{yp,d}}\right)\leqslant M_{pa} \tag{7-5}$$

式中：A_{pe}——压型钢板截面面积；

$f_{yp,d}$——压型钢板的屈服强度；

f_{cd}——混凝土圆柱体抗压强度；

b——组合板计算宽度；

h_c——混凝土翼缘的厚度；

e——压型钢板形心轴至组合板受拉区外边缘的距离；

e_p——压型钢板塑性中性轴至组合板受拉区外边缘的距离；

M_{pr}——压型钢板折减塑性弯矩；

x_{pl}——塑性截面设计的混凝土受压区高度，且 $x_{pl}\leqslant h_c$；

h_p——截面有效高度。

美国规范 ANSI/ASCE 3-91 则考虑了组合板的截面附加配筋及压型钢板的组合影响，并根据组合板配筋率 ρ 与界限配筋率 ρ_b 的对应关系选取不同的计算公式，同时还考虑了强度折减的影响。规范中给出了界限配筋率 ρ_b 的表达式，在计算组合板抗弯承载力时，首

先通过比较 ρ 与 ρ_b 来判断截面是否超筋，$\rho=A_p/bd_p$，界限配筋率 ρ_b 的表达式为：

$$\rho_b=\frac{0.85\beta_1 f_c'}{f_y}\left[\frac{\varepsilon_c E_s(h-d_d)}{(\varepsilon_c E_s+f_y)d}\right] \tag{7-6}$$

其中，系数 β_1 与混凝土强度有关，当 $f_c'\leqslant 28\text{MPa}$ 时，取 $\beta_1=0.85$；当 $f_c'>28\text{MPa}$ 时，则

$$\beta_1=0.85-\frac{0.05(f_c'-28)}{7}\geqslant 0.65k \tag{7-7}$$

式中：ε_c——混凝土最大压应变，取0.003；

k——抗剪强度经验系数；

d_d——压型钢板的厚度；

d_p——压型钢板的形心至组合板底面的高度；

h——压型钢板-混凝土组合板的厚度；

f_c'——混凝土圆柱体抗压强度，其中 $f_c'=(0.79\sim0.81)f_{cu}$，$f_{cu}$ 为混凝土立方体抗压强度；

f_y——压型钢板的屈服强度。

当 $\rho\leqslant\rho_b$ 时，属于适筋板，否则为超筋板。

正截面抗弯承载力：

$$M_u=\phi M_n \tag{7-8}$$

少筋或者板底未配置附加受力钢筋时，正截面承载力计算公式为：

$$\phi M_n=\frac{\phi A_s f_y}{12}\left(d-\frac{a}{2}\right) \tag{7-9}$$

式中：ϕ——强度折减系数，与组合板配筋率有关，当 $\rho\leqslant\rho_b$ 时，$\phi=0.85$；当 $\rho\leqslant\rho_b$ 且 $f_u/f_y\leqslant 1.08$ 时，$\phi=0.65$；当 $\rho>\rho_b$ 时，$\phi=0.7$；当组合板无配筋时，$\phi=0.6$；

d——截面有效高度；

a——截面等效受压区高度；

M_n——名义弯矩值；

A_s——压型钢板横截面面积。

式（7-9）适用于压型钢板全截面屈服的情况，且要求钢板的强度比 $f_u/f_y\geqslant 1.08$。当压型钢板部分截面处于受压区或者板底钢筋配置过多造成配筋率 $\rho\geqslant\rho_b$ 时，须进行应变的分析并通过试验进行验证。

我国《组合楼板设计与施工规范》CECS 273：2010同Eurocode 4的差别不大，也考虑了钢材屈服点对相对界限受压区高度 ξ_b 的影响，故截面抗弯承载力计算公式（符号释义参见上述规范）为：

$$M\leqslant f_c bx(h_0-x/2) \tag{7-10}$$

$$x=\frac{A_a f_a+A_s f_y}{f_c b} \tag{7-11}$$

适用于相对受压区高度 $x\leqslant\xi_b h_0$，且 $x\leqslant h_c$ 的情况，当 $x>\xi_b h_0$ 时，取 $x=\xi_b h_0$，相对界限受压区高度 ξ_b 沿用《混凝土结构设计规范》GB 50010—2010的计算方法。

通过对比欧美规范中组合板截面抗弯承载力的设计方法可以看出，两种方法的差别不大，均是建立在压型钢板与混凝土界面完全粘结条件下的平截面假定和压型钢板全截面屈

服的塑性理论基础上的设计方法。

7.3 大跨度组合板正截面承载力设计方法

对于大跨度组合板，由于采用的板型不同，承载能力及破坏形态明显不同。从第3～5章的试验结果可以看出，除了缩口型等少量小跨度厚板试件破坏时受压区混凝土出现压碎现象，大跨度试件的压型钢板全截面应变均达到屈服状态，混凝土受压区应变均处于较低水平。从破坏形态来看，开口型试件及端部无栓钉锚固缩口型试件发生破坏时，锚固端压型钢板与混凝土界面出现较大滑移，且表现出明显的纵向剪切破坏模式；端部栓钉锚固缩口型试件的界面出现少量滑移，闭口型试件端部基本未出现明显滑移，破坏形态与弯曲破坏类似。

表7-1给出了三种板型组合板试件承载力贡献率 M_u/M_p 与混凝土强度利用率的对比情况，由三种板型极限弯矩与截面塑性承载力对比值可以看出，除了部分缩口型和闭口型试件 $M_u/M_p \geqslant 1.0$ 外，其余试件 M_u/M_p 均小于1.0，即试件发生破坏时的极限弯矩均未达到通过塑性理论计算得到的承载力。

三种板型试件跨中受压区混凝土强度利用率对比　　表7-1

试件编号	M_u/M_p	$\varepsilon_c/\varepsilon_{cu}$	试件编号	M_u/M_p	$\varepsilon_c/\varepsilon_{cu}$	试件编号	M_u/M_p	$\varepsilon_c/\varepsilon_{cu}$
NBⅠ-1	0.47	0.26	OBⅠ-1	0.32	0.10	CBⅠ-1	0.94	0.38
NBⅠ-2	0.87	0.45	OBⅠ-2	0.70	0.55	CBⅠ-2	1.18	0.66
NBⅠ-3	0.9	0.38	OBⅠ-3	0.84	0.28	CBⅠ-3	1.27	0.89
NBⅡ-1	1	0.53	OBⅡ-1	0.83	0.40	CBⅡ-1	1.21	0.64
NBⅡ-2	1.05	0.45	OBⅡ-2	0.83	0.57	CBⅡ-2	1.26	1.04
NBⅢ-1	0.78	0.28	OBⅢ-1	0.40	0.36	CBⅢ-1	0.81	0.64
NBⅢ-2	1.17	0.42	OBⅢ-2	0.51	0.55	CBⅢ-2	0.85	0.68
NBⅢ-3	1.05	0.34	OBⅢ-3	0.49	0.45	CBⅢ-3	0.81	0.66
NBⅢ-4	1.06	0.37	OBⅣ-1	0.49	0.57	CBⅣ-1	0.78	0.71
NBⅣ-1	0.51	0.25	OBⅣ-2	0.59	0.28	CBⅣ-2	0.80	0.55
NBⅣ-2	0.66	0.38	OBⅣ-3	0.53	0.20	CBⅣ-3	0.75	0.66
NBⅣ-3	0.71	0.42	—	—	—	—	—	—
NBⅣ-4	0.65	0.33	—	—	—	—	—	—
NBⅣ-5	0.70	0.51	—	—	—	—	—	—
NBⅣ-6	0.79	0.46	—	—	—	—	—	—

注：ε_c 为跨中混凝土受压区边缘应变；ε_{cu} 为非均匀受压区混凝土极限压应变；表中阴影部分为端部无栓钉锚固试件。

从三种板型试件达到极限荷载时跨中受压区混凝土应变与非均匀受压区混凝土极限压应变的比值可以看出，开口型和缩口型试件 $\varepsilon_c/\varepsilon_{cu}$ 均处于较低水平，而闭口型试件除了NBⅡ-2以外，其余试件的 $\varepsilon_c/\varepsilon_{cu}$ 并不高，且所有大跨度试件 $\varepsilon_c/\varepsilon_{cu}$ 均处于较低水平。从压型钢板应力发展情况来看，除了开口型试件和端部无栓钉锚固缩口型试件以外，端部栓钉锚固缩口型试件及闭口型试件的压型钢板均发生全截面屈服。组合板试件受压区混凝土的应力随外荷载作用的发展水平较低，除了由于试验过程中测点位置及测点数量有限引起误差之外，从构件受力情况来看，大跨度端部锚固试件破坏时板底裂缝分布均匀，试件破坏均由跨中挠度进行控制，而受压区应力分布虽不均匀，但也很难形成因局部过分薄弱而出现混凝土压碎的现象。测点位置处的应变较小也反映出受压区应变的一个整体发展概况，表明大跨度组合板试件在外荷载作用下受压区混凝土的强度未得到充分利用。基于上述结论，在对压型钢板-混凝土组合板进行正截面承载力分析时，建议可在原有计算模型基础上对混凝土强度进行折减，不同截面形式、不同表面特征的压型钢板与混凝土界面接触的性能不同，因此对混凝土强度的折减也必须考虑上述因素的影响。

7.4　纵向抗剪承载力理论计算

通过上述对组合板正截面抗弯承载力的计算可知，大跨度组合板在极限荷载作用下，极限弯矩均远小于正截面抗弯承载力设计值，不同截面形式及表面特征的压型钢板与混凝土之间的协同工作能力不同，表现出来的极限承载能力也有所不同。因此多数情况下，组合板的承载力并不受正截面抗弯承载力控制，而是取决于压型钢板与混凝土界面的纵向抗剪承载力大小，故研究压型钢板与混凝土界面的纵向抗剪承载力已经成为各国学者及压型钢板生产企业最关心的问题。目前最常用的组合板纵向抗剪承载力设计方法主要有两种：一种是基于试验回归基础上的 *m-k* 方法，另一种是基于部分剪切粘结理论的部分剪切连接方法（简称 PSC 法）。

7.4.1　纵向抗剪设计 *m-k* 法

m-k 法是最早写入标准并被各国学者广泛接受的一种组合板设计方法。1970 年，美国学者 Shuster 通过足尺组合板试验并结合线性回归方法提出了 *m-k* 设计方法。后来经过 Porter 等人的不断完善，逐渐形成了较为成熟的组合板纵向抗剪设计理论，也是作为欧美及国内当前组合板设计的基本方法。*m-k* 法操作简单，主要是基于足尺组合板试验数据，并考虑到组合板的几何尺寸及混凝土强度、压型钢板强度等因素，以 m 和 k 为变量，通过试验数据的回归分析得出回归直线的斜率 m 和截距 k，以此来评价组合板的纵向抗剪性能。但 *m-k* 法也存在明显的缺陷，由于该方法是建立在试验数据分析基础上的一种半经验公式，缺乏清晰、独立、完整的力学模型，对于影响组合板性能的纵向抗剪强度、端部锚固条件、支座摩擦作用以及板底附加受力钢筋等因素均很难通过 *m-k* 法进行清晰的评价，同时 *m-k* 法在评价组合板纵向抗剪性能时未考虑其破坏属性，无论是延性还是脆性破坏均采用相同的试验结果参数，故设计结果过于保守。且 *m-k* 法过度依赖于足尺试验数据，因此其反映的内容也比较单一，组合板的各项参数一旦发生改变，就必须进行试验来获取新的数据，无疑会增加大量的人力、物力和财力来支撑各种板型组合板的设计。

各国规范广泛采纳 *m-k* 组合板纵向抗剪设计方法，其形式大同小异，但内容存在一定的差别。美国规范 ANSI/ASCE 3-91 除了考虑组合板截面的几何特征参数外，还考虑混凝土强度及压型钢板截面面积等因素的影响，其纵向界面抗剪强度设计表达式为：

$$\frac{V_e}{bd\sqrt{f'_{ct}}}=\frac{m\rho d}{l'_i\sqrt{f'_{ct}}}+k \tag{7-12}$$

式中：V_e——足尺组合板试验时支座处最大剪力（不包括试件自重）；

b——试件宽度；

d——组合板有效高度，即组合板受压区边缘至压型钢板形心的距离；

ρ——压型钢板有效截面面积的配筋率，即 $\rho=A_s/(bd)$；

l'_i——剪跨长度；

f'_{ct}——混凝土同期圆柱体抗压强度；

m——剪切粘结试验回归直线的斜率；

k——剪切粘结试验回归直线在坐标纵轴上的截距。

式（7-12）中的 m 和 k 代表着特定压型钢板与混凝土界面的剪切粘结特征值。

图 7-3 为纵向剪切粘结特征值 m、k 的直线回归图形，通过一系列足尺组合板试验，以 $V_e/(bd\sqrt{f'_{ct}})$ 为纵轴、$\rho d/(l'_i\sqrt{f'_{ct}})$ 为横轴进行线性回归得出各设计参数。薄板试件的试验数据均集中在 A 区，厚板试件的试验数据均集中在 B 区，通过线性回归就可以得出回归直线方程，直线的斜率即为特征值 m，直线与纵轴的截距即为特征值 k。基于上述回归直线，考虑到组合板的设计安全及采用足尺试验试件数量的不同，设计时分别对特征值 m 和 k 进行 10%～15%的折减，最终得到设计参数 m 和 k。为了得到可靠的试验评价数据，对参与评价的试验试件数量要求各不相同，Porter 和 Ekberg 推荐采用 8 个不同厚度组合板试件，而 ANSI/ASCE 3-91、Eurocode 4 及《组合楼板设计与施工规范》CECS 273：2010 均推荐使用 3 个厚板和 3 个薄板共计 6 个组合板试件。通过试验回归曲线对跨度和板厚均介于试验试件区间的组合板进行设计时，需要对其纵向抗剪承载力进行折减，设计表达式为：

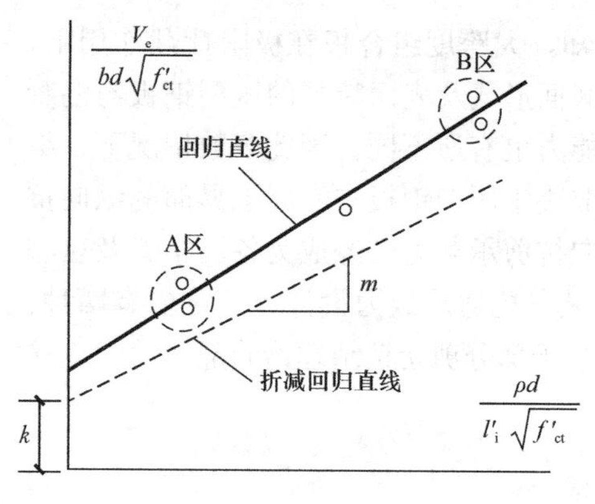

图 7-3　ANSI/ASCE 3-91 回归图形

$$V_u = \phi V_n = \phi\left[bd\left(\frac{m\rho d}{l'_i} + k\sqrt{f'_c}\right) + \frac{\gamma W_s l_f}{2}\right] \tag{7-13}$$

式中：ϕ——强度折减系数，取 0.75；

V_n——理论设计剪力；

f'_c——混凝土圆柱体抗压强度；

γ——组合板支撑影响系数，无支撑时为 0，跨中一道支撑取 0.625，三分点支撑取 0.733；

W_s——组合板自重；

l_f——组合板跨度或者支撑间跨度。

Eurocode 4 给出的组合板纵向抗剪承载力 m-k 设计方法与 ANSI/ASCE 3-91 相比，省去了混凝土强度的影响，从另一个侧面可以看出，混凝土强度对组合板承载力的影响并不明显，学者们通过试验研究也得出了相似的结论。Eurocode 4 在确定组合板纵向抗剪特征值 m、k 的试验中不考虑支撑及自重的影响，要求试件制作时板底全支撑，因此省略了美国规范中的自重项，在美国规范的基础上进行了简化。Eurocode 4 推荐的设计表达式为：

$$\frac{V_t}{bd_p} = m\left(\frac{A_p}{bL_s}\right) + k \tag{7-14}$$

式中：L_s——剪跨长度，均布荷载时 $L_s = L/4$；两点加载时 L_s 为加载点至支座的距离；多点加载时 L_s 为最大弯矩除以近支座剪力。

Eurocode 4 中 m、k 参数回归曲线如图 7-4 所示。回归直线纵坐标中的试验最大剪力 V_t 需要考虑试验过程中试件的自重和分配梁的重量，还需要考虑 95%的保证率进行统计回归直线方程。如果试件发生的是延性破坏，则需考虑0.5倍的自重；如果是脆性破坏，则需考虑0.8倍的自重。

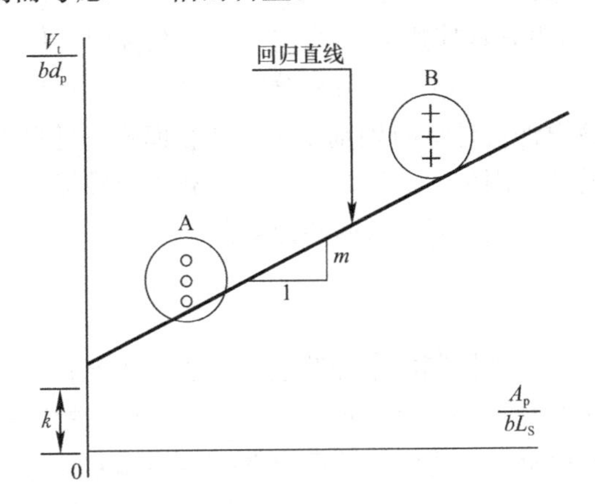

图7-4　Eurocode 4中m、k参数回归曲线

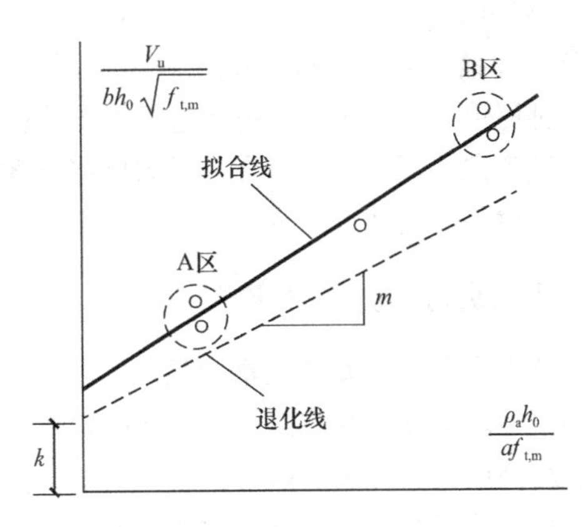

图7-5　《组合楼板设计与施工规范》CECS 273：2010中m、k系数回归曲线

Eurocode 4对组合板的破坏形态进行了明确的定义，当破坏荷载超过端部滑移0.1mm荷载的10%时，即定义为延性破坏，最大荷载对应的挠度超过跨度的1/50时，破坏荷载取跨中挠度等于跨度的1/50所对应的荷载。采用m-k法进行组合板纵向抗剪承载力设计时，仅考虑压型钢板与混凝土界面的机械咬合作用和摩擦作用，而不考虑端部栓钉锚固对组合板承载力的提高作用。

我国《组合楼板设计与施工规范》CECS 273：2010针对国内混凝土及压型钢板参数的特点，组合板纵向抗剪承载力设计m-k法的表达式为：

$$V \leqslant m\frac{A_a h_0}{1.25a} + kf_t bh_0 \tag{7-15}$$

式中：A_a——计算宽度压型钢板截面面积；

f_t——混凝土轴心抗拉强度设计值；

a——剪跨（mm）；

h_0——截面的有效高度。

图7-5为《组合楼板设计与施工规范》CECS 273：2010中m、k参数回归曲线，图中的剪切粘结系数m、k值同ANSI/ASCE 3-91一样，均考虑了10%～15%的折减。图中参数ρ_a为试件中压型钢板的含钢率；$f_{t,m}$为混凝土轴心抗拉强度平均值，可通过混凝土立方体抗压强度进行计算，$f_{t,m}=0.395f_{cu,m}^{0.55}$，$f_{cu,m}$为混凝土立方体抗压强度平均值。试验参数$m$、$k$通过折减后可用于相应的工程设计。对于端部栓钉锚固组合板的设计，规范推荐可采用端部无锚固组合板试件的参数，也可采用相同端部栓钉锚固的组合板试验数据。

从ANSI/ASCE 3-91、Eurocode 4以及国内规范《组合楼板设计与施工规范》CECS 273：2010可以明显看出，在确定组合板纵向剪切粘结系数m、k时，不同规范对影响组合板承载力因素的侧重不同。Eurocode 4未考虑混凝土强度的影响，而其他两种规范则考虑了混凝土强度的影响，但采用的强度指标有明显区别：美国规范采用的是圆柱体抗压强度，而中国规范沿用新版混凝土规范中关于抗剪计算时的混凝土抗拉强度进行计算。从评价标准来看，ANSI/ASCE 3-91和《组合楼板设计与施工规范》CECS 273：2010在评价

m、k 参数时选用了相同的评价标准，而 Eurocode 4 则是按考虑 95%保证率的方式进行评价。从适用条件来看，除了 Eurocode 4 不推荐采用 m-k 法进行端部栓钉锚固组合板评定外，另外两种规范均对端部栓钉锚固组合板能够更好地应用 m-k 法进行了补充说明，但未提及端部锚固对组合板承载力提高的影响，因此表述并不够清晰充分，而是基于更加保守的一种评价方法。三种规范在进行纵向抗剪承载力评价计算时均基于单一加载模式，且只是单一地考虑了可能影响组合板纵向抗剪承载力的基本因素，对影响组合板承载力及破坏形态的剪跨比等因素并未涉及，完全是基于试验相似基础上的半经验回归计算方式。

7.4.2 纵向抗剪设计 PSC 法

前面提到的 m-k 法是基于足尺试验数据并进行线性回归的半经验设计方法，缺乏有效的力学模型。实际工程中构件受力与试验加载方式以及影响组合板承载能力和破坏形态的剪跨比、跨高比、构件端部栓钉锚固等因素均会因此评价方式的单一性而存在一定的偏差。为了寻求更好的组合板纵向抗剪承载力评价方法，克服足尺试验的缺陷，学者们进行了大量细致的研究工作，最终形成了组合板纵向抗剪承载力的部分剪切粘结设计方法，简称 PSC 法。

Eurocode 4 对 PSC 法的适用条件有明确规定，即 PSC 法仅适用于在外荷载作用下发生延性纵向剪切破坏的组合板纵向抗剪承载力。应用 PSC 法进行组合板纵向抗剪承载力设计时，压型钢板与混凝土界面可以有滑移产生，但并不影响构件的承载性能，也就是说水平剪切应力在滑移界面保持常数，并且组合板任意截面的设计弯矩都不得大于截面的设计抵抗矩 M_{Rd}。PSC 法是基于部分粘结理论 $M/M_{p,Rm}$ 与压型钢板和混凝土界面组合作用程度系数 η 的关系曲线建立起来的设计方法，如图 7-6 所示。

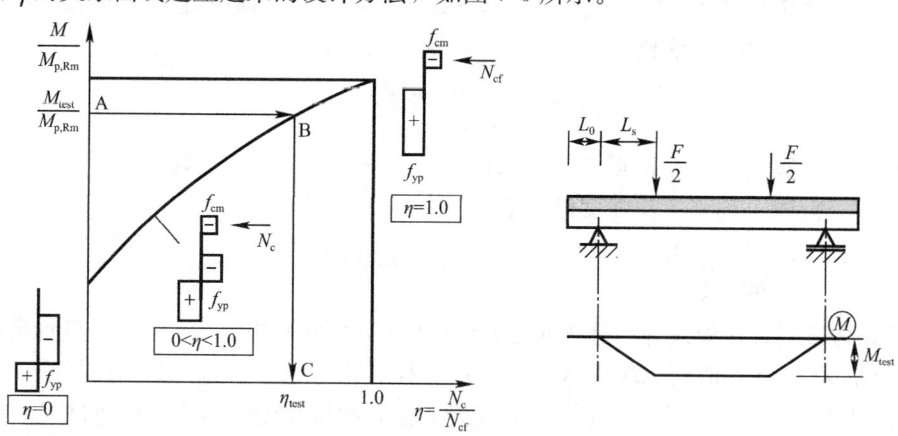

图 7-6 组合板纵向剪切粘结程度关系

图 7-6 中，X 轴表示组合作用程度系数 η，η 值介于 0 和 1 之间，η 值越小表明压型钢板与混凝土之间的相互作用能力越差，η 值随界面相互作用能力的增强而提高。图示 Y 轴表示部分剪切条件下组合板正截面承载力与截面完全粘结作用时承载力的比值，其中的 M 表示组合板截面承担的弯矩值，不同截面组合作用程度系数 η 对应不同的截面应力状态。M 值的大小取决于界面的组合程度，当 $\eta=0$ 时，表示压型钢板与混凝土界面处于无组合状态，截面承载力 M 的大小取决于压型钢板的承载能力；$\eta=1.0$ 时，表示压型钢板与混凝土界面处于完全粘结状态，此时截面承载力 $M=M_{p,Rm}$，$M_{p,Rm}$ 表示组合板界面完全粘结时对应的截面抗弯承载力，见式（7-1）～式（7-3）中的 $M_{pl,Rd}$；$0<\eta<1$ 时，表示压型钢

板与混凝土界面处于部分剪切粘结状态，M 介于压型钢板承载力 M_{pr} 和 $M_{p,Rm}$ 之间，M_{pr} 为压型钢板相对自身中性轴的截面抗弯承载力。组合板在部分剪切粘结工作状态下的截面抗弯承载力可通过图 7-6 所示的截面应力分布进行计算。

$$M = N_c z + M_{pr} \tag{7-16}$$

式中：N_c——部分剪切粘结时的混凝土截面压力；

z——内力臂，计算表达式为：

$$z = h - 0.5x - e_p + (e_p - e)\eta \tag{7-17}$$

式中：h——组合板厚度；

x——混凝土受压区高度；

e_p——组合板塑性中性轴至板底的距离；

e——受拉区压型钢板合力作用点至板底的距离。

部分剪切粘结工作状态下混凝土截面所受压力 N_c 只是完全剪切粘结状态下混凝土截面得到充分利用时压力 N_{cf} 的一部分，即：

$$N_c = \eta N_{cf} \tag{7-18}$$

压型钢板在组合板中不仅要承担板底受拉钢筋的作用，且因其本身的截面特征，在组合板受力时由于上下翼缘及腹板应力分布不平衡而形成了绕自身中性轴的独立抗弯承载力，因此，在计算组合板抗弯承载力时，必须同时考虑压型钢板绕自身中性轴的抗弯能力。相比完全剪切粘结作用状态下的抗弯能力，部分剪切粘结工作状态下压型钢板的抗弯能力需要进行折减，折减后的压型钢板截面抗弯承载力 M_{pr} 的计算表达式为：

$$M_{pr} = 1.25M_{pa}(1 - \eta) \leqslant M_{pa} \tag{7-19}$$

式中：M_{pa}——压型钢板有效截面的塑性弯矩，混凝土受压区高度 x 计算公式为：

$$x = \frac{N_c}{0.85bf_{cm}} \leqslant h_c \tag{7-20}$$

式中：b——组合板宽度；

f_{cm}——混凝土抗压强度平均值；

h_c——组合板覆盖层混凝土厚度。

压型钢板与混凝土界面的纵向剪切应力可通过组合板试验极限荷载作用下 $M_{test}/M_{p,Rm}$ 的比值，并根据剪切粘结关系曲线得到相应的界面组合程度系数 η_{test}，结合上述参数即可计算得到界面的纵向抗剪强度 τ_u，具体计算表达式为：

$$\tau_u = \frac{\eta_{test} N_{cf}}{b(L_s + L_0)} \tag{7-21}$$

式中：L_s——剪跨长度；

L_0——组合板支座外悬挑长度。

采用 EN 1990 附录 D 的统计方法对组合板界面纵向抗剪强度特征值 $\tau_{u,Rk}$ 进行评价，根据参与试验的试件数量，取 95%保证率的统计结果，若试件数量较少则取最小值。Eurocode 4规定：参与试验的试件必须具有相同的组合板厚度、压型钢板参数及表面特征；试件不得包含附加受力钢筋和端部锚固措施；试件数量不得少于 4 个，其中三个试件的剪跨尽量长，以便均发生延性纵向剪切破坏，一个试件的剪跨尽量短，但不得小于 3 倍的组合板厚度，保证其同样发生纵向剪切破坏，故较短剪跨试件仅用于区分延性和脆性破坏模式。考虑了安全储备的纵向抗剪强度设计值 $\tau_{u,Rd}$ 的计算表达式为：

$$\tau_{u,Rd}=\tau_{u,Rk}/\gamma_V \tag{7-22}$$

式中：γ_V——分项系数，Eurocode 4 推荐 $\gamma_V=1.25$。

基于上述组合板试验得出的纵向抗剪强度设计值 $\tau_{u,Rd}$，并通过组合板的材料特征值及几何参数可确定组合板的边界承载力曲线 M_{Rd}，如图 7-7 所示，$M_{p,Rd}$ 为控制截面设计弯矩最大值。将组合板的设计弯矩曲线按比例结合到部分剪切粘结设计曲线中，可以看出：当组合板完全粘结时，即 $\eta=1.0$ 时，可通过式（7-23）计算得到组合板完全粘结状态下的名义剪切粘结长度 L_{sf}；当组合板的截面抗弯承载力与控制截面的设计弯矩相等时，即 $M_{sd}=M_{Rd}$ 时，此时设计曲线正好与部分剪切粘结曲线相切。部分剪切粘结设计方法不但可以应用于对称布置集中荷载作用下以及均布荷载作用下组合板的抗弯承载力设计，还可以应用于其他荷载工况下的承载力设计。设计弯矩曲线与组合板抗弯承载力曲线交点处的弯矩即为组合板截面的最大弯曲承载力，并且可通过荷载工况来设计组合板所承担的荷载设计值。

$$L_{sf}=\frac{N_{cf}}{b\tau_{u,Rd}} \tag{7-23}$$

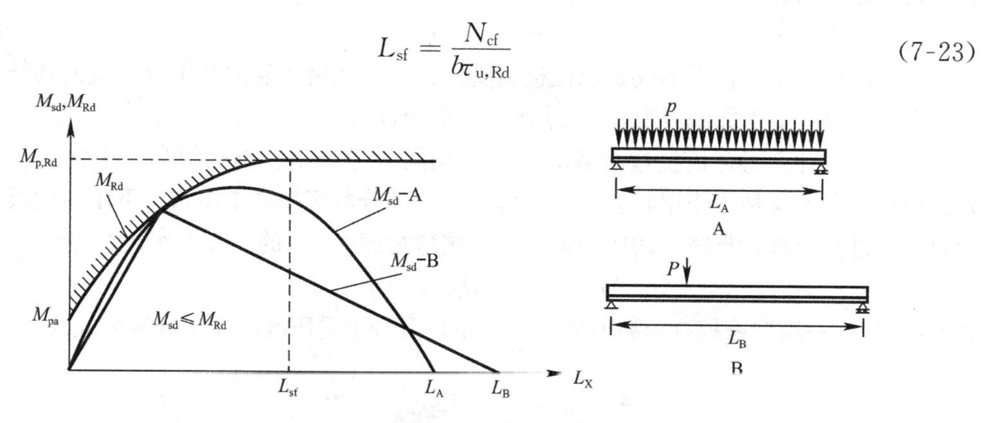

图 7-7 部分剪切粘结组合板设计曲线图

从上述分析可以清晰地看出 PSC 设计方法的优点和特点，相比 m-k 设计方法具有明确的力学计算模型，且如端部锚固条件、板底附加受拉钢筋及支座的摩擦作用均可直接体现在部分剪切粘结设计公式之中。

当考虑组合板端部栓钉锚固的影响时，部分剪切粘结条件下组合板受压区混凝土的压力表示为：

$$N_c=bL_x\tau_{u,Rd}+V_{ld} \tag{7-24}$$

其中，V_{ld} 为栓钉的影响，可通过变换部分剪切粘结曲线横轴的粘结长度进行修正，即：

$$\Delta L_x=\frac{-V_{ld}}{b\tau_{u,Rd}} \tag{7-25}$$

式（7-25）可以认为组合板增加了端部锚固措施，进而增强了组合板的纵向抗剪能力，相当于增加了组合板的纵向抗剪锚固长度。

部分剪切粘结设计方法还可以延伸到很多方面。组合板由于耐火或承载力的要求，通常会在板底附加配置受拉钢筋，且板底附加受拉钢筋的存在对组合板的承载力具有明显的提升作用。在计算附加受拉钢筋组合板承载力时，可将压型钢板和附加钢筋一起通过 M-N 相互作用关系进行考虑。另外，部分剪切粘结设计方法还可以应用于连续组合板的整体塑性分析。

7.4.3　能量法确定压型钢板截面的内弯矩 M_r

能量法应用于组合板内力分析起始于 1990 年英国学者 Wright 和 Evans 对 64 个组合板试件的承载力分析；Li An 于 1993 年采用能量法进行了弯曲滑移试验的压型钢板与混凝土界面的剪切粘结应力随荷载变化的分析，但并未考虑压型钢板对抗弯承载力的贡献；2009 年，马来西亚学者 Abdullah 采用能量法推导出了组合板在两点对称荷载作用下压型钢板的内弯矩计算方法。结合本书的研究目标，采用能量法推导大跨度四点等距加载时的组合板承载力计算方法。从第 3～5 章大跨度组合板的试验研究分析可知，大跨度组合板在外荷载作用下的跨中裂缝分布均匀，破坏时弯曲特征明显且端部滑移明显较小。基于大跨度组合板的试验现象及破坏形态分析，做如下基本假定：

（1）组合板在多点对称荷载作用下，两端界面滑移相等，试件破坏时呈现对称的弯曲破坏模式；

（2）忽略组合板自重对压型钢板与混凝土界面剪应力的影响，剪跨区界面纵向剪应力均匀分布；

（3）忽略压型钢板与混凝土界面的分离，压型钢板与混凝土在外荷载作用下具有相同的曲率；

（4）由于滑移的影响，组合板的抗弯承载力除了考虑压型钢板受拉和混凝土受压平衡产生的弯矩之外，还需考虑压型钢板绕自身中性轴的弯矩影响；

（5）小变形理论及平截面假定成立；

（6）组合板在达到滑移荷载之前，压型钢板处于弹性状态。

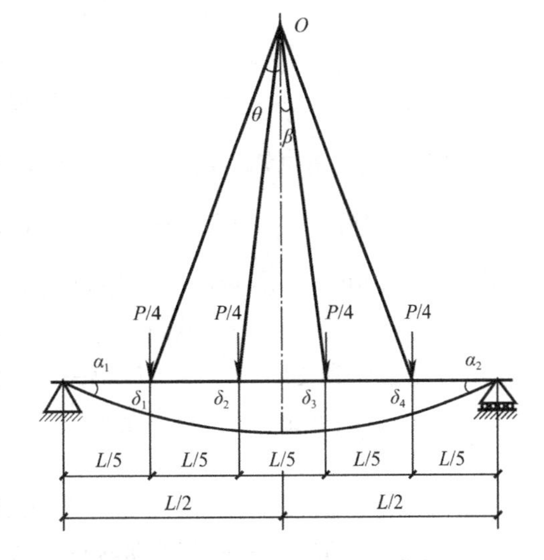

图 7-8　组合板在四点对称荷载作用下的弯曲变形图

根据能量法的基本原理，构件在外力作用下，外力所做的功等于构件的变形能。

图 7-8 和图 7-9 分别为组合板在四点对称荷载作用下的弯曲变形图和滑移后压型钢板与混凝土界面应力特征图。随着外荷载作用的增大，压型钢板与混凝土界面纵向剪切应力也随之增大，且压型钢板与混凝土界面在剪切应力作用下剪切变形的累积使得界面端部产生相对滑移。于是 $i-1$ 至 i 时刻外力所做功可表示为：

$$W_E = \frac{P_{i-1}}{4}(\Delta\delta_{1i}+\Delta\delta_{2i}+\Delta\delta_{3i}+\Delta\delta_{4i})+\frac{\Delta P_i}{8}(\Delta\delta_{1i}+\Delta\delta_{2i}+\Delta\delta_{3i}+\Delta\delta_{4i}) \tag{7-26}$$

其中，$\Delta\delta_{1i}$～$\Delta\delta_{4i}$ 分别为加载点处的挠度变形增量，由于组合板弯曲曲线对称，即 $\Delta\delta_{1i}=\Delta\delta_{4i}$、$\Delta\delta_{2i}=\Delta\delta_{3i}$，于是式（7-26）可改写为：

$$W_E = \frac{P_{i-1}}{2}(\Delta\delta_{1i}+\Delta\delta_{2i})+\frac{\Delta P_i}{4}(\Delta\delta_{1i}+\Delta\delta_{2i}) = \left(\frac{P_{i-1}}{2}+\frac{\Delta P_i}{4}\right)(\Delta\delta_{1i}+\Delta\delta_{2i}) \tag{7-27}$$

式中：P_{i-1}——$i-1$ 时刻对应的竖向荷载；

ΔP_i——$i-1$ 至 i 时刻竖向荷载的增量。

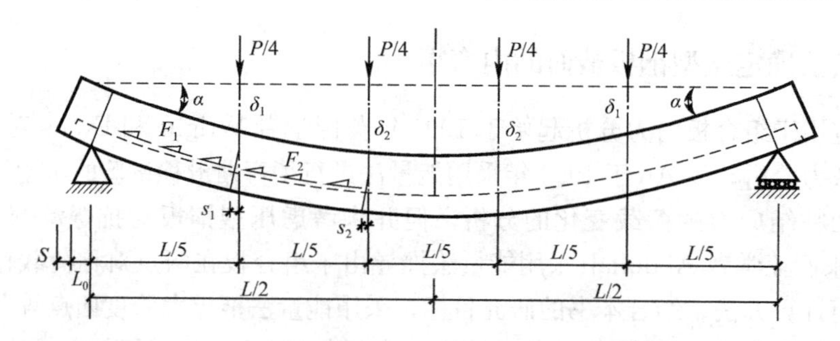

图 7-9　组合板滑移后压型钢板与混凝土界面应力特征图

组合板的变形能为：

$$W_{\mathrm{I}}=2\left(F_{1(i-1)}+\frac{\Delta F_{1i}}{2}\right)(\Delta s_{1i})+2\left(F_{2(i-1)}+\frac{\Delta F_{2i}}{2}\right)(\Delta s_{2i})+\left(M_{\mathrm{r}(i-1)}+\frac{\Delta M_{\mathrm{r}i}}{2}\right)(\Delta\alpha_{1i}+\Delta\alpha_{2i}) \tag{7-28}$$

其中，$\Delta\alpha_{1i}=\Delta\alpha_{2i}=\Delta\alpha$，应用小变形理论，$\Delta\alpha=\frac{\Delta\delta_1}{L/5}+\frac{\Delta\delta_2}{L/5}$，忽略组合板端部悬挑的影响，由有限元分析可知，$F_{1(i-1)}=F_{2(i-1)}$，$\Delta F_{1i}=\Delta F_{2i}$，$\Delta s_{1i}=\Delta s_{2i}$，则上式可表示为：

$$W_{\mathrm{I}}=\frac{5}{4}\left(F_{1(i-1)}+\frac{\Delta F_{1i}}{2}\right)(\Delta s_{1i})+2\left(M_{\mathrm{r}(i-1)}+\frac{\Delta M_{\mathrm{r}i}}{2}\right)\left(\frac{\Delta\delta_1+\Delta\delta_2}{L/5}\right) \tag{7-29}$$

式中：$F_{1(i-1)}$ 和 $F_{2(i-1)}$——$i-1$ 时刻距支座第一区段和第二区段压型钢板与混凝土界面的纵向剪力；

ΔF_{1i} 和 ΔF_{2i}——距支座第一区段和第二区段 $i-1$ 至 i 时刻纵向剪力的增量；

Δs_{1i} 和 Δs_{2i}——距支座第一区段和第二区段 $i-1$ 至 i 时刻平均纵向剪切滑移的增量；

$\Delta\alpha_{1i}$ 和 $\Delta\alpha_{2i}$——两侧支座处 $i-1$ 至 i 时刻的转角增量；

$M_{\mathrm{r}(i-1)}$——组合板纵向滑移产生时按部分剪切粘结作用下压型钢板绕自身中性轴承担的弯矩。$\Delta M_{\mathrm{r}i}$ 为 i-1 至 i 时刻压型钢板绕自身中性轴承担的弯矩增量。

根据能量守恒定律，第 $i-1$ 至 i 时刻组合板承担外荷载增量所做的功等于应变能：$W_{\mathrm{E}}=W_{\mathrm{I}}$，即可得到：

$$\left(\frac{P_{i-1}}{2}+\frac{\Delta P_i}{4}\right)(\Delta\delta_{1i}+\Delta\delta_{2i})=\frac{5}{4}\left(F_{1(i-1)}+\frac{\Delta F_{1i}}{2}\right)(\Delta s_{1i})+2\left(M_{\mathrm{r}(i-1)}+\frac{\Delta M_{\mathrm{r}i}}{2}\right)\left(\frac{\Delta\delta_1+\Delta\delta_2}{L/5}\right) \tag{7-30}$$

将上式进行移项变换，即可得到界面纵向剪力的计算公式：

$$F_{1(i-1)}+\frac{\Delta F_{1i}}{2}=\frac{\left(\frac{P_{i-1}}{2}+\frac{\Delta P_i}{4}\right)(\Delta\delta_{1i}+\Delta\delta_{2i})-2\left(M_{\mathrm{r}(i-1)}+\frac{\Delta M_{\mathrm{r}i}}{2}\right)\left(\frac{\Delta\delta_1+\Delta\delta_2}{L/5}\right)}{\Delta s_{1i}} \tag{7-31}$$

将式（7-31）拆分成两部分，即：

$$F_{1(i-1)}=\left(\frac{P_{i-1}}{2}-\frac{10M_{\mathrm{r}(i-1)}}{L}\right)\frac{(\Delta\delta_{1i}+\Delta\delta_{2i})}{\Delta s_{1i}} \tag{7-32}$$

和

$$\Delta F_{1i}=2\left(\frac{\Delta P_i}{4}-\frac{5\Delta M_{ri}}{L}\right)\frac{(\Delta\delta_{1i}+\Delta\delta_{2i})}{\Delta s_{1i}} \tag{7-33}$$

由图 7-9 可知，i 时刻组合板界面纵向剪力可表示为：

$$F_i=F_{i-1}+\Delta F_i \tag{7-34}$$

根据基本假定，压型钢板在滑移荷载前处于弹性状态，因此其截面弯矩可采用曲率进行表示：

$$\frac{M}{E_s I_s}=\frac{1}{R} \tag{7-35}$$

式中：R——曲率半径。

由组合板最大弯矩截面的几何特性可以看出：

$$\frac{M_{r(i-1)}}{E_s I_s}=\frac{1}{R_{i-1}}=\frac{10\theta_{i-1}+30\beta_{i-1}}{3L} \tag{7-36}$$

$$\frac{\Delta M_{ri}}{E_s I_s}=\left(\frac{1}{R_i}-\frac{1}{R_{i-1}}\right)=\frac{10\Delta\theta_i+30\Delta\beta_i}{3L} \tag{7-37}$$

将 $\theta_{i-1}=\frac{5\delta_{1(i-1)}}{L}$；$\Delta\theta_i=\frac{5\Delta\delta_1}{L}$；$\beta_{i-1}=\frac{5\delta_{2(i-1)}}{L}$；$\Delta\beta_i=\frac{5\Delta\delta_2}{L}$ 分别代入式（7-36）和式（7-37）中，即可得到组合板在发生纵向剪切滑移时压型钢板承担的绕自身中性轴的弯矩：

$$M_{r(i-1)}=\frac{50\delta_{1(i-1)}+150\delta_{2(i-1)}}{3L^2}E_s I_s \tag{7-38}$$

$$\Delta M_{ri}=\frac{50\Delta\delta_{1i}+150\Delta\delta_{2i}}{3L^2}E_s I_s \tag{7-39}$$

7.4.4 纵向抗剪设计内力平衡法

内力平衡法最早是由瑞典查尔姆斯理工大学学者 Li An 基于滑块弯曲滑移试验基础提出的用于计算水平剪切-滑移关系的一种方法，但是 Li An 的建议方法仅适用于单一荷载作用模式。马来西亚学者 Abdullah 在开口型单波小尺寸组合板弯曲试验基础上提出了新的计算方法，但此方法只适用于两点对称集中荷载加载模式，其基本假定包括：(1) 平截面假定；(2) 忽略受拉区混凝土的影响；(3) 组合板的中性轴在覆盖层混凝土之内；(4) 组合板在达到峰值荷载之前，混凝土和压型钢板的应力-应变关系假定为线性分布；(5) 压型钢板全截面受力并屈服。

本书基于上述学者的研究成果，对于大跨度四点等距加载组合板也可以采用内力平衡法进行纵向抗剪承载力的设计，并假定压型钢板截面的剪应力分布与组合板沿跨度的剪力梯度有关，相同剪力条件下界面剪应力分布均匀，同时忽略楼板自重对界面剪应力的影响。图 7-10 为大跨度四点等距加载组合板隔离体界面应力分布及相应的控制截面应力分布图。可以看出，压型钢板与混凝土之间由于组合作用，在外力作用下，压型钢板与混凝土界面的水平剪力 F 等于压型钢板的拉力 T；由于压型钢板截面应力沿高度分布不均匀，压型钢板承担了部分的弯矩作用 M_r；通过截面内力平衡即可计算出截面的剪力 F：

$$F=T=\frac{\left(\frac{3PL}{20}-M_r\right)}{z} \tag{7-40}$$

其中，z 为内力臂，y_{cc}、y_{cs}分别为组合截面中性轴到板顶和压型钢板形心轴和距离。此方法适用于一般荷载作用，采用相同的计算方法或等效荷载法即可计算纵向界面的剪力。

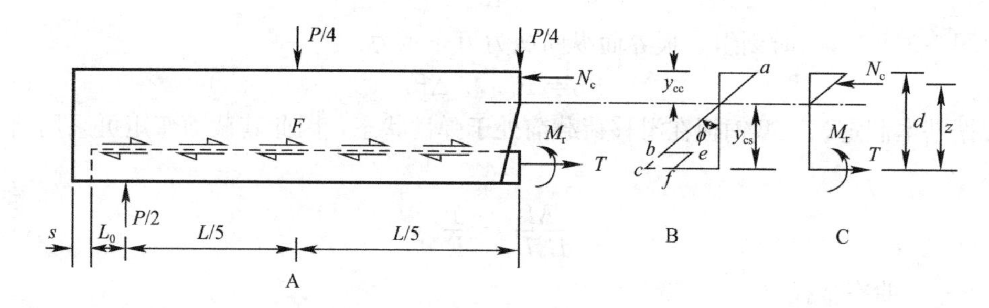

图 7-10　内力平衡法计算简图

因基本假定中忽略压型钢板与混凝土界面的微小分离，且认为压型钢板与混凝土在荷载作用下挠曲变形一致，即具有相同的曲率，故可采用能量法计算公式（7-37）来确定压型钢板绕自身中性轴的弯矩 M_{ri}。

$$M_r = \frac{50\delta_1 + 150\delta_2}{3L^2}E_s I_s \tag{7-41}$$

内力臂 z 的大小取决于组合板截面中性轴的位置，并随着荷载的增大向受压区边缘方向增大。混凝土受压区高度 y_{cc}的计算可参照美国组合板设计规范 ANSI/ASCE 3-91 的计算方法，即：

$$y_{cc} = d\{[2\rho n + (\rho n)^2]^{\frac{1}{2}} - \rho n\} \tag{7-42}$$

式中：d——组合板有效高度；

ρ——有效截面含钢率，$\rho = A_s/(bd)$；$n = E_s/E_c$。

已知组合板受压区高度 y_{cc}，则内力臂 z 可通过下式进行计算：

$$z = d - \frac{1}{3}y_{cc} \tag{7-43}$$

7.4.5　栓钉锚固计算

从第 3～5 章对三种板型组合板的试验研究可以看出，端部栓钉锚固对组合板承载力有明显提高作用，如图 7-11 所示。计算端部栓钉的作用对组合板纵向抗剪承载力的贡献，美国规范 ANSI/AISC 360-16、欧洲规范 Eurocode 4 以及英国规范 BS 5950 均有建议的计算方法。

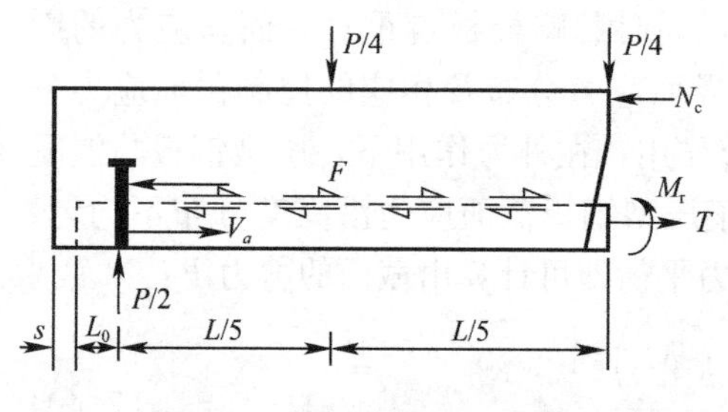

图 7-11　端部栓钉锚固示意图

（1）美国规范 ANSI/AISC 360-16

组合板中单个栓钉的纵向抗剪承载力：

$$Q = 0.5A_{sc}\sqrt{f_c' E_c} \leqslant R_g R_p A_{sc} F_u \tag{7-44}$$

式中：A_{sc}——栓钉的横截面面积；

R_g、R_p——与施工条件有关的调整系数；

F_u——栓钉抗拉强度容许值。

R_g 的取值与焊接栓钉的数量有关，每槽

1根焊接栓钉时，$R_g=1.0$；每槽2根焊接栓钉时，$R_g=0.85$；每槽3根焊接栓钉时，$R_g=0.7$；R_p的取值与栓钉和钢梁的焊接条件有关，当栓钉未通过压型钢板而直接焊接在钢梁上时，$R_p=1.0$；栓钉焊透压型钢板并与钢梁焊接在一起，且栓钉长度大于50mm时，$R_p=0.75$，若栓钉长度小于50mm时，$R_p=0.6$。

(2) 欧洲规范 Eurocode 4

欧洲规范 Eurocode 4采用部分剪切粘结设计方法计算端部栓钉锚固组合板的承载力，同时考虑混凝土受压区压力N_c和栓钉抗力N_r的作用。焊接栓钉抗剪承载力N_r的计算公式如下：

$$N_r = k_\phi d_{d0} t f_y \tag{7-45}$$

式中：d_{d0}——焊接栓钉底部焊脚直径，通常取1.1倍的栓钉直径；

t——压型钢板厚度；

k_ϕ——系数，按下式计算：

$$k_\phi = 1 + a/d_{d0} \tag{7-46}$$

式中：a——栓钉中心至压型钢板端部边缘的距离，且$a \geqslant 1.5d_{d0}$。

(3) 英国规范 BS 5950

英国规范BS 5950给出的单个栓钉纵向抗剪承载力计算公式同上述两种规范有明显区别，BS 5950中根据不同的栓钉直径、栓钉焊接完成后的高度及混凝土强度等确定出不同栓钉的抗力特征值Q_k，并对组合板应用栓钉的承载力进行折减，其表达式如下：

$$P_a = 0.4Q_k \tag{7-47}$$

对于单位宽度组合板中端部每槽不超过1根栓钉的纵向抗剪承载力计算公式为：

$$\bar{V}_a = NP_a(d_s - x_c/2)/L_V \tag{7-48}$$

式中：N——连接板端压型钢板与支撑钢梁单位宽度上的栓钉数量；

d_s——组合板有效高度；

x_c——跨中混凝土受压区高度；

L_V——剪跨。

7.5 纵向抗剪承载力结果分析

7.5.1 纵向抗剪承载力分析 m-k 法

采用第3～5章组合板的试验数据，分别应用不同规范中建议的m-k法对三种板型组合板进行承载力分析。鉴于不同板型均涉及不同的端部锚固条件，因此对端部无锚固和端部有锚固两种情况分别进行承载力分析。

(1) 开口型试件承载力分析

表7-2为开口型端部无锚固组合板基于m-k法得到的纵向抗剪承载力计算结果，可以看出，开口型端部无锚固组合板的纵向抗剪承载力计算结果与试验结果相比，采用不同规范计算得出的结果有明显区别。由于不同计算方法考虑的计算参数不同，虽然m、k值偏差不大，但组合板的纵向抗剪承载力存在一定的偏差。ANSI/ASCE 3-91的计算结果较其他两种算法明显偏大，主要原因在于三种方法均属于半经验的回归计算方法，其中ANSI/

ASCE 3-91 和《组合楼板设计与施工规范》CECS 273：2010 均考虑了混凝土强度，而 Eurocode 4 仅考虑了组合板的材料几何参数；三组试件的加载方式不同，对组合板纵向抗剪承载力的理论计算也有一定的影响。由此可见，通过试验回归的 m-k 法可以较好地进行端部无栓钉锚固组合板纵向抗剪承载力的计算。

开口型端部无锚固组合板基于 m-k 法得到的纵向抗剪承载力计算结果　　表 7-2

试件编号	V_{test} (kN)	ANSI/ASCE 3-91				Eurocode 4				CECS 273：2010			
		m	k	V_A (kN)	$\frac{V_A}{V_{test}}$	m	k	V_E (kN)	$\frac{V_E}{V_{test}}$	m	k	V_C (kN)	$\frac{V_C}{V_{test}}$
OBⅠ-1	31.1			31.1	1.0			28.4	0.91			25.1	0.81
OBⅢ-1	8.2	88.9	0.0005	9.1	1.1	88.9	0.0024	6.8	0.83	88.9	0.0012	7.5	0.91
OBⅣ-1	13.4			2.1	0.9			9.0	0.67			10.0	0.75

表 7-3 为开口型端部栓钉锚固组合板基于 m-k 法得到的纵向抗剪承载力计算结果，可以看出，端部栓钉锚固组合板的纵向抗剪承载力计算结果与试验结果相比，较小跨度试件的计算结果与试验结果比较接近，但大跨度组合板的计算结果偏差较大。三种规范计算得到的 m、k 值比较接近，说明不同规范虽然采用不同的设计表达式，但均是基于半经验的试验回归分析作为计算组合板纵向抗剪承载力的依据，且 m 和 k 值的大小除了受样本数量的影响，还与试件本身的破坏特征及承载能力有关。

开口型端部栓钉锚固组合板基于 m-k 法得到的纵向抗剪承载力计算结果　　表 7-3

试件编号	V_{test} (kN)	ANSI/ASCE 3-91				Eurocode 4				CECS 273：2010			
		m	k	V_A (kN)	$\frac{V_A}{V_{test}}$	m	k	V_E (kN)	$\frac{V_E}{V_{test}}$	m	k	V_C (kN)	$\frac{V_C}{V_{test}}$
OBⅠ-2	71.25			80.7	1.13			80.7	1.13			77.1	1.08
OBⅠ-3	85.9			80.7	0.94			80.7	0.94			77.1	0.9
OBⅡ-1	32.7			24.9	0.76			24.9	0.76			29.8	0.91
OBⅡ-2	32.65	273	0.028	24.9	0.76	73	0.125	24.9	0.76	273	0.062	29.8	0.91
OBⅢ-2	11.55			15.3	1.32			15.3	1.32			23	1.99
OBⅢ-3	15.25			20.3	1.33			20.3	1.33			30.5	2
OBⅣ-2	17.6			20.4	1.16			20.4	1.16			30.6	1.74
OBⅣ-3	20.5			26.7	1.3			26.7	1.3			40	1.95

（2）闭口型试件承载力分析

表 7-4 为闭口型端部无锚固组合板基于 m-k 法得到的纵向抗剪承载力计算结果，可以看出，通过三种规范计算所得闭口型试件的纵向抗剪承载力与试验结果对比有明显差别，主要体现在 ANSI/ASCE 3-91 和 Eurocode 4 的计算结果与试验偏差较小，而《组合楼板设计与施工规范》CECS 273：2010 的计算结果离散性较大，尤其是大跨度缩口型组合板的理论计算值明显偏高，这与试验过程中试件的破坏形态有很大关系。从第 4 章闭口型组合板的试验结果可以看出，大跨度组合板破坏时端部滑移较小，破坏形态属于跨中挠度控制的延性纵向剪切破坏，回归分析的结果一方面和参与回归分析的样本数量较小有关，另一方面和压型钢板与混凝土界面的相互作用程度有关。闭口型压型钢板与混凝土界面之间具有良好的相互作用能力，因此采用《组合楼板设计与施工规范》CECS 273：2010 对闭

口型端部无栓钉锚固大跨度组合板进行回归理论计算时呈现出明显的局限性。

闭口型端部无锚固组合板基于 *m-k* 法得到的纵向抗剪承载力计算结果　　表 7-4

试件编号	V_{test} (kN)	ANSI/ASCE 3-91				Eurocode 4				CECS 273：2010			
		m	k	V_A (kN)	$\frac{V_A}{V_{test}}$	m	k	V_E (kN)	$\frac{V_E}{V_{test}}$	m	k	V_C (kN)	$\frac{V_C}{V_{test}}$
CBⅠ-1	199.6			199.5	1			199.5	1			179.8	0.9
CBⅢ-1	45.05	311.3	0.033	45.9	1.02	311.3	0.146	45.9	0.98	311.3	0.073	54.6	1.21
CBⅣ-1	42.65			41.6	0.98			41.6	1.03			56.3	1.32

表 7-5 为闭口型端部栓钉锚固组合板基于 *m-k* 法得到的纵向抗剪承载力计算结果，可以看出，同端部无栓钉锚固组合板类似，三种规范计算结果显示出一定的差异性。从理论计算值与试验值的对比情况可以看出，ANSI/ASCE 3-91 和 Eurocode 4 的计算结果与试验偏差较小，而《组合楼板设计与施工规范》CECS 273：2010 的计算结果离散性较大，尤其是大跨度缩口型组合板的理论计算值明显偏高。采用《组合楼板设计与施工规范》CECS 273：2010 规范 *m-k* 方法计算闭口型组合板纵向抗剪承载力产生偏差的原因同无端部栓钉锚固组合板，不再赘述。

闭口型端部栓钉锚固组合板基于 *m-k* 法得到的纵向抗剪承载力计算结果　　表 7-5

试件编号	V_{test} (kN)	ANSI/ASCE 3-91				Eurocode 4				CECS 273：2010			
		m	k	V_A (kN)	$\frac{V_A}{V_{test}}$	m	k	V_E (kN)	$\frac{V_E}{V_{test}}$	m	k	V_C (kN)	$\frac{V_C}{V_{test}}$
CBⅠ-2	251.4			265.2	1.06			265.2	0.95			246.9	0.98
CBⅠ-3	270.5			265.2	0.98			265.2	1.02			246.9	0.91
CBⅡ-1	99.7			87.4	0.88			87.4	1.14			98	0.98
CBⅡ-2	104.1	427	0.055	87.4	0.84	27	0.248	87.4	1.19	427	0.123	98	0.94
CBⅢ-2	47.3			55.6	1.18			55.6	0.85			74.9	1.59
CBⅢ-3	60.8			71.8	1.18			71.8	0.85			96.6	1.59
CBⅣ-2	44.4			47.6	1.07			47.6	0.93			77.2	1.74
CBⅣ-3	54.1			61	1.13			61	0.89			98.9	1.83

综上可知，对于闭口型组合板无论端部有无栓钉锚固措施，若采用规范《组合楼板设计与施工规范》CECS 273：2010 的 *m-k* 法进行回归理论计算应扩大样本数量。

（3）缩口型试件承载力分析

缩口型试件对于增加压型钢板厚度及板底附加配置受拉钢筋的试件较少，仅以压型钢板截面特征相同的试件进行 *m-k* 法纵向抗剪承载力对比。

表 7-6 为缩口型端部无锚固组合板基于 *m-k* 法得到的纵向抗剪承载力计算结果，可以看出，三种规范对于缩口型试件的理论计算结果与试验结果对比离散性均较大，尤其是大跨度试件的理论承载力计算值明显偏高，而小跨度薄板试件的计算结果与试验结果对比明显偏小。存在偏差的原因同前述端部无锚固组合板，一方面是参与回归的试验样本数量较少，另一方面是大跨度组合板试件发生破坏时呈现出良好的延性特征但承载力提高有限，并且组合板抗剪承载力的理论计算取决于试件的材料及几何特征，两者之间呈现出的差异性是导致理论计算结果偏高的主要原因。

缩口型端部无锚固组合板基于 *m-k* 法得到的纵向抗剪承载力计算结果　　表 7-6

试件编号	V_{test} (kN)	ANSI/ASCE 3-91				Eurocode 4				CECS 273：2010			
		m	k	V_A (kN)	$\frac{V_A}{V_{test}}$	m	k	V_E (kN)	$\frac{V_E}{V_{test}}$	m	k	V_C (kN)	$\frac{V_C}{V_{test}}$
NBⅠ-1	94.5			95.5	1.01			95.5	1.01			78.6	0.83
NBⅢ-1	44	16.8	0.012	35.3	0.8	116.8	0.054	35.3	0.8	116.8	0.027	30.1	0.68
NBⅣ-1	28.5			38.6	1.35			38.6	1.35			33.3	1.17

表 7-7 为缩口型端部栓钉锚固组合板基于 *m-k* 法得到的纵向抗剪承载力计算结果，可以看出，采用三种规范计算得出的纵向抗剪承载力除了 6.0m 跨度试件，其他跨度试件的承载力偏差均不大；ANSI/ASCE 3-91 和 Eurocode 4 试验数据回归的 m 值相同而 k 值不同，但理论计算所得纵向抗剪承载力却很一致；《组合楼板设计与施工规范》CECS 273：2010 虽与前两部规范计算结果不同，但趋势相同。*m-k* 法计算结果显示，端部栓钉锚固组合板纵向抗剪承载力的计算结果与试验结果相比，较小跨度试件的计算结果与试验结果比较接近，但大跨度组合板的计算结果偏差明显。主要原因同前述的开口型及闭口型试件相同，一方面是参与纵向抗剪承载力评价的样本数量有限，另一方面是大跨度组合板试件压型钢板与混凝土界面的相互作用能力明显较中等跨度试件或较小跨度试件偏弱。从第 5 章缩口型组合板试件的试验承载力分析可以明显看出，端部栓钉锚固 NBII 及 NBⅢ组试件在发生破坏时呈现出明显的弯曲破坏特征，而端部栓钉锚固 NBⅣ组试件却显示出弯曲滑移或延性纵向剪切破坏特征。

缩口型端部栓钉锚固组合板基于 *m-k* 法得到的纵向抗剪承载力计算结果　　表 7-7

试件编号	V_{test} (kN)	ANSI/ASCE 3-91				Eurocode 4				CECS 273：2010			
		m	k	V_A (kN)	$\frac{V_A}{V_{test}}$	m	k	V_E (kN)	$\frac{V_E}{V_{test}}$	m	k	V_C (kN)	$\frac{V_C}{V_{test}}$
NBⅠ-2	180			85.8	1.03			185.8	1.03			148	0.82
NBⅠ-3	186.5			185.8	1			185.8	1			148	0.79
NBⅡ-1	74.5			73	0.98			73	0.98			57.9	0.78
NBⅡ-2	78.5	260.5	0.0033	73	0.93	260.5	0.015	73	0.93	260.5	0.0074	57.9	0.74
NBⅢ-2	68.5			54.8	0.8			54.8	0.8			43.3	0.63
NBⅢ-4	81.5			70.3	0.86			70.3	0.86			55.5	0.68
NBⅣ-2	39			55.6	1.43			55.6	1.43			43.8	1.12
NBⅣ-4	50			70.8	1.42			70.8	1.42			55.8	1.12

7.5.2　纵向抗剪承载力分析 PSC 法

采用部分剪切粘结方法（PSC 法）对组合板的纵向抗剪承载力进行评价，不但可以较好地体现出组合板的受力性能，还可以对不同截面形式及表面特征的压型钢板与混凝土界面的剪切粘结性能进行评价，以便工程技术人员选用更加合理的板型进行组合板设计。

图 7-12 和图 7-13 分别为开口型和闭口型组合板在部分剪切粘结作用下，相同压型钢板厚度、不同截面厚度的 M/M_p-η 关系图，其中，M 为组合板界面不同作用程度情况下的

截面抗弯承载力，M_p 为组合板截面塑性抗弯承载力。可以看出，压型钢板与混凝土界面处于部分剪切粘结时，截面的抗弯承载力随着界面相互作用程度的增大而增大；不同截面厚度的组合板，界面相互作用程度 η 相同时，M/M_p 随着截面厚度的增加呈降低趋势，且相互作用程度 η 越小，M/M_p 的降低幅度越大。

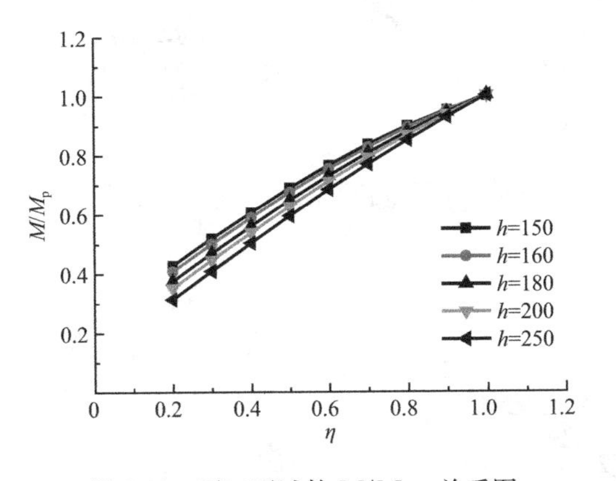

图 7-12　开口型试件 M/M_p-η 关系图
（图例单位：mm）

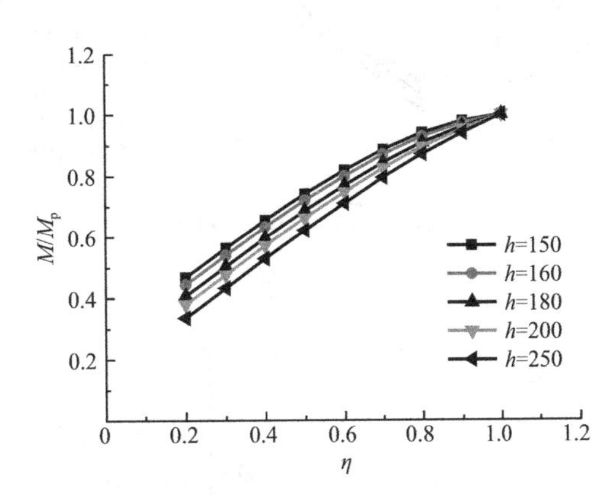

图 7-13　闭口型试件 M/M_p-η 关系图
（图例单位：mm）

图 7-14 为缩口型组合板在部分剪切粘结条件下的 M/M_p-η 关系图。图 7-14（a）为 1.0mm 厚压型钢板、不同截面厚度组合板的 M/M_p-η 关系图，其相关关系同开口型和闭口型组合板。图 7-14（b）为 1.2mm 厚压型钢板、不同截面厚度及板底附加纵向受力钢筋组合板的 M/M_p-η 关系图，图中带有“*”的构件为板底附加受拉钢筋组合板，增加压型钢板厚度不会改变组合板的 M/M_p-η 相互关系发展；增加板底附加受拉钢筋，在同等截面作用条件下，M/M_p 值得到明显提升，表明增加压型钢板的厚度有助于提高组合板界面的相互作用能力，承载力也有了明显改善，但当压型钢板与混凝土界面的相互作用程度较低时，M/M_p 值呈降低趋势，表明压型钢板与混凝土界面过早的破坏影响到了钢筋对组合板承载能力的贡献，随着界面相互作用能力的提升，界面的抗滑移能力随之增强，钢筋及钢板与混凝土之间的相互作用更加协调，其承载能力也逐渐得到发挥。图 7-14（c）为相同厚度组合板、不同厚度压型钢板及板底附加受力钢筋组合板的 M/M_p-η 关系图。可以看出，增加压型钢板的厚度一定程度上提升了组合板的截面抗弯承载能力，M/M_p 得到一定程度的改善，但在界面相互作用程度较低时，不同厚度压型钢板组合板的 M/M_p 值趋近相同，即随着界面相互作用能力的降低，压型钢板所承担绕自身中性轴的弯矩作用越多，组合板的截面承载力趋近于压型钢板的抗弯承载力；增加板底附加受力钢筋的组合板，其钢筋作用的发挥取决于压型钢板与混凝土界面作用程度的大小。

从图 7-12～图 7-14 可以看出，组合板截面的承载能力和压型钢板与混凝土界面的相互作用程度有关，η 越大，界面的相互作用程度越好，通过 M/M_p-η 关系曲线即可确定组合板截面抗弯承载力 M 的大小，设计人员也就可以通过该方法进行组合板承载力的设计。而如何简单方便地确定 M/M_p-η 曲线是应用 PSC 法的关键问题，由式（7-16）～式（7-19）可知：

$$M = \eta N_{cf} z + M_{pr} = \eta N_{cf} z + 1.25 M pa (1-\eta) \tag{7-49}$$

将式（7-17）代入式（7-49）：

$$M = \eta N_{cf}[h - 0.5x - e_p + (e_p - e)\eta] + 1.25 M pa (1-\eta) \tag{7-50}$$

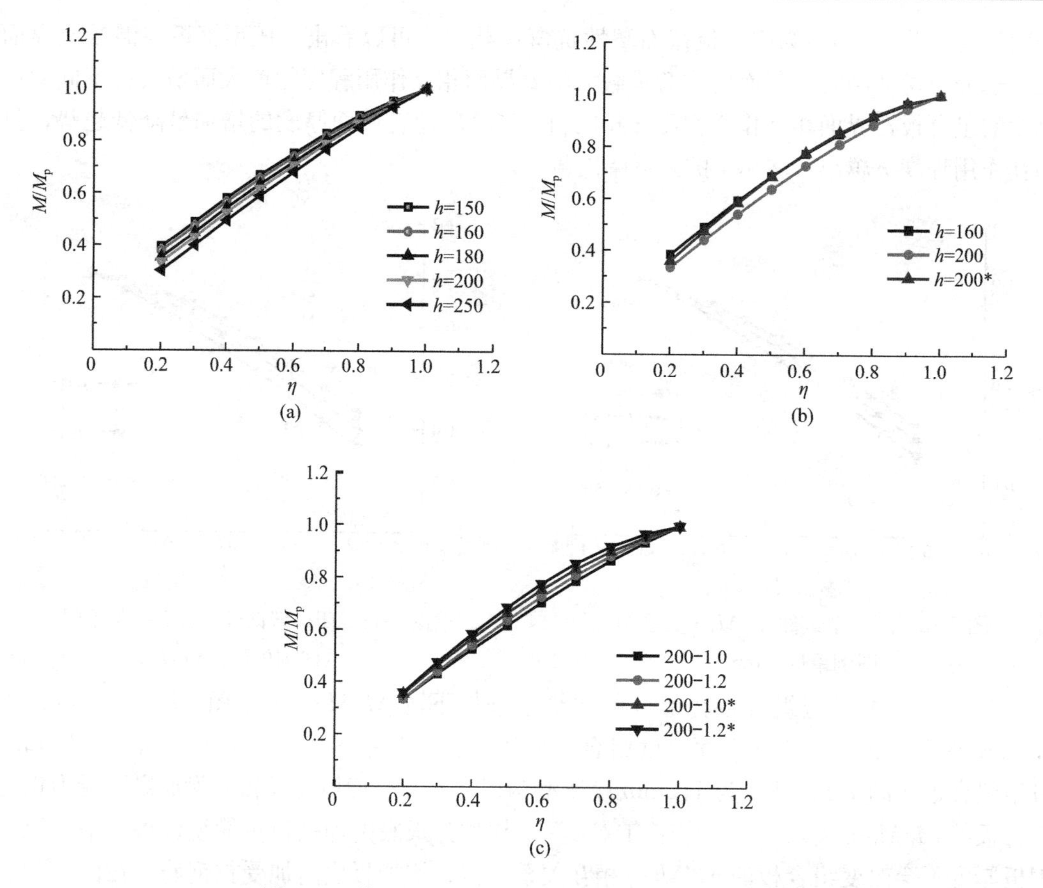

图 7-14 缩口型 M/M_p-η 关系图（图例单位：mm）

（a）1.0mm 厚压型钢板试件；（b）1.2mm 厚压型钢板试件；（c）不同压型钢板厚度试件

可以得到 M-η 关于 η 的二次曲线，因此只需确定特征点即可描绘出 M/M_p-η 的完整曲线。

从前述对 PSC 法基本内容的介绍可以看出，该设计方法不但更好地呈现了组合板截面抗弯承载力的计算模型，而且利用此方法可以进行压型钢板与混凝土界面纵向抗剪性能的评价。

7.5.3 组合板纵向抗剪承载性能评价

第 2 章通过组合板滑块试验分别对三种板型试件进行了纵向抗剪性能评价，下面分别将推出法、PSC 法及内力平衡法的评价结果进行对比，以深入研究组合板纵向抗剪承载力的计算方法。由于端部栓钉锚固组合板破坏时未发现栓钉破坏现象，用前述栓钉承载力计算方法进行计算时，无疑增加了栓钉作用的贡献，且栓钉锚固组合板剪跨区的纵向应力分布相对复杂，难以准确做出切实可靠的评价。为了对端部栓钉锚固组合板中压型钢板与混凝土界面的纵向抗剪性能做出更为准确的评价，可在端部无栓钉锚固组合板界面抗剪性能评价方法的基础上考虑栓钉锚固的影响。推出法试验的研究表明，组合板中压型钢板与混凝土界面的纵向抗剪承载力与界面的等效法向压应力有关。为了更好地体现 PSC 法与推出法之间的关系，推出法所对应等效法向应力的取值与组合板承载力相关的等效均布面荷载大小一致，纵向剪切应力 τ_u 按照式（2-6）～式（2-12）所确定的推出法 τ-σ 关系进行计算。内力平衡法的关键问题是确定压型钢板内弯矩的大小，通过能量法小变形理论的两点对称加载及四点等距加载计算方法，分别对这两种加载模式下组合板的界面纵向抗剪承载性能进行评价。

表7-8为开口型、缩口型及闭口型三种板型端部无锚固组合板采用PSC法、推出法及内力平衡法评价界面纵向抗剪承载力 τ_u 的结果对比，可以看出，仅闭口型小跨度厚板试件CBⅠ-1的推出法计算结果与PSC法计算结果基本吻合，其主要原因包括两个方面：一方面是因为小跨度闭口型组合板破坏时边界条件的影响相比大跨度试件明显偏大，并且PSC法是基于全尺寸组合板的试验，相比小尺寸推出试验试件，其压型钢板与混凝土界面的整体作用性能更加优越；另一方面则是因为两种评价方法的计算模型和受力状态完全不同，最终引起计算结果也不同。从这两种评价方法的最终结果来看，推出法得出的界面剪应力评价结果较好地吻合了大跨度组合板的受力性能。从内力平衡法和PSC法评价结果的对比来看，内力平衡法得出的界面纵向抗剪承载力与PSC法计算结果吻合较好，表明内力平衡法充分考虑了组合板界面滑移情况下压型钢板内弯矩和多点荷载作用的影响，其计算结果虽与PSC法有一定程度的偏差，但仍能较好地对组合板界面的纵向抗剪性能进行评价。

三种板型端部无锚固组合板 τ_u 计算结果对比　　**表7-8**

试件编号	PSC			推出法		内力平衡法		$\frac{\tau_{u,T}}{\tau_{u,P}}$	$\frac{\tau_{u,E}}{\tau_{u,P}}$
	η	N_{cf} (kN)	$\tau_{u,P}$ (N/mm^2)	σ (N/mm^2)	$\tau_{u,T}$ (N/mm^2)	M_r (kN·m)	$\tau_{u,E}$ (N/mm^2)		
OBⅠ-1	0.14	415.1	0.082	0.027	0.071	3.2	0.093	0.87	1.13
OBⅢ-1	0.2	415.1	0.058	0.005	0.063	4.97	0.077	1.09	1.33
OBⅣ-1	0.34	415.1	0.081	0.005	0.063	6.92	0.096	0.78	1.19
NBⅠ-1	0.32	737.9	0.262	0.08	0.231	2.35	0.254	0.89	0.97
NBⅢ-1	0.66	737.9	0.246	0.02	0.252	9.51	0.307	1.02	1.25
NBⅣ-1	0.38	737.9	0.113	0.011	0.106	10.9	0.107	0.94	0.95
CBⅠ-1	0.82	796.2	0.871	0.156	0.495	7.25	0.444	0.57	0.51
CBⅢ-1	0.62	796.2	0.279	0.02	0.287	17.8	0.255	1.03	0.91
CBⅣ-1	0.65	796.2	0.236	0.017	0.215	17.8	0.199	0.91	0.84

注：表中 $\tau_{u,P}$，$\tau_{u,T}$，$\tau_{u,E}$分别为PSC法、推出法及内力平衡法得出的界面抗剪承载力；σ 为推出法试件的等效平面压力；M_r 为压型钢板内弯矩。

7.6　本章小结

本章分别对常见沿跨中截面受弯破坏和沿组合板端部压型钢板与混凝土界面纵向剪切破坏的形态和机理进行研究；基于对试验结果的分析，分别进行了组合板正截面承载力和纵向抗剪承载力计算方法的研究，并采用不同方法对组合板压型钢板与混凝土界面的纵向抗剪性能进行了对比评价，主要结论包括：

（1）不同截面形式和表面特征的压型钢板与混凝土界面之间的相互作用能力不同，试件破坏时受压区混凝土的应力发展情况也明显不同，因此在进行组合板正截面承载力计算时，建议对受压区混凝土的强度进行折减。

（2）对比了 ANSI/ASCE 3-91、Eurocode 4 及 CECS 273：2010 三种规范基于足尺试验基础上的 m-k 法组合板纵向抗剪承载力的分析过程，结合试验数据分别回归出三种板型组合板的 m 值和 k 值，并对各规范计算所得的试件纵向抗剪承载力进行了对比，可以看出，不同板型组合板采用不同规范计算得出的结果存在一定的差异性，尤其是大跨度组合板承载力的计算偏差明显较大。

（3）对基于部分剪切粘结理论的 PSC 法进行了详细阐述，根据试验数据分别推导出不同含钢率、不同截面厚度及截面形式组合板的 M/M_p-η 曲线，并通过 M/M_p-η 曲线分析了不同截面形式、不同压型钢板厚度及组合板厚度对组合板纵向抗剪承载力的影响。

（4）在总结国内外学者对组合板纵向抗剪承载力研究的基础上，采用能量法推导出四点等距加载模式下组合板中压型钢板内弯矩 M_r 的计算公式；基于内力平衡法给出四点等距加载模式下组合板纵向抗剪承载力的计算方法。

（5）分别采用 PSC 法、推出法及内力平衡法对组合板中压型钢板与混凝土界面的纵向抗剪性能指标 τ_u 进行对比评价。评价结果显示，大跨度组合板采用上述三种方法得到的纵向抗剪性能指标比较接近，说明三种计算方法均能较好地反映大跨度组合板的受力性能。

第8章　结　　语

本书基于试验及库伦摩擦理论分别对开口型、闭口型及缩口型压型钢板-混凝土组合板界面的纵向抗剪性能进行了系统的研究和评价。在对压型钢板与混凝土界面抗剪性能进行总结分析及对三种板型大跨度组合板进行试验研究的基础上，深入研究了不同截面类型组合板的受力性能，并且归纳得出适用于大跨度组合板的设计方法。结合对组合板纵向抗剪性能以及大跨度足尺组合板受力性能的研究，得出如下结论：

（1）书中通过对单次加载模式下的组合板进行纵向抗剪推出试验，研究了不同截面类型组合板的破坏形态及界面作用机理，并基于单次加载模式得到的 τ-s 曲线，确定了压型钢板与混凝土界面纵向剪切-滑移本构模型；同时，采用交替加载模式对组合板进行了纵向抗剪推出试验，研究了组合板界面平均压力对纵向抗剪承载力的影响。

（2）开口型组合板由于压型钢板与混凝土界面的机械咬合作用较为薄弱，故在弯曲荷载作用下，端部无栓钉锚固小跨度厚板均发生脆性纵向剪切破坏，而跨高比较大的开口型组合板无论端部有无栓钉锚固措施，均发生延性纵向剪切破坏。

（3）闭口型及缩口型组合板由于压型钢板与混凝土之间具有较好的相互作用性能，故在弯曲荷载作用下，端部无栓钉锚固组合板均发生延性纵向剪切破坏，而跨高比较大的端部栓钉锚固组合板发生弯曲破坏或延性纵向剪切破坏，且闭口型压型钢板由于独特的截面形式及表面特征，使其与混凝土之间的机械咬合作用更强，试件发生破坏时呈现出的延性性能更加突出。

（4）端部栓钉锚固作用限制了混凝土与压型钢板之间的界面滑移，间接增强了压型钢板与混凝土界面的相互作用性能，对组合板承载力的提高起到极大的促进作用，对其延性性能也起到明显的改善作用，并且栓钉的锚固作用对组合板承载力的提高作用随着跨度的增加逐渐减小。

（5）组合板在受弯状态下，压型钢板均能达到屈服，但由于界面粘结滑移的存在，混凝土强度并没有得到充分发挥。

（6）通过理论分析得出，在极限荷载状态下组合板的界面剪应力沿剪跨区均匀分布，验证了组合板纵向抗剪界面剪力计算的基本假定。

（7）针对大跨度组合板的受力状态，基于小变形理论的能量法推导出四点加载模式下压型钢板内弯矩 M_r 的计算公式，基于内力平衡法得到纵向抗剪承载力的理论计算方法，并分别对三种板型不同跨度的组合板进行了理论验证。

（8）分别采用 m-k 法、PSC 法及内力平衡法对三种板型压型钢板与混凝土界面的纵向抗剪性能进行了评价，结果显示，PSC 法和内力平衡法均可应用于大跨度组合板的设计及理论分析，并对影响组合板的 M/M_p-η 曲线进行了详细的参数分析，结果显示，压型钢板的厚度、含钢率、截面类型及表面特征等均是决定压型钢板与混凝土界面相互作用能力的重要因素。

参考文献

［1］ 刘维亚. 钢与混凝土组合结构理论与实践［M］. 北京：中国建筑工业出版社，2008：403-438.

［2］ Veljkovic M. Behaviour and resistance of composite slabs［D］. Luleå：Luleå University of Technology，1996.

［3］ Widjaja B R. Analysis and design of steel deck-concrete composite slabs［D］. Virginia：Virginia Polytechnic Institute and State University，1997.

［4］ Shen G L. Performance evaluation of new corrugated-type embossments for composite deck［D］. Virginia：Virginia Tech，2001.

［5］ Lakkavalli B S. Experimental investigation of composite action in light gauge cold-formed steel and concrete［D］. Nova Scotia：Dalhousie University，2005.

［6］ 聂建国. 钢-混凝土组合结构［M］. 北京：中国建筑工业出版社，2005：141-149.

［7］ Abdul F. Structural behavior and shear bond capacity of composite slabs with high performance concrete［D］. Ontario：Ryerson University，2011.

［8］ 赵鸿铁，张素梅. 组合结构设计原理［M］. 北京：科学出版社，2005：34-62.

［9］ Patrick M，Bridge R Q. Review of concepts concerning bond of steel decking［C］. St. Louis：Twelfth International Specialty Conference on Cold-Formed Steel Structures，1994：335-359.

［10］ 陈世鸣. 压型钢板-混凝土组合楼板的承载能力研究［J］. 建筑结构学报，2002，23（3）：19-26.

［11］ 聂建国，樊健生. 钢与混凝土组合结构设计［M］. 北京：中国建筑工业出版社，2008：30-53.

［12］ 黄亮. 缩口型压型钢板-混凝土组合楼板的试验研究［D］. 北京：清华大学，2005.

［13］ 左莹. 压型钢板-混凝土组合楼板的研究［D］. 北京：清华大学，2007.

［14］ 高翔. 压型钢板-混凝土组合楼板纵向剪切-粘结承载能力试验研究［D］. 西安：西安建筑科技大学，2010.

［15］ Daniels B J，Crisinel M. Composite slab behavior and strength analysis. Part Ⅱ：Comparisons with test results and parametric analysis［J］. Journal of Structural Engineering，1993，119（1）：36-49.

［16］ 中华人民共和国国家标准. 钢结构设计标准 GB 50017—2017［S］. 北京：中国建筑工业出版社，2017.

［17］ 中华人民共和国国家标准. 混凝土结构设计规范 GB 50010—2010［S］. 北京：中国建筑工业出版社，2010.

［18］ 薛建阳. 钢与混凝土组合结构设计原理［M］. 北京：科学出版社，2010：25-59.

［19］ Abdullah R. Experimental evaluation and analytical modeling of shear bond in composite slabs［D］. Blacksburg，Virginia：Virginia Tech，2004.

［20］ Schuster R M，Ling W C. Mechanical interlocking capacity of composite slabs［C］. St. Luis：5th International Specialty Conference on Cold-formed Steel Structures，1980：387-407.

［21］ Burnet M. Analysis of composite steel and concrete flexural members that exhibit partial shear connection［D］. Adelaide：University of Adelaide，1998.

［22］ Johnson R P. Composite structures of steel and concrete：beams，slabs，columns，and frames for buildings［M］. 3rd ed. London：Blackwell Scientific，2008：28-45.

［23］ European Committee for Standardization. Eurocode 4：Design of composite steel and concrete structures. Part 1.1：General rules and rules for buildings［S］. Brussels：Technical Committee CEN/TC 250，2004.

［24］ Easterling W S，Young C S. Strength of composite slabs［J］. Journal of Structural Engineering，

1992，118 (9)，2370-2389.

[25] Porter M L，Ekberg C E. Compendium of ISU research conducted on cold-formed steel deck-reinforced slab systems [R]. Engineering Research Institute，Ames：Iowa State University，1978.

[26] Schuster R M. Strength and behavior of cold-rolled steel-deck-reinforced concrete floor slabs [D]. Ames：Iowa State University，1970.

[27] Patrick M，Bridge R Q. Design of composite slabs for vertical shear [C]. New York：Proceedings of an Engineering Foundation Conference on Composite Construction in Steel and Concrete Ⅱ，American Society of Civil Engineer，1992，304-322.

[28] Saravanan M，Marimuthu V，Prabha P，et al. Experimental investigations on composite slabs to evaluate longitudinal shear strength [J]. Steel & Composite Structures，2012，13 (5)：489-500.

[29] Bridge R Q，Patrick M. The integration of partial shear connection into composite steel-concrete design procedures [J]. Composite Construction in Steel and Concreteiv，2002：129-140.

[30] Cheng J J，Yam Michael C H，Davison E B. Behavior and failure mechanism of composite slabs [C]. St. Louis：12th International Specialty Conference on Cold-Formed Steel Structures，1994：361-383.

[31] 陈浩军，尹犨. 压型钢板-混凝土组合楼板挠曲变形计算 [J]. 交通科学与工程，2003，19 (4)：41-45.

[32] Mujagic U. Design and behavior of composite steel-concrete flexural members with a focus on shear connectors [D]. Virginia：Virginia Tech，2004.

[33] 李幅昌，王彦开，杨志坚，等. 开口型压型钢板-混凝土组合板界面黏结性能试验研究 [J]. 建筑结构学报，2015，36 (S1)：100-106.

[34] Patrick M. Long-spanning composite members with steel decking [C]. St. Louis：Tenth International Specialty Conference on Cold-formed Steel Structures，1990：81-102.

[35] 中国工程建设标准化协会标准. 组合楼板设计与施工规范 CECS 273：2010 [S]. 北京：中国计划出版社，2010.

[36] 中华人民共和国国家标准. 冷弯薄壁型钢结构技术规范 GB 50018—2002 [S]. 北京：中国计划出版社，2002.

[37] ASCE. ANSI/ASCE 3-91：Standard for the structural design of composite slabs [S]. New York：American Society of Civil Engineers，1992.

[38] 中华人民共和国行业标准. 组合结构设计规范 JGJ 138—2016 [S]. 北京：中国建筑工业出版社，2016.

[39] Brekelmans J W P M，Daniels B J，van Hove B，et al. Design recommendations for long span composite slabs with deep profiled steel sheets [C]，Irsee：Proceedings of the 1996 Engineering Foundation Conference on Composite Construction in Steel and Concrete，1996，660-671.

[40] Widjaja，B R，Easterling，W S. Developments in long span composite slabs [J]. Engineering Journal，2000，37 (2)：73-82.

[41] Huber D H. Development and validation of long span floor systems for multi-story residential structures [D]. West Lafayette：Purdue University，2008.

[42] Thomas Sputo. Development of composite steel deck [J]. Structure Magazine，2012，8：30-31.

[43] Schuster R M. Composite steel-deck concrete floor systems [J]. Journal of the Structural Division，1976，5：899-917.

[44] Widjaja B R，Easterling S W. Strength and stiffness calculation procedures for composite slabs [C]. St. Louis：Thirteenth International Specialty Conference on Cold-Formed Steel Structures，1996：388-401.

[45] Veljkovic M. Behaviour and design of shallow composite slab [J]. Composite Construction in Steel and Concrete，2000：310-321.

[46] Schuurman R G，Stark J W B. Longitudinal shear resistance of composite slabs-a new model [J] Composite Construction in Steel and Concrete，2002：334-343.

[47] Schumacher A，Lääne A，Crisinel M. Development of a new design approach for composite slabs [C]. Lausanne：Proceedings of the Engineering Foundation Conferences Composite Construction Ⅳ. American Society of Civil Engineers，2000，1 (CONF)：322-333.

[48] Crisinel M，Marimon F. A new simplified method for the design of composite slabs [J]. Journal of Constructional Steel Research，2004，60 (3-5)：481-491.

[49] Crisinel M，Edder P. New method for the design of composite slabs [J]. Composite Construction in Steel and Concrete，2006：166-177.

[50] 马智刚. 闭口型组合楼板承载力的理论与试验研究 [D]. 北京：清华大学，2004.

[51] 吕兆华. 带压痕压型钢板-混凝土组合楼板承载能力研究与试验 [D]. 上海：同济大学，2006.

[52] 郝家欢. 压型钢板-混凝土组合楼板剪切粘结滑移性能试验研究 [D]. 西安：西安建筑科技大学，2007.

[53] 马山积. 闭口型压型钢板-混凝土组合楼板纵向抗剪性能的试验研究 [D]. 西安：西安建筑科技大学，2012.

[54] Porter M. L.，Ekberg C. E. Jr.. Design recommendation for steel deck floor slabs [C]. St. Louis：3rd International Specialty Conference on Cold-Formed Steel Structures，1975：761-791.

[55] Porter M L，Ekberg C E Jr，Greimann L F. Shear bond analysis of steel deck reinforced slabs [J]. Journal of the Structural Division，1976. 102 (12)：2255-2268.

[56] Plooksawasdi S. Evaluation and design formulations for composite steel deck [D]. West Virginia：West Virginia University，1977.

[57] Stark J W B. Design of composite floors with profiled steel sheet [C]. St. Louis：Proceedings of the 4th International Specialty Conference on Cold-Formed Steel Structures，1978：893-992.

[58] Jolly C K，Zubair A K M. The efficiency of shear-bond interlock between profiled steel sheeting and concrete [C]. Cardiff：Proceedings of the International Conference on Steel and Aluminum Structures Composite Steel Structures，Advances，Design and Construction，1987：127-136.

[59] Zubair A. K. M.. Improvement of shear-bond in composite steel and concrete floor slabs [D]. Southampton：University of Southampton，1989.

[60] Daniels B. J. Shear bond pull-out tests for cold-formed-steel composite slabs [R]. Lausanne：ICOM-Construction Metallique，Ecole Polytechnique Federale de Lausanne. 1988.

[61] Daniels B J，Crisinel M. Composite slab behavior and strength analysis. Part I：Calculation procedure [J]. Journal of Structural Engineering，1993. 119 (1-4)：16-35.

[62] Patrick M.，Poh K. W.. Controlled test for composite slab design parameters [C]. Zurich：IABSE Symposium，Mixed Structures，Including New Materials，1990：227-231.

[63] Patrick M. A new partial shear connection strength model for steel construction composite [J]. Journal of the Australian Institute of Steel Construction，1990. 24 (3)：2-17.

[64] Tremlay R，Gignac P，Degrange G，et al. Variables affecting the shear-bond resistance of composite floor deck systems [C]. St. Louis：16th International Specialty Conference on Cold-Formed Steel Structures，2002：663-676.

[65] Pentti M，Sun Y. The longitudinal shear behaviour of a new steel sheeting profile for composite floor slab [J]. Journal of Constructional Steel Research，1999. 49：117-28.

[66] Holomek J., Karásek R., Bajer M., et al. Comparison of methods of testing composite slabs [J]. An international Journal of Science, Engineering and Technology, 2012, 67: 620-625.

[67] An L., Cederwall K.. Composite slabs analysed by block bending test [C]. Missouri: Proceedings of the 11th International Specialty Conference on Cold-Formed Steel Structures, 1992: 268-282.

[68] Burnet M J, Oehlers D J. Rib shear connectors in composite profiled slabs [J], Journal of Constructional Steel Research, 2001, 57 (12): 1267-1287.

[69] Oehlers D J, Bradford M A. Composite steel and concrete structural members: fundamental behavior [M]. Oxford: Pergamon Press, 1995.

[70] Oehlers D J, Bradford M A. Elementary behaviour of composite steel and concrete structural members [M]. Oxford: Butterworth-Heinemann, 1999.

[71] Wendel M, Sebastian, Riehard E McConnel. Nonlinear finite element analysis of steel-conerete composite struetures [J]. Journal of Struetural Engineering, 2001, 126 (6): 662-674.

[72] Marimuthu V, Seetharaman S, Jayachandran S A, et al. Experimental studies on composite deck slabs to determine the shear-bond characteristic (m-k) values of the embossed profiled sheet [J]. Journal of Constructional Steel Research, 2007, 63 (6): 791-803.

[73] Valivonis J. Analysis of behaviour of contact between the profiled steel sheeting and the concrete [J]. Journal of civil engineering and management, 2006, 12 (3): 187-194.

[74] Abas E M, Gilbert R I, Foster S J, et al. Strength and serviceability of continuous composite slabs with deep trapezoidal steel decking and steel fibre reinforced concrete [J]. Engineering Structures, 2013, 49 (2): 866-875.

[75] Cifuentes H, Medina F. Experimental study on shear bond behavior of composite slabs according to Eurocode 4 [J]. Journal of Constructional Steel Research, 2013, 82: 99-110.

[76] Lakshmikandhan K. N, Sivakumar P, Ravichandran R, et al. Investigations on efficiently interfaced steel concrete composite deck slabs [J]. Journal of Structures, 2013, 9: 1-10.

[77] Johnson R P, Shepherd A J. Resistance to longitudinal shear of composite slabs with longitudinal reinforcement [J]. Journal of Constructional Steel Research, 2013, 82: 190-194.

[78] Degtyarev V V. Strength of composite slabs with end anchorages. Part Ⅱ: Parametric studies [J]. Journal of Constructional Steel Research, 2014, 94: 163-175.

[79] Gholamhoseini A, Gilbert R I, Bradford M A. Longitudinal shear stress and bond-slip relationships in composite concrete slabs [J]. Engineering Structures, 2014, 69 (4): 37-48.

[80] Rana M M, Uy B, Mirza O. Experimental and numerical study of end anchorage in composite slabs [J]. Journal of Constructional Steel Research, 2015, 115: 372-386.

[81] Rehman N, Lam D, Dai X, et al. Experimental study on demountable shear connectors in composite slabs with profiled decking [J]. Journal of Constructional Steel Research, 2016, 122: 178-189.

[82] Ríos, José D, Cifuentes, Héctor, Martínez-De La Concha, et al. Numerical modelling of the shear-bond behaviour of composite slabs in four and six-point bending tests [J]. Engineering Structures, 2017, 133: 91-104.

[83] Vakil M D, Patel H S. Investigations on flexural capacity of steel concrete composite deck with diverse bond patterns [J]. Journal of Constructional Steel Research, 2017, 12: 76-88.

[84] Ferrer M, Marimon F, Casafont M. An experimental investigation of a new perfect bond technology for composite slabs [J]. Construction and Building Materials, 2018, 166: 618-633.

[85] Bodensiek F. Development and behaviour of a new Long-span composite floor system [D]. Auckland: University of Auckland, 2011.

[86] Bailey C G, Currie P M, Miller F R. Development of a new long span composite floor system [J]. The Structural Engineer, 2006. 84 (21), 32-39.

[87] Patrick M, Bridge R Q. Partial shear connection design of composite slabs [J]. Engineering Structures, 1994, 16 (5): 348-362.

[88] Bode Helmut, Sauerborn Ingeborg. Calculation of continuous composite slabs [J]. Stahlbau, 1997, 66 (7):416-426.

[89] Marčiukaitis G, Jonaitis B, Valivonis J. Analysis of deflections of composite slabs with profiled sheeting up to the ultimate moment [J]. Journal of Constructional Steel Research. 2006, 62 (8): 820-830.

[90] Abdullah R, Easterling W S. Elemental bending test and modeling of shear bond in composite slabs [J]. Composite Construction in Steel and Concrete, 2011: 138-150.

[91] Abdullah R, Easterling W S. New evaluation and modeling procedure for horizontal shear bond in composite slabs [J]. Journal of constructional steel research, 2009, 65 (4): 891-899.

[92] Hedaoo N A, Gupta L M, Ronghe G N. Design of composite slabs with profiled steel decking: a comparison between experimental and analytical studies [J]. International Journal of Advanced Structural Engineering. 2012, 4 (1): 15-30.

[93] Abdullah R, Kueh A B H, Ibrahim I S, et al. Characterization of shear bond stress for design of composite slabs using an improved partial shear connection method [J]. Journal of Civil Engineering and Management, 2015, 21 (6): 720-732.

[94] Holomek J, Bajer M, Vild M. Longitudinal shear analysis of composite slabs with prepressed embossments [J]. Advanced Materials Research, 2015, 1122: 265-268.

[95] Rana M M, Uy B, Mirza O. Experimental and numerical study of the bond-slip relationship for post-tensioned composite slabs [J]. Journal of Constructional Steel Research, 2015, 114: 362-379.

[96] Knobloch M, Fontana M. Longitudinal shear capacity of composite slabs-in situ tests on slabs in use for 35 years and a historic review of design methods, research, and development [C]. North Queensland: Composite Construction in Steel and Concrete: Proceedings of the 2013 International Conference on Composite Construction in Steel and Concrete. American Society of Civil Engineers, 2016: 763-778.

[97] Hossain K M A, Alam S, Anwar M S, et al. High performance composite slabs with profiled steel deck and engineered cementitious composite-strength and shear bond characteristics [J]. Construction & Building Materials, 2016, 125: 227-240.

[98] Mohammad R. The effects of bond and anchorage on the behaviour and design of composite slabs [J]. Journal of Constructional Steel Research, 2016, 117: 183-199.

[99] Costa R S, Lavall A C C, Silva R G L, et al. Experimental study of the influence of friction at the supports on longitudinal shear resistance of composite slabs [J]. Revista IBRACON de Estruturas e Materiais, 2017, 10 (5): 1075-1086.

[100] 何保康，赵鸿铁. 压型钢板与混凝土组合楼板的设计 [J]. 工业建筑，1985 (9): 4-10.

[101] 汪心洌. 压型钢板与混凝土组合楼板的组合效应 [J]. 工业建筑，1985 (9): 10-17.

[102] 邓秀泰，聂建国. U-200 压型钢板与混凝土组合楼板受力性能的试验研究 [J]. 郑州工学院学报，1989, 2 (10): 1-9.

[103] 刘学东，阎石，朱聘儒，吴振声. 压型钢板组合梁栓钉连接破坏机理初析 [J]. 哈尔滨建筑工程学院学报，1990 (3): 40-46.

[104] 袁泉，汪心洌. 压型钢板-混凝土组合楼板剪切粘结极限强度研究 [J]. 建筑结构，1990 (1):

33-37.
[105] 胡夏闽. 压型钢板对栓钉连接件抗剪强度的影响 [J]. 工业建筑，1995 (5)：25-32.
[106] 袁发顺，胡夏闽，顾建生. 组合板的非线性分析 [J]. 工业建筑，1996 (10)：28-33.
[107] Chen S. Load carrying capacity of composite slabs with various end constraints [J]. Journal of Constructional Steel Research，2003，59 (3)：385-403.
[108] 聂建国，易卫华，雷丽英. 闭口型压型钢板-混凝土组合楼板的纵向受剪性能 [J]. 工业建筑，2003 (12)：15-18.
[109] 聂建国，易卫华，雷丽英. 闭口型压型钢板-混凝土组合楼板的刚度计算 [J]. 工业建筑，2003 (12)：19-21.
[110] 易卫华，聂建国，彭惠玲. 闭口型压型钢板-混凝土组合楼板的受弯性能 [J]. 工业建筑，2003 (12)：22-23.
[111] 王先铁，罗古秋，郝际平，等. 闭口型压型钢板-混凝土组合楼板纵向抗剪性能试验研究 [J]. 西安建筑科技大学学报（自然科学版），2011，43 (3)：335-341.
[112] 孟燕燕，刘畅，陈世鸣. 压型钢板-混凝土组合楼板的纵向抗剪承载力统计分析 [J]. 石家庄铁道大学学报（自然科学版），2011，24 (2)：20-22.
[113] 王秋维，史庆轩，李卫涛. 闭口型压型钢板截面力学特性试验研究 [J]. 建筑结构，2014，44 (12)：95-99.
[114] 吴波，骆志成. 压型钢板再生混合混凝土组合楼板受力性能试验研究 [J]. 建筑结构学报，2016，37 (5)：29-38.
[115] 章潇，李帼昌，杨志坚，等. 闭口型压型钢板-混凝土组合楼板纵向抗剪承载力研究 [J]. 工业建筑，2017，47 (9)：152-157.
[116] 贺小项，李帼昌，杨志坚. 压型钢板-混凝土组合楼板承载能力试验研究 [J]. 工业建筑，2017，47 (8)：157-163.
[117] 李帼昌，郭丰伟，杨志坚，章潇. 开口型压型钢板-混凝土组合楼板抗弯承载力试验研究 [J]. 建筑钢结构进展，2018，20 (4)：18-23.
[118] 严正庭. 钢与混凝土组合板的极限状态设计 [J]. 工业建筑，1987 (6)：7-14.
[119] 张培卿，刘文如. 压型钢板-混凝土简支组合板挠曲变形实用计算方法 [J]. 哈尔滨建筑工程学院学报，1992 (4)：49-55.
[120] 张培卿，刘文如. 压型钢板-混凝土组合楼板正截面承载能力的实验研究 [J]. 哈尔滨建筑工程学院学报，1994 (4)：62-68.
[121] 聂建国，沈聚敏，余志武. 考虑滑移效应的钢-混凝土组合梁变形计算的折减刚度法 [J]. 土木工程学报，1995 (6)：11-17.
[122] 王祖恩. 不同形式的压型钢板-混凝土组合楼板的承载力计算与比较 [J]. 建筑技术开发，1996，(4)：46-47.
[123] 时卫民，江世永，赵文斌. 组合板结合面水平剪力的计算 [J]. 四川建筑科学研究，2000 (3)：12-13.
[124] 陈世鸣. 连续跨压型钢板-混凝土组合楼板的承载力 [J]. 钢结构，2001 (4)：37-40.
[125] 黄英. 压型钢板-混凝土组合板弯曲受力性能试验研究 [D]. 福州：福州大学，2002.
[126] 陈世鸣. 压型钢板-混凝土组合楼板设计中的若干问题 [J]. 建筑结构，2003 (1)：45-47.
[127] 李帼昌，常春，曲赜胜. 压型钢板-煤矸石混凝土组合楼板的力学性能 [J]. 辽宁工程技术大学学报，2003 (1)：61-63.
[128] 聂建国，易卫华. 压型钢板-混凝土组合板的受力性能及其计算 [J]. 建筑结构，2005 (1)：49-52.
[129] 甄毅，陈浩军. 压型钢板-轻骨料混凝土组合板抗滑移计算 [J]. 长沙理工大学学报（自然科学

版），2005，2（1）：14-18.

[130] 潘红霞，何敏娟，蔡飞，等. 压型钢板-混凝土组合楼板纵向受剪承载力试验研究 [J]. 建筑结构学报，2007，28（3）：116-121.

[131] 聂建国，左莹，樊健生. 按部分剪力连接计算压型钢板-混凝土组合板承载力的简化方法 [J]. 土木工程学报，2007（7）：19-24.

[132] 聂建国，唐亮，黄亮. 缩口型压型钢板-混凝土组合板的承载力及变形（一）：试验研究及纵向抗剪承载力 [J]. 建筑结构，2007（1）：60-64.

[133] 杨勇，聂建国，杨文平，等. 闭口型压型钢板-轻骨料混凝土组合板受力性能及动力特性试验研究 [J]. 建筑结构学报，2008，29（6）：49-55.

[134] 聂建国，王宇航. 基于部分剪力连接模型的压型钢板-混凝土连续组合板极限承载力分析 [J]. 建筑结构，2010，40（1）：1-5.

[135] Chen S，Shi X，Qiu Z. Shear bond failure in composite slabs-a detailed experimental study [J]. Steel and Composite structures，2011，11（3）：233-250.

[136] 沈毅. 闭口型压型钢板-混凝土组合楼板刚度试验研究 [D]. 合肥：合肥工业大学，2012.

[137] 史晓宇. 考虑界面滑移的组合板承载特性 [J]. 水利与建筑工程学报，2015，13（3）：179-182，204.

[138] Chen S，Shi X，Zhou Y. Strength of composite slabs with end-anchorage studs [J]. Proceedings of the Institution of Civil Engineers-Structures and Buildings，2015，168（2）：127-140.

[139] 王俊浩. 压型钢板-混凝土组合楼板承载力设计方法综述 [J]. 四川建材，2016，42（4）：88-89.

[140] 王晓彤. 压型钢板-混凝土组合板纵向剪切性能研究 [D]. 哈尔滨：哈尔滨工业大学，2016.

[141] 张贺鹏，赵新铭，王喆，胡少伟. 压型钢板-轻骨料混凝土组合楼板纵向剪切承载力试验研究 [J]. 南京航空航天大学学报，2017，49（4）：554-560.

[142] 朱春光. 考虑栓钉影响的闭口型压型钢板组合楼板纵剪性能研究 [D]. 哈尔滨：哈尔滨工业大学，2017.

[143] 谢飞，郑晓燕，张文华，等. 考虑滑移的压型钢板-轻骨料混凝土组合板抗弯性能研究 [J]. 钢结构，2019（3）：45-49.

[144] 周天华，何左乾，吕晶，等. 压型钢板-橡胶轻骨料混凝土组合楼板受弯承载力有限元分析 [J]. 钢结构，2019（5）：67-71.

[145] Tsalkatidis T.，Avdelas A.. The unilateral contact problem in composite slabs：Experimental study and numerical treatment [J]. Journal of Constructional Steel Research，2010，66（3）：480-486.

[146] 中华人民共和国国家标准. 金属材料　拉伸试验 第1部分：室温试验方法 GB/T 228.1—2010 [S]. 北京：中国标准出版社，2010.

[147] 中华人民共和国国家标准. 钢及钢产品　力学性能试验取样位置及试样制备 GB/T 2975—2018 [S]. 北京：中国标准出版社，2018.

[148] 中华人民共和国国家标准. 混凝土物理力学性能试验方法标准 GB/T 50081—2019 [S]. 北京：中国建筑工业出版社，2002.

[149] 中华人民共和国国家标准. 电弧螺柱焊用圆柱头焊钉 GB/T 10433—2002 [S]. 北京：中国标准出版社，2002.

[150] 中华人民共和国国家标准. 混凝土结构试验方法标准 GB/T 50152—2012 [S]. 北京：中国建筑工业出版社，2012.

[151] BS 5950：Structural use of steelwork in building. Part 4：Code of practice for design of composite slabs with profiled steel sheeting [S]. London：BSI，1994.

[152] Abdullah R，Paton-Cole VP，Samuel Easterling W. Quasi-static analysis of composite slab [J]. Malaysian Journal of Civil Engineering，2007，19（2）：91-103.

[153] 罗海鑫. 压型钢板-混凝土组合楼板抗剪问题研究 [D]. 重庆：重庆大学，2004.

[154] 石亦平，周玉蓉. ABAQUS有限元分析实例讲解 [M]. 北京：机械工业出版社，2015：279-301.

[155] Bode H，Sauerborn I. Modern design concept for composite slabs with ductile behavior [J]. Composite construction in steel and concrete Ⅱ.，ASCE，1993：125-141.

[156] Seleim S. S.，Schuster R. M.. Shear-bond resistance of composite deck-slabs [J]. Canadian Journal of Civil Engineering，1985，12：316-323.

[157] Luttrell L. D.. Flexural strength of composite slabs [J]. Composite Steel Structures-Advances，Design and Construction，1987：106-115.

[158] Veljkovic M. Longitudinal shear capacity of composite slabs [C]. Malmo：Proceedings of Nordic Steel Construction Conference，1995：547-554.

[159] Stark J W，Brekelmans J W. Plastic design of continuous composite slabs [J]. Journal of Constructional Steel Research，1990，15 (1-2)：23-47.

[160] Bode H，Minas F，Sauerborn I. Partial connection design of composite slabs [J]. Structural Engineering International，1996，6 (1)：53-56.

[161] ANSI/AISC 360-16：Specification for structural steel buildings [S]. Chicago，IL，USA，2016：105-107.

[162] Bode H，Dauwel T. Steel-concrete composite slabs-design based on partial connection [C]. Delft：Proceedings of the International Conference on Steel and Composite Structures. 1999：2. 1-2. 10.

[163] Wright H D，Evans H R. A review of composite slab design [C]. St. Louis：Proceedings of the 10th International Specialty Conference on Cold-Formed Steel Structures，1990：27-47.

[164] An L. Load bearing capacity and behavior of composite slabs with profiled steel sheet [D]. Göteborg：Chalmers University of Technology，1993.